工业和信息产业职业教育教学指导委员会"十二五"规划教材
全国高等职业教育计算机系列规划教材

ASP 动态网站项目开发与案例教程

丛书编委会

电子工业出版社
Publishing House of Electronics Industry
北京 · BEIJING

内 容 简 介

本书从实用及提高职业能力的角度出发，采用项目导向、任务驱动案例教学方式，详细地讲述了动态网站开发的技术和方法。本书共 9 个项目，每个项目都配有一个完整的案例并进行讲解。其项目内容主要包括 Web 服务器的安装与配置、校园网站创建、四季日历开发、简易聊天室开发、简易留言板开发、邮件服务器的配置与开发、简易论坛开发、ASP 动态网站维护，最后是综合实训——博客系统，将前面学习的知识融合到一起，读者做完这个项目后会对 ASP 编程有一个更深的理解。

本书语言简练，通俗易懂，注重培养学生动手能力，并且每个项目后都附有实训和习题，供学生及时消化对应任务内容之用。本书可作为高职高专院校、成人教育学院动态网站开发的的教材，也可以作为软件开发设计人员的参考材料。为了方便教学，本书还配有电子教学参考资料包，内容包括电子课件、源代码、习题参考答案等，有需要的读者可登录华信教育资源网（http：//www.hxedu.com.cn）免费下载。

图书在版编目（CIP）数据

ASP 动态网站项目开发与案例教程/《全国高等职业教育计算机系列规划教材》编委会编. —北京：电子工业出版社，2011.11

（工业和信息产业职业教育教学指导委员会"十二五"规划教材. 全国高等职业教育计算机系列规划教材）

ISBN 978-7-121-14962-7

Ⅰ. ①A… Ⅱ. ①A… Ⅲ. ①主页制作—程序设计—高等职业教育—教材 Ⅳ. ①TP393.092

中国版本图书馆.CIP 数据核字（2011）第 223926 号

策划编辑：左　雅
责任编辑：左　雅　　特约编辑：俞凌娣
印　　刷：三河市鑫金马印装有限公司
装　　订：
出版发行：电子工业出版社
　　　　　北京市海淀区万寿路 173 信箱　邮编　100036
开　　本：787×1 092　1/16　印张：19.25　字数：493 千字
印　　次：2011 年 11 月第 1 次印刷
印　　数：3000 册　定价：35.00 元

丛 书 编 委 会

本 书 编 委 会

丛书编委会院校名单

（按拼音排序）

保定职业技术学院　　　　　　　　　山东省潍坊商业学校

渤海大学　　　　　　　　　　　　　山东司法警官职业学院

常州信息职业技术学院　　　　　　　山东信息职业技术学院

大连工业大学职业技术学院　　　　　沈阳师范大学职业技术学院

大连水产学院职业技术学院　　　　　石家庄信息工程职业学院

东营职业学院　　　　　　　　　　　石家庄职业技术学院

河北建材职业技术学院　　　　　　　苏州工业职业技术学院

河北科技师范学院数学与信息技术学院　苏州托普信息职业技术学院

河南省信息管理学校　　　　　　　　天津轻工职业技术学院

黑龙江工商职业技术学院　　　　　　天津市河东区职工大学

吉林省经济管理干部学院　　　　　　天津天狮学院

嘉兴职业技术学院　　　　　　　　　天津铁道职业技术学院

交通运输部管理干部学院　　　　　　潍坊职业学院

辽宁科技大学高等职业技术学院　　　温州职业技术学院

辽宁科技学院　　　　　　　　　　　无锡旅游商贸高等职业技术学校

南京铁道职业技术学院苏州校区　　　浙江工商职业技术学院

山东滨州职业学院　　　　　　　　　浙江同济科技职业学院

山东经贸职业学院

前　　言

本书的编写以任务驱动案例教学为核心，以项目开发为主线。我们在研究分析了国内外先进职业教育的培训模式、教学方法和教材特色的基础上，吸收消化了优秀教材的编写经验和成果。本书以培养计算机应用技术人才为目标，以企业对人才的需求为依据，把基于工作工程的思想融入教材编写中，将基本技能培养和主流技术相结合。书中每个项目编写重点突出、主次分明、结构合理、衔接紧凑。本书侧重培养学生的实战操作能力，将学、思、练相结合，旨在通过项目案例实践，增强学生的职业能力，使知识从书本中释放并转化为专业技能。

本书特点

本书的编写以项目案例教学为核心，以项目开发为主线，以实际应用为目的。在讲解中结合大量的项目案例，使读者通过案例的学习加深理解，做到举一反三，真正掌握动态网页技术，并开发出高质量动态网页。

本书有以下优点。

（1）以项目开发为主线，抛弃原有教材以章节为线索的编排模式。

（2）以任务驱动案例教学为核心，将理论知识点与项目进行有机结合达到易于掌握的目的。

（3）先有知识点讲解，后跟项目应用，然后配有实训，起到"跟我学，学中做"的作用。

（4）本书配有多个完整项目，每个项目都是针对某个知识点来设计的，很适合高职学生学习与掌握。

本书内容

本书是专为动态网站制作而编写的，全书分为 9 个项目，每个项目都配有一个完整的案例并进行讲解。并且在每个项目后，配有实训内容，以达到对学生动手能力的培养。其项目内容如下：

项目 1 讲述了 Web 服务器的安装与配置；项目 2 讲述了校园网站创建；项目 3 讲述了四季日历开发；项目 4 为简易聊天室开发；项目 5 为简易留言板开发；项目 6 讲述了邮件服务器的配置与开发；项目 7 讲述了简易论坛开发；项目 8 讲述了 ASP 动态网站维护；项目 9 是综合实训——博客系统，将前面学习的知识融合到一起，采用模块化的思想对系统进行分析、设计一直到编码，最终形成一个完整的项目案例，读者做完这个完整的项目后可以对 ASP 编程有一个更深刻的理解。

本书约需 64 个课时。为了给教师授课提供方便，编者提供了 PPT 课件，可登录华信教育资源网 www.hxedu.com.cn 下载。

读者对象

本书内容翔实，适应对象广且实用性强，既可作为高职高专院校、成人教育学院动态

网站的教材，也可以作为参加自学考试人员、软件开发人员、工程技术人员及其他相关人员的参考材料或培训教材。

　　本书由张洪明、李明仑主编。具体分工是：项目1、项目4、项目7、项目9由张洪明负责编写，项目2、项目3、项目5、项目6、项目8由李明仑负责编写。全书由张洪明负责统稿。

　　为了方便教学，本书还配有电子教学参考资料包，内容包括电子课件、源代码、习题参考答案等，有需要的读者可登录华信教育资源网（http: //www.hxedu.com.cn）免费下载。

　　本书在编写过程难免有错误，对于教材的任何问题可通过E-mail发送给作者，邮箱：mdzx7@sina.com。

编　者

目　　录

项目 1

Web 服务器的安装与配置

ASP（Active Server Page）是微软公司推出的 Web 应用程序开发技术。它内含于 Internet Information Server（IIS）中，提供一个服务器端（Server-Side）的 Scripting 环境，是可以制作和执行动态、交互式和高效率网站服务器的应用程序。项目 1 将介绍 IIS 服务器的安装、配置、动态网页环境的测试及发布等内容。

项目要点◎

➤ 理解 ASP 的工作原理
➤ 掌握正确安装与配置 IIS
➤ 掌握正确测试动态网页
➤ 掌握如何发布动态网页

任务 1.1 安装与配置 IIS

ASP 应用程序需要 IIS 服务器才可正常执行。IIS 是指一群因特网服务器（Internet 信息服务的简称），包括一个使用超文本传输协议（HTTP 协议）的服务器和一个使用文件传输协议（FTP 协议）的服务器。ASP 应用程序需在安装有 IIS 服务的计算机上运行。下面介绍

ASP 工作原理、IIS 服务器的架设、配置等内容。

1.1.1 动态网页的概念及 ASP 工作原理

1. 动态网页的概念

最初，所有的 Web 页面都是静态的，静态 Web 是标准的 HTML 文件（文件扩展名是.htm 或.html，现在还可以是 shtml、xml 等），它可以包含文本、图像、声音、Flash 动画、客户端脚本、ActiveX 控件及 Java 小程序等。添加了诸多元素的静态网页，可以达到视觉上的"动态"，但它无法实现用户和网站服务器之间的交互。

静态 Web 不带任何在服务器端运行的脚本，网页上的每一行代码都是由网页设计人员预先编写好后，存储在 Web 服务器上，在发送到客户端浏览器后不再发生任何变化。动态网页与网页上的各种动画、滚动字幕等视觉上的"动态效果"没有直接关系。这里所说的动态网页可以是纯文字内容的，也可以包含各种动画的内容，这些只是网页具体内容的表现形式，无论网页是否具有动态效果，采用动态网站技术生成的网页都可称为动态网页。真正的动态网页体现在"交互性"，也就是说，动态网页能根据不同的浏览者的请求和访问时间显示不同的内容。

从浏览者的角度来看，无论是动态网页还是静态网页，都以文字和图片信息为基本内容。但从网站开发、管理、维护的角度来看，这两者有很大的差别。首先，动态网页是在静态网页的基础上，添加服务器端脚本或命令，实现与服务器的交互；其次，动态网页一般以数据库技术为基础，降低网站维护的工作量；最后，采用动态网页技术的网站可以实现更多的功能，如用户注册、登录、在线调查、网上购物、订单管理等。常用的动态网页技术主要有 4 种：CGI、ASP、JSP、PHP。这 4 种技术各有自己的优缺点。

（1）CGI。CGI（Common Gateway interface，公用网关接口）是较早用来建立动态网页的技术。当客户端向 Web 服务器上指定的 CGI 程序发出请求时，Web 服务器会启动一个新的进程执行某些 CGI 程序，程序执行后将结果以网页的形式再发送回客户端。

CGI 的优点是它可以用很多语言编写，如 C、C++、VB 和 Perl 语言，因此，在语言的选择上有很大的灵活性。最常用的 CGI 开发语言为 Perl。

CGI 的主要缺点是维护复杂，运行效率也比较低。

（2）PHP。PHP（Personal Home Pages）是一种服务器端的 HTML 脚本语言，要运行于多种平台。它借鉴 C 语言、Java 语言和 Perl 语言的语法，同时具有自己独特的语法。

由于 PHP 采用 Open Source 方式，它的源代码公开，使得它可以不断有新东西加入，形成庞大的函数库，以实现更多的功能，PHP 几乎支持现在所有的数据库。

PHP 的缺点是扩展性较差。

（3）JSP。JSP（Java Server Pages）是基于 Java 的技术，用于创建可支持跨平台及跨Web 服务器的动态网页。JSP 是在传统的静态页面中加入 Java 程序片段和 JSP 标记，构成JSP 页面，然后再由服务器编译和执行。JSP 主要的优点如下：

- JSP 支持绝大部分平台，包括 Linux 系统，Apache 服务器也提供了对 JSP 的服务，使得 JSP 可以跨平台运行。
- JSP 支持组件技术，可以使用 JavaBeans 开发具有针对性的组件，然后添加到 JSP

中以增加其功能。

- 作为 Java 开发平台的一部分，JSP 具有 Java 的所有优点，这包括"一次编写，处处运行"。

JSP 的主要缺点是编写比较复杂，开发人员往往需要对 Java 及其相关的技术比较了解。

（4）ASP。ASP 是微软公司提供的开发动态网页的技术，具有开发简单、功能强大等优点，使生成 Web 动态内容及构造功能强大的 Web 应用程序的工作变得十分简单。例如，要收集表单中的数据时，只需要将一些简单的指令嵌入 HTML 文件中，就可以从表单中收集数据并进行分析处理。对于 ASP，还可以用 ActiveX 组件来执行复杂的任务，比如连接数据库以检索和存储信息。ASP 有如下的特点：

- 无须编译 ASP 脚本嵌入 HTML 当中，无须编译或连接可直接解释执行。易于生成项目符号，使用常规文本编辑器（如 Windows 下的记事本）即可进行 ASP 页面的设计。
- 独立于浏览器。用户端只要使用可解释常规 HTML 代码的浏览器，即可浏览 ASP 所设计的主页。ASP 脚本是在站点服务器端执行的，不需要客户端浏览器的支持。因此，不必通过服务器下载 ASP 页面。
- 面向对象。在 ASP 脚本中，可以方便地引用系统组件和 ASP 的内置组件，还能通过定制 ActiveX 服务器组件来扩充功能。
- 与任何 ActiveX 脚本语言兼容。除了可使用 VBScript 和 JavaScript 进行设计外，还可通过 Plug-in 的方式，使用由第三方所提供的其他脚本语言。
- ASP 脚本只在服务器上执行，传到用户浏览器的只是 ASP 执行结果所生成的常规 HTML 码，这样可保证编写出来的程序代码不会外漏。

ASP 的主要缺点是只能运行在 Windows 平台上。

2. ASP 工作原理

ASP 的工作原理，分为访问静态网页和访问动态网页两个过程。

（1）访问静态网页的过程。

- 在客户端浏览器地址栏处输入静态网页文件的 URL 地址，通过网络发送一个网页请求。
- 根据浏览器发送的 URL 找到相应的 Web 服务器。
- Web 服务器收到请求，通过扩展名.html 或.htm 判断是否为 HTML 文件的请求。
- Web 服务器将对应的 HTML 文件从磁盘或存储器中直接取出并送回浏览器。
- HTML 文件由用户的浏览器解释，结果在浏览器窗口中显示出来。

（2）访问动态网页的过程。

- 当用户请求一个*.asp 页面时，该请求通过网络被发送到相应的 Web 服务器。
- Web 服务器响应该 HTTP 请求，并根据扩展名.asp 识别出 ASP 文件。
- Web 服务器从硬盘或内存中获取相应的 ASP 文件。
- Web 服务器将 ASP 文件发送到脚本引擎（asp.dll）文件中。
- 脚本引擎（asp.dll）将 ASP 文件从头到尾进行解释处理，并根据 ASP 文件中的脚本命令生成相应的 HTML 网页。
- 若 ASP 文件中含有访问数据库的请求，就能与后台数据库相连。ASP 脚本是在服务器端解释执行的，它依据访问数据库的结果集自动生成符合 HTML 语言的页面，以响应用户的请求。所有相关的工作由 Web 服务器负责。

1.1.2　安装 IIS

IIS（Internet Information Server）是 Windows 系统集成的 Web 开发服务器，利用它可以很便捷地构建出 Web 站点。

在 Windows 服务器中 IIS 被内置在系统安装盘中，但在安装系统时，默认时并不安装 IIS，因为并不是所有的计算机都会被用来作为 Web 服务器。安装 IIS 非常简单，操作步骤如下：

（1）首先从"开始"菜单选择"设置"|"控制面板"|"添加／删除程序"命令，弹出"添加／删除程序"对话框，如图 1-1 所示。

图 1-1　"添加／删除程序"对话框

（2）从左侧列表单击"添加/删除 Windows 组件"按钮，弹出"Windows 组件向导"对话框，选中"Internet 信息服务（IIS）"复选框，如图 1-2 所示。

图 1-2　"Windows 组件向导"对话框

（3）单击"详细信息"按钮，弹出"Internet 信息服务（IIS）"对话框，确认"World Wide Web 服务器"被选中。单击"确定"按钮，放入 Windows 2000 安装盘，出现安装界面，进行安装。安装完毕后，可以测试一下是否安装成功。打开 IE 浏览器，在浏览器地址栏里输入 http://localhost，若安装成功会出现"欢迎使用"界面，如图 1-3 所示。

要进入 IIS 管理界面，可以通过"控制面板"的"管理工具"打开"Internet 信息服务管理器"。IIS 管理界面如图 1-4 所示。

IIS 的环境建立后，ASP 的运行环境也就建好了。

图 1-3 测试 IIS 安装   图 1-4 IIS 管理界面

1.1.3 配置 IIS

在浏览器中输入 http://localhost 后，自动打开一个页面文件，这个目录对应一个本地目录，可以改变。首先打开 IIS 管理界面，用鼠标右击"默认 Web 站点"选项，从弹出的快捷菜单中选择"属性"命令，打开"默认 Web 站点属性"对话框，单击打开"主目录"选项卡，如图 1-5 所示。

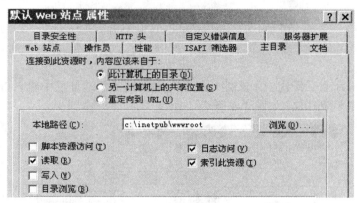

图 1-5 "默认 Web 站点属性"对话框

可以看到当前网站的本地路径是 C:\ inetpub\wwwroot，一般是操作系统安装在哪个盘，该路径就在哪个盘上，可以单击"浏览"按钮将网站指到本地的任何路径。下面有几个选项，一般调试程序时选择"目录浏览"选项。该选项的意义是：如果 IIS 找不到默认打开的文件，就将该目录下的所有文件列出来。

单击打开"文档"选项卡，设置默认打开的文档，如图 1-6 所示。

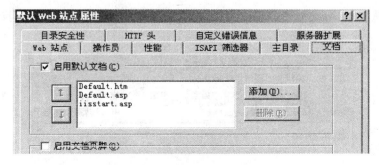

图 1-6 设置默认打开的文档

可以看到，当浏览网站时，IIS 自动在网站的主目录下寻找这些文件，从前到后依次寻找，如果找到了，就显示该文件。如果找不到这几个文件，判断是否可以目录浏览，如果可以目录浏览，则显示该目录下的所有文件。

首先在 C 盘根目录下建立一个名为 asproot 的文件夹，将网站的主目录设置到该目录下，并将"浏览文件夹"打开，如图 1-7 所示。

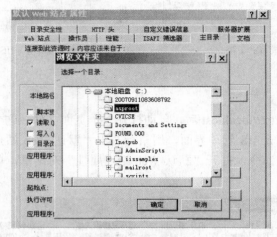

图 1-7　主目录设置

在 C:\asproot 目录下新建一个文件 test.txt，则在浏览器地址栏中输入 http://localhost 时可以看到该文件。刷新 IIS，如图 1-8 所示。

图 1-8　查看文件

右击"默认 Web 站点"，在弹出的快捷菜单中选择"浏览"选项。IIS 自动打开 IE 浏览器，如图 1-9 所示。

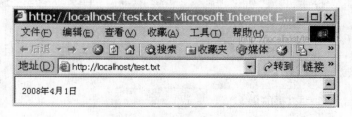

图 1-9　目录浏览

从图 1-9 中可以看出，浏览器地址栏也是 http://localhost，将 ASP 文件放在该目录下就可以执行 ASP 文件。

任务 1.2　ASP 程序的测试

ASP 页面是以.asp 为扩展名的文本文件。创建.asp 文件非常容易，如果要在 HTML 文件中添加服务器端脚本，只需要将该文件的扩展名.htm 或.html 替换成.asp 即可，然后将文件保存到虚拟目录对应的文件夹中。

1.2.1　虚拟目录的创建与删除

1. 虚拟目录的创建

在本地运行 ASP 程序，IIS 配置是至关重要的。在进行配置之前，首先要打开 Internet 信息服务对话框。可以看出，默认站点的目录为 C:\Inetpub\wwwroot。在创建一个 ASP 页面后，可以直接将该文件复制到此目录下，例如，创建了一个 test.asp 文件，为了运行该文件，需要将该文件保存到 C:\ Inetpub\wwwroot 目录下，在浏览器中访问该文件时，需要在地址栏中输入 http://localhost/test.asp。

如果每个 ASP 文件都复制在这个根目录下，一是比较麻烦，二是随着该目录下文件和文件夹的增多，对其管理也会不方便。为此，在 IIS 中支持创建新的虚拟目录，创建虚拟目录的步骤如下。

（1）首先，在"Internet 信息服务"对话框中右击"默认 Web 站点"，从弹出的快捷菜中选择"新建"|"虚拟目录"命令，打开如图 1-10 所示的"虚拟目录创建向导"对话框。

（2）单击"下一步"按钮，打开"虚拟目录创建向导"对话框，在"虚拟目录创建向导"对话框中仅有一个文本框，该文本框的作用是新建虚拟目录名称，如图 1-11 所示。

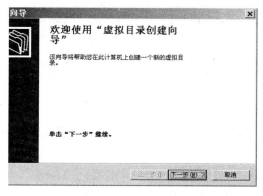

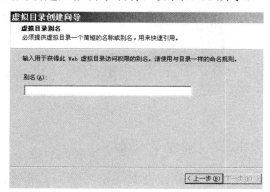

图 1-10　"虚拟目录创建向导"对话框　　　　图 1-11　新建虚拟目录名称

（3）在输入完整虚拟目录的名称后，单击"下一步"按钮，打开如图 1-12 所示的"Web 站点内容目录"对话框，在该对话框中，需要为新建的虚拟目录指定相对应的本地路径，这样就将本地路径与虚拟目录联系起来。然后就可在对应的本地路径中存放 ASP 文件，然后可以通过虚拟目录运行这些 ASP 文件。

（4）单击"下一步"按钮，打开如图 1-13 所示的"访问权限"对话框，为了保证网站的安全，通常保留默认的选项即可。

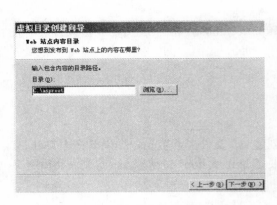

图 1-12 "Web 站点内容目录"对话框

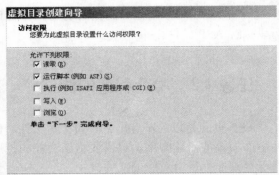

图 1-13 "访问权限"对话框

（5）单击"下一步"按钮，打开如图 1-14 所示的对话框中，单击"完成"按钮，结束虚拟目录的创建。

假设在 C:\asp 目录下有一个名为 tesp.asp 的文件，要运行该 ASP 程序，只需要在地址栏中输入 http://localhost/myweb/tesp.asp 即可。

2. 虚拟目录的删除

虚拟目录的删除操作非常简单，在创建的 Web 虚拟目录上，单击鼠标右键，在弹出的快捷菜单中选择"删除"命令，打开如图 1-15 所示对话框。单击"是"按钮，即可删除创建的虚拟的目录。

图 1-14 完成虚拟目录的创建

图 1-15 "删除"对话框

1.2.2 创建 Web 站点

无论编写静态网站还是动态网站都要选择一个网站编辑器，最常用网站编辑器是 Dreamweaver。应用 Dreamweaver 实现网站设计前需要先创建站点，创建站点的步骤如下：

（1）打开 Dreamweaver 窗口，选择菜单栏中的"站点"|"新建站点"命令，打开"站点定义"对话框，在"您打算为您的站点起什么名字？"文本框中输入 Webstart，将此 Web 站点命名为 Webstart，如图 1-16 所示。用户可根据需要输入不同的站点名称。

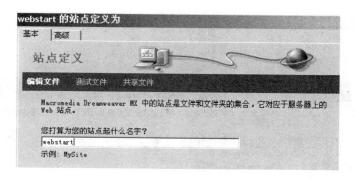

图 1-16 "站点定义"对话框

（2）单击"下一步"按钮，打开"编辑文件，第 2 部分"对话框，单击"是，我想使用服务器技术"单选按钮，在"哪种服务器技术？"下拉列表框中选择 ASP VBScript 选项，如图 1-17 所示。

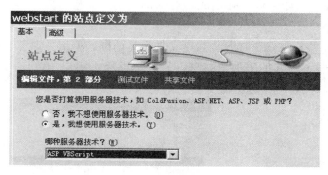

图 1-17 "编辑文件，第 2 部分"对话框

（3）单击"下一步"按钮，打开"编辑文件，第 3 部分"对话框。因为 IIS 在本地计算机上，因此单击"在本地进行编辑和测试"单选按钮，文件存储位置为默认值即可，如图 1-18 所示。

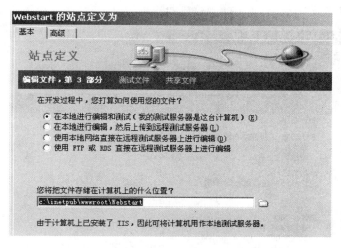

图 1-18 "编辑文件，第 3 部分"对话框

（4）单击"下一步"按钮，打开"测试文件"对话框，会显示访问站点的 URL 地址，如图 1-19 所示。

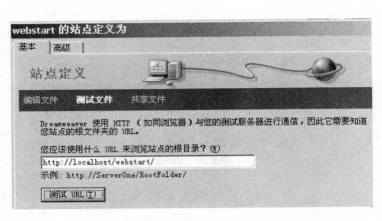

图 1-19　"测试文件"对话框

（5）单击"测试 URL"按钮，打开"URL 前缀测试已成功"对话框，如图 1-20 所示。说明此 URL 测试成功。如果没有弹出成功对话框，用户需检查服务器的 IIS 安装和配置是否正确。

（6）单击"下一步"按钮，打开"共享文件"对话框，单击"否"单选按钮，如图 1-21 所示。此时该服务器不与其他服务器共享，只有本机登录用户才可使用。如果站点为多人开发可单击"是的，我要使用远程服务器"单选按钮。

图 1-20　"URL 前缀测试已成功"对话框

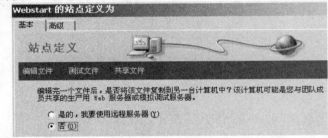

图 1-21　"共享文件"对话框

（7）单击"下一步"按钮，打开"总结"对话框，显示站点的设置信息，如图 1-22 所示。

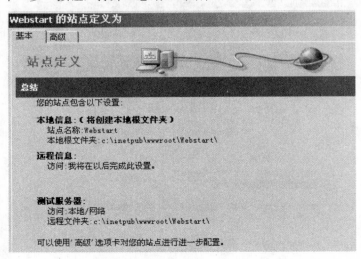

图 1-22　"总结"对话框

（8）单击"完成"按钮，在 Dreamweaver 窗口的"文件"对话框中显示新创建的 Web 站点。

在完成新站点创建后，为了将不同类型的文件区分，使得站点目录结构更加清晰，通常会在站点中创建不同的文件夹存放不同类型的文件。下面介绍在站点创建文件夹的方法。

- 在新建立的站点上单击鼠标右键，在弹出的快捷菜单中选择"新建文件夹"命令，如图 1-23 所示。
- 将新创建的文件夹命名为 Inc，应用同样的方法创建 Database 和 Images 文件夹，如图 1-24 所示。

应用 CSS 可设置网页的文字、图像、表格、超级链接等内容的颜色、字体和显示方式等。该文件可在所有的网页文件中调用。如果要修改网站的风格，只修改 CSS 即可实现所有网页风格的变化。

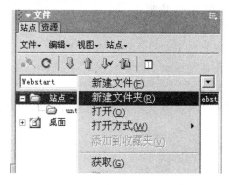

图 1-23　选择"新建文件夹"命令

图 1-24　创建的文件夹

1.2.3　ASP 运行环境的测试

第一个程序依然是经典的 Hello World 的例子。

案例名称：测试 ASP 运行环境。

程序名称：1-01.asp。

```
<html>
<body>
<%
    Response. Write "你好"
%>
</body>
</html>
```

程序中 Response 是 ASP 的对象，Write 是它提供的方法，功能是向浏览器输出字符串，利用 Windows 自带的记事本编辑上面的文件，把文件命名为 1-01.asp，并保存到 C:\asproot 目录下，在浏览器中输入 http://localhost，即可看到程序列表。

单击该 ASP 文件，如果程序没有输入错误的话，就可以看到输入的字符串，如图 1-25 所示。只要看到字符串"你好"，就说明运行环境没有问题。

图 1-25　测试 ASP 的运行环境

任务 1.3　动态网站发布

要将 ASP 动态网站发布到局域网，必须首先在动态网站服务器中安装 IIS 服务，随后才可实现网站的发布。下面介绍局域网发布动态网站的方法。

（1）将创建好的 ASP 动态网站应用程序文件夹复制到 IIS 服务器中的 C:\Inetpub\wwwroot 目录下，如将本书的项目 9 中的新闻发布系统/新闻发布系统模块文件复制到 C:\Inetpub\wwwroot 目录下，文件夹名称为 xwmk。

（2）打开 Internet 信息服务管理器，此时可在默认网站列表下浏览到 xwmk 文件夹，如图 1-26 所示。

（3）在 qygl 文件夹上单击鼠标右键，在弹出的快捷菜单中选择"属性"命令，打开"属性"对话框，如图 1-27 所示。

（4）单击"创建"按钮，即可实现网站的发布。本书中所有应用程序的发布都可通过以上方法实现。

图 1-26　网站文件夹

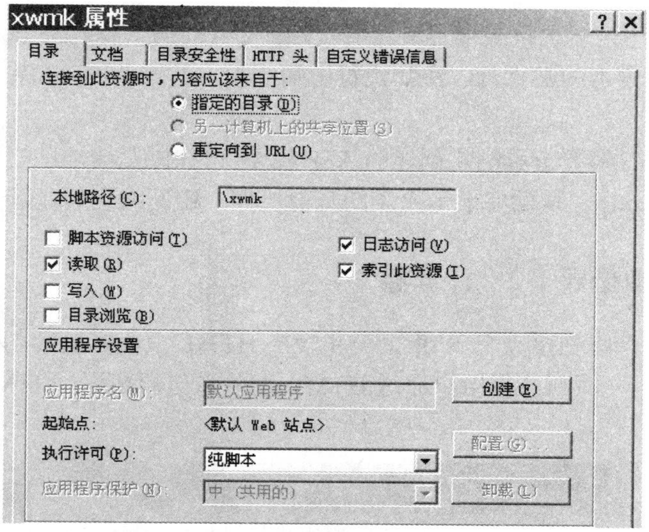

图 1-27 "属性"对话框

任务 1.4 小结

项目 1 介绍了 ASP 应用程序服务器架设和 ASP 应用程序的测试。从总体上介绍了 IIS 安装、配置。如何创建与删除虚拟目录及 Web 站点的创建等，最后讲述的动态网站的发布，本项目对读者开发、测试及发布动态网站具有指导作用。

任务 1.5 项目实训与习题

1.5.1 实训指导 1-1 输出系统当前日期

创建一个虚拟的目录，并在该目录下创建一个 ASP 页面，在该页面中将创建简单的本以输出系统的当前日期。要求如下。

（1）按照上文中的方法创建一个虚拟目录 Systdate。

（2）在与虚拟目录相对应的物理路径中添加一个文本文件 Currdate，并将其扩展名改为.asp。

（3）用文件编辑器打开该文件，输入以下代码：

```
<%@LANGUAGE="VBSCRIPT" %>
<html>
<head>
<title>系统当前日期</title>
</head>
<body>
<%= NOW %>
</body>
</html>
```

在这段代码中，第一行语句是一个特殊的 ASP 标记符，它用来定义默认脚本语言为

VBSCRIPT 脚本。该标记符必须定义在所有.asp 文件的第一行。在<body>标记后的<%和%>标记是服务器端脚本的起止符。在起止符中间的脚本通过调用 NOW 函数获取并输出系统的当前日期。

（4）保存该文件。要查看刚才创建的 ASP 程序，可在浏览器地址栏中输入 http://localhost/Systdate/Currdate.asp。页面将显示系统的当前日期，刷新网页后显示的系统时间也将更新。

1.5.2　实训指导 1-2　计算器

在本练习中，将创建一个 ASP 页面和一个 HTML 页面。其中 HTML 页面用来创建一个表单，而 ASP 页面则接收用户通过 HTML 表单提交的数据。HTML 页面创建的表单如图 1-28 所示。

图 1-28　表单样本

（1）首先创建一个虚拟目录 Calculator。
（2）在该虚拟目录对应的物理路径下创建一个文本文件 Cal，修改其扩展名为.html。
（3）用文本编辑器打开该文件，并输入以下代码：

```html
<html>
<head>
<title>计算器</title>
</head>
<body>
<form action="Result.asp" method="post">
操作数 1: <input type="text" name="num1">
<p>操作数 2: <input type="text" name="num2">
选择你要进行的操作:<br>
<p>
  <input type="radio" name="operation" value="加" checked>加
  <input type="radio" name="operation" value="减">减
  <input type="radio" name="operation" value="乘">乘
  <input type="radio" name="operation" value="除">除</p>
<p>
 <input type="submit" name="Submit" value="计算">
   <input type="Reset" name="Reset" value="取消">
</p>
</form>
</body>
</html>
```

在上面的代码中，使用 HTML 标记创建一个表单。用户可在该表单中输入要计算的数值，并选择要执行的操作，单击"计算"按钮提交数据。由于在表单中指定了对提交数据进行处理的 ASP 页面，因此单击"计算"按钮提交数据后，IIS 将调用相应的页面对提交的数据进行处理。

（4）在虚拟目录 Calculator 相对的物理路径中，添加一个文件 Result，其扩展名为.asp。

（5）用文本编辑器打开该文件，并输入以下代码：

```
<%@LANGUAGE="VBSCRIPT" CODEPAGE="CP_ACP"%>
<html>
<head>
<meta http-equiv="Content-Type" content="text/html; charset=gb2312">
<title>结果</title>
</head>
<body>
<%
dim n1,n2,op  //获取用户的输入数据
  n1=Trim(Request.Form("num1"))
  n2=Trim(Request.Form("num2"))
  op=Trim(Request.Form("operation"))
if op="加" then
  Response.Write n1&"+"&n2&"="
  Response.Write clng(n1)+clng(n2)
elseif op="减" then
  Response.Write n1&"-"&n2&"="
  Response.Write clng(n1)-clng(n2)
elseif op="乘" then
  Response.Write n1&"*"&n2&"="
  Response.Write clng(n1)*clng(n2)
elseif op="除" then
  Response.Write n1&"/"&n2&"="
  Response.Write clng(n1)/clng(n2)
end if
%>
</body>
</html>
```

在这段代码中，使用 Request.Form("operation")获取 Cal.html 表单中名为 operation 控件的输入值，并以此判断用户要执行的计算。Request.Form("num1")，Request.Form("num1")分别获取用户要计算的数值。Response.Write 用于输出数据。有关 Request 与 Response 对象的使用在后面的章节中详细介绍。

1.5.3　习题

一、选择题

1. 下面哪种语言不是被浏览器执行的（　　　）。

　　A．HTML　　　　　　　　　　B．JavaScript　　　　　C．VBScript　　　　D．ASP

2. 关于 B/S 和 C/S 编程体系，下面说法不正确的是（　　　）。

　　A．B/S 结构的编程语言分成浏览器端编程语言和服务器编程语言

　　B．HTML 和 CSS 都是由浏览器解释的，JavaScript 语言和 VBScript 语言是在浏览器上执行的

　　C．目前应用领域的数据库系统全部采用网状型数据库

　　D．JSP 是 SUN 公司推出的是 J2EE 13 种核心技术种最重要的一种

3．相对 JSP 和 PHP，ASP 的优点是（　　　）。

    A．全面支持面向对象程序设计　　B．执行效率高　　　　C．简单容易　　　　　　D．多平台支持

4．张三使用 163 拨号上网，访问新浪网站，（　　　）是服务器端。

    A．张三的电脑　　B．163 的拨号网络服务器　　C．新浪网站　　D．没有服务器

二、填空题

1．浏览器端语言包括：_____、CSS、_____和 VBScript 语言。

2．做应用开发，数据库支持是必须的，目前应用领域的数据库系统全部采用_____。

3．ASP 可以使用两种脚本语言：_____和_____。

三、简答题与程序设计

1．ASP、PHP 和 JSP 分别是哪个公司推出的？各有什么特点？

2．简要叙述 ASP 的发展史。

3．比较 ASP、ASP.NET、JSP 和 PHP 的优点和缺点。

4．在自己的计算机中配置 ASP 运行环境。

项目 2

校园网站创建

ASP 是服务器端的网页技术，是在服务器端运行的，当客户端请求一个 ASP 文件时，由服务器先把该文件解释成标准的 HTML 文件，再发送给客户，即 ASP 文件最终以 HTML 文件的形式在客户端呈现。HTML 语言是构成网页文档的主要语言，是目前网络上应用最为广泛的语言。项目 2 将介绍 HTML 语言的基础知识及应用。

项目要点 ◎

➤ 了解 HTML 语言的定义
➤ 熟悉 HTML 的文件结构
➤ 学会 HTML 的常用标记
➤ 熟练应用 HTML 的表单标记
➤ 掌握 HTML 的框架标记
➤ 熟练完成静态网页制作

任务 2.1 HTML 语言

HTML（Hyper Text Markup Language，超文本标记语言）是 Web 页面的描述性语言，是在标准通用化标记语言 SGML（Standard Generalized Markup Language）的基础上建立起来的。利用其语法规则建立的文本可以运行在不同的操作系统平台和浏览器上。HTML 语言是所有网页制作技术的核心和基础。无论是在 Web 上发布信息，还是编写可供交互的程序，都离不开 HTML 语言的应用。

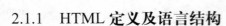

2.1.1 HTML 定义及语言结构

1. HTML 定义

HTML 是用来描述网页的一种语言，它不是一种编程语言，而是一种标记语言。设计 HTML 语言的目的是为了能把存放在一台计算机中的文本或图形与另一台计算机中的文本或图形方便地联系在一起，形成有机的整体，人们不用考虑具体信息是在当前计算机上还是在网络的其他计算机上。只需使用鼠标在某一文档中点取一个图标，Internet 就会马上转到与此图标相关的内容上去，而这些信息可能存放在网络的另一台计算机中。

使用 HTML 语言所编写的文件即是我们常看到的网页。它是通过标记的方式来定义文本、图形等信息的编排方式。文件经过浏览器解释后，呈现在我们面前的就是一份多姿多彩的网页了。

2. HTML 语言结构

用 HTML 语言编写的超文本文档称为 HTML 文档，HTML 文档也被称为网页。HTML 语言是标记语言，使用标记标签来描述网页，HTML 标记标签通常被称为 HTML 标签或 HTML 标记。HTML 标记是使用尖括号包围的关键词，例如<html>、<title>等。大部分的标记都是成对出现的，如<body>和</body>、<td>和</td>。标记对中的第一个标记是开始标记，第二个标记是结束标记，开始和结束标记也被称为开放标记和闭合标记。开始标记和结束标记定义了标记所影响的范围，所有的结束标记都是在开始标记前添加了一个斜杠"/"。但有一些标记只需要单一的标记符号，如
。

HTML 文档包含 HTML 标记和纯文本。Web 浏览器的作用是读取 HTML 文档，并以网页的形式显示出它们。浏览器不会显示 HTML 标记，而是使用标记来解释页面的内容。

HTML 文档的基本结构如下：

```
<html>
<head>
    头部信息
</head>
<body>
    主体内容
</body>
</html>
```

注意：<head>和<body>标记是两个独立的部分，不能互相嵌套。HTML 文件不区分大小写，浏览器认为<HTML>和<html>是一样的。HTML 文档基本结构如程序 2-01.html 所示。

```
<html>
<head>
    <title>HTML 语言结构</title>
    <meta name="Generator" content="NotePad">
    <meta name="Keywords" content="HTML">
</head>
<body>
    动态网站项目开发案例教程—2.1.2 HTML 语言结构
</body>
</html>
```

2.1.2　HTML 的常用标记

HTML 通过在文本中嵌入各种标记，使普通文本具有超文本的功能，通过标记，将影像、声音、图片、文字等连接显示出来。可以将 HTML 标记大致分为基本标记、格式标记、文本标记、图像标记、表格标记、链接标记、表单标记和框架标记等。

1．注释标记<!-- … -->

注释标记用来在源文档中插入注释。可使用注释对代码进行解释，这样做有助于对代码的编辑和维护。注释会被浏览器忽略。

注释标记的使用比较简单，将注释的内容，放到注释标记之间，浏览器在解释到注释标记时，会忽略注释内容。如下所示：

```
<!--这里的内容为注释，不会被浏览器解释和显示-->
```

注意：注释标记<!--……-->可以位于同一行中，也可以位于不同行中。

2．文档类型标记<!doctype>

doctype 是 Document Type（文档类型）的简写，doctype 声明的作用是指出阅读程序应该用什么规则集来解释文档中的标记，用来说明使用的 HTML 是什么版本。不正确的 doctype 声明可能导致网页不正确显示，或者导致它们根本不能显示。

doctype 声明指出阅读程序应该用什么规则集来解释文档中的标记。在 Web 文档的情况下，"阅读程序"通常是浏览器或者校验器这样的一个程序，"规则"则是 W3C 所发布的一个文档类型定义（DTD）中包含的规则。<!doctype>声明位于文档中的最前面的位置，处于 <html>标记之前。该标记可声明 3 种 DTD 类型，分别表示严格版本、过渡版本以及基于框架的 HTML 文档。

注意：<!doctype>没有结束标记。

3．头部标记<head>

<head>标记用于定义 HTML 文档的头部，它是所有头部元素的容器。<base>、<title>、<link>、<meta>、<script>以及<style>标记可以用在<head>标记中来描述文档的信息。<base>标记为页面上的所有链接规定默认地址或默认目标。

<head>标记中的各种标记有其各自的作用，在制作网页时，通常根据实际需要结合使用，如程序 2-02.html 所示。

```
<!doctype  html  public  "-//w3c//dtd  html  4.0  transitional//en"
"http://www.w3.org/TR/html4/loose.dtd">
<html>
<head>
    <title> HEAD标记应用</title>
    <meta http-equiv="content-type" content="text/html; charset=GB2312"/>
    <meta http-equiv="Content-Language" content="zh-cn" />
    <meta name="Description" content="HTML 中 HEAD 标记综合应用"/>
    <meta name="Keywords" content="HTML,HEAD,NAME,HTTP-EQUIV"/>
    <style type="text/css">
        h2 {color:green;}
        h3 {color:blue;}
    </style>
</head>
```

```
<body>
    <h2>动态网站项目开发案例教程</h2>
    <h3>项目 2 校园网站建设</h3>
    <h4>任务 2.1 HTML 语言</h4>
    <script type="text/vbscript">
        document.write("script 标记可以在 HTML 文档中插入脚本。")
    </script>
</body>
</html>
```

在此案例中，综合应用了注释标记、文档类型标记及头部标记，运行结果如图 2-1 所示。

图 2-1　<head>标记应用

4．主体标记<body>

<body>标记定义 HTML 的主体部分，在<body>和</body>中包含文档的所有内容，如文本、超链接、表格、图像和文本等，<body>有很多属性，这些属性用于设置页面的整体风格。<body>的属性见表 2-1 所示。

表 2-1　<body>标记属性

属性名称	功能描述
bgcolor	设置网页的背景颜色
background	设置网页背景图像
text	设置网页文本颜色
link	设置未访问的连接颜色
alink	设置鼠标正在单击时的链接颜色
vlink	设置访问过的链接颜色
topmargin	设置网页的上边距
leftmargin	设置网页的左边距

使用<body>标记设置页面内容的整体风格，如程序 2-03.html 所示。

```
<html>
<head>
    <title>BODY 标记设置页面整体风格</title>
</head>
<body bgcolor="blue" background="./images/2-03bg.gif" text="#000000"
            link="#0000ff"          alink="#ffff00"          vlink="#00ff00"
leftmargin="100" topmargin="100">
    <h1>body 标记应用</h1>
    body 标记用于设置背景的有如下属性：<br>
    bgcolor<br>
```

```
        <a href="#">background</a>
    </body>
</html>
```

背景颜色指定可以使用颜色名称，也可以使用 16 进制表示；背景图像可以使用绝对路径，也可以使用相对路径。需要注意的一点是，在 HTML 4.01 中，所有 body 标记的"呈现属性"均不被赞成使用，建议使用样式取代<body>标记属性来设置页面风格。程序运行结果如图 2-2 所示。

图 2-2　<body>标记应用

5．文字排版标记

文字是一个页面的基础部分，在网页设计中，文字排列组合的好坏，直接影响着页面信息的传达效果。因此，文字排版是增强传达效果，提高作品的诉求力，赋予页面审美价值的一种重要手段。下面介绍 HTML 中文字排版及文字效果的实现。

（1）文字内容的输入。页面中的文字内容包括文字和各种特殊符号。普通文字的输入可以直接在<body>标记中输入即可。有些字符在 HTML 里有特别的含义，比如小于号<就表示 HTML 标记的开始，作为标记开始符号，在浏览器中是不会显示的。那如果希望在网页中显示一个小于号该怎么办，就需要用到 HTML 字符实体（HTML Character Entities）了，也即 HTML 中为特殊字符设置了特殊的代码。

一个字符实体（Character Entity）分成三部分：第一部分是一个&符号；第二部分是实体（Entity）名称或者是#加上实体编号；第三部分是一个分号。比如，要显示小于号，就可以写<或者&#60。

用实体名称的好处是比较好理解，但是其劣势在于并不是所有的浏览器都支持最新的 Entity 名称。而实体编号，各种浏览器都能处理。常用的字符实体见表 2-2。

表 2-2　HTML 常用字符实体

特殊符号	符号说明	实体名称	实体编号
空格	显示一个空格		
<	小于	&lt;	&#60;
>	大于	&gt;	&#62;
&	&符号	&amp;	&#38;
"	双引号	&quot;	&#34;
©	版权	&copy;	&#169;
®	注册商标	&reg;	&#174;
×	乘号	&times;	&#215;
÷	除号	&divide;	&#247;

在浏览页面时，浏览器会去除 HTML 文档中多余的空格而只保留一个，如果要输入多个空格，只能使用代码控制，也就是输入多个" "来表示。

使用 HTML 字符实体可以很好地解决特殊符号的输入，如程序 2-04.html 所示。

```html
<html>
<head>
    <title> HTML 字符实体的使用</title>
</head>
<body>
    <h2>&reg;&lt;&lt;动态网站项目开发案例教程&gt;&gt;&trade;</h2>
    <h3>&lt;项目 2 校园网站建设&gt;</h3>
    <h4>任务 2.1 HTML 语言</h4>
</body>
</html>
```

程序运行结果如图 2-3 所示。

图 2-3　HTML 字符实体

（2）字体标记<font>。<font>标记用来设置文字的字体、大小和颜色，对应的属性为 face、size 和 color。<font>标记的影响范围是在<font>与</font>之间所包含的内容。使用<font>标记对文字进行设置如程序 2-05.html 所示。

```html
<html>
<head>
    <title>FONT 标记</title>
</head>
<body>
    <font  face="黑体"  size="6"  color="green">动态网站项目开发案例教程
</font><br>
    <font face="华文中宋,宋体,Times New Roman" size="6px" color="#0000ff">
    项目 2 校园网站建设
    </font><br>
    <font face="宋体" size="3" color="#000000">任务 2.1 HTML 语言</font>
</body>
</html>
```

在字体指定中设置了多种字体，字体大小的设置使用了字号和像素值两种方式，颜色的设置使用了名称和数值表示的方法，运行结果如图 2-4 所示。

图 2-4 font 标记应用

（3）文字格式及排版标记。

① HTML 文字格式。<font>标记能够定义文字的字体、字号和颜色，但其作用较弱，如果要使文字呈现不同的显示效果，还需要使用其他的文字格式标记。文字格式标记及作用描述见表 2-3。

表 2-3 HTML 文字格式标记

标记名称	功能描述
<b>	设置文字为粗体
<i>	设置文字为斜体
<u>	为文字添加下划线
<strike><s><del>	为文字添加删除线
<big>	设置文字为大字号
<small>	设置文字为小字号
<sup><sub>	将文字设为上标、下标
<em><strong>	将文字设置强调效果

文字格式标记可以相互结合使用，实现复杂的文字效果，如程序 2-06.html 所示。

```
<html>
<head>
    <title>文字格式标记</title>
</head>
<body>
    <font size="4">
    <!--设置文字效果为加粗、倾斜和下划线-->
    <p><b><i><u>只是希望通过这些标记单纯地改变文本的样式,
    建议您使用样式表</u></i></b></p>
    <p>HTML 4.01中建议使用&lt;del&gt;代替
    <del>&lt;strike&gt;和&lt;s&gt;</del>
    标记实现文字删除效果。</p>
    <p>示例文本      
    <big>大号示例文本</big>
          <small>小号示例文本</small></p>
    <p>
    <em>对于所有浏览器来说,&lt;em&gt;标记中的文字用斜体来显示。</em></p>
    <p>
    <strong>&lt;strong&gt;标 记 和  &lt;em&gt;标 记 一 样 ,  用 于 强 调 文 本 。
</strong></p>
```

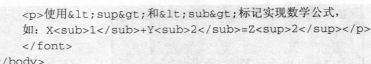

```
        <p>使用&lt;sup&gt;和&lt;sub&gt;标记实现数学公式，
        如：X<sub>1</sub>+Y<sub>2</sub>=Z<sup>2</sup></p>
        </font>
</body>
</html>
```

运行结果如图 2-5 所示。

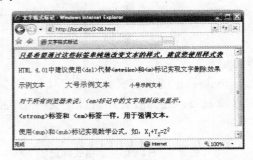

图 2-5　HTML 文字格式标记应用

② HTML 文字排版。将文字的格式设置完成之后，还需要对文字在页面中显示的位置进行设计，才能得到清晰明了、赏心悦目的页面，使读者对信息内容一目了然。文字的排版标记及作用描述见表 2-4。

表 2-4　HTML 文字排版标记

标记名称	功能描述
<h1>—<h6>	设置文字为标题字
<center>	设置文字居中
<p>	设置段落标记
<pre>	定义预格式化文本
 	插入换行符
<blockquote>	定义块引用
<hr>	设置水平线

使用 HTML 文字排版标记实现文字内容的编排，如程序 2-07.html 所示。

```
<html>
<head>
    <title>文字排版标记</title>
</head>
<body>
    <font ize="2">
    <h3>标题文字会独占一行，且上下留一空行！</h3>
    <p>P 标记将文本定义为格式统一的段落</P>
    <blockquote>
        blockquote 标记可以实现段落缩排<br>
        br 标记则可以插入一个换行符<br>
        hr 标记可以插入一条水平线
        center 标记实现内容的居中显示
```

```
      </blockquote>
      <center><!--包含的内容实现页面居中显示-->
      <hr width="50%" size="3" color="red">
      </center>
A   </font>
</body>
</html>
```

其中使用了<hr>的多个属性。width 属性指定水平线的宽度，默认为 100%，可以自定义水平线的宽度，单位是像素或者百分比。size 属性指定水平线的高度。color 属性指定水平线的颜色。可以使用 noshade 属性去掉水平线的阴影效果。运行结果如图 2-6 所示。

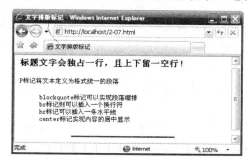

图 2-6   HTML 文字排版标记应用

6. 列表标记

在网页设计中，通常使用建立列表的方式来说明并列或有序的内容，便于浏览者阅读，使逻辑思路清晰，页面布局美观合理。列表分为编号列表、符号列表和定义列表三种类型。

（1）编号列表。编号列表也称为有序列表，对于各项目间有先后顺序的内容使用编号来编排项目。使用<ol>和<li>标记来创建编号列表。

语法格式为：

```
<ol>
    <li>内容 1</li>
    <li>内容 2</li>
    <li>内容 3</li>
    ...
</ol>
```

<ol>：编号列表的声明，Ordered List。

<li>：项目的起始。

<ol>标记有 type 属性和 start 属性。

type 属性指定编号列表的编号类型。默认情况下，标号列表使用数字作为列表的编号类型。type 的属性的值可以为数字（如 1,2,3,…）、小写字母（如 a,b,c,…）、大写字母（如 A,B,C,…）、小写罗马数字（如 i,ii,iii,…）、大写罗马数字（如 I,II,III,…）。

start 属性可以指定编号的起始值。默认情况下，编号列表从编号类型的第一个符号开始编号。

（2）符号列表。如果要描述的各个项目之间没有先后之分，是并列关系，可以使用符号列表来表示，每一个项目的前面使用一个符号前缀。符号列表也称为无序列表。使用<ul>

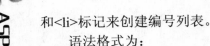

和<li>标记来创建编号列表。

语法格式为：

```
<ul>
    <li>内容 1</li>
    <li>内容 2</li>
    <li>内容 3</li>
    ...
</ul>
```

<ul>：符号列表的声明，Unordered List。

<li>：项目的起始。

<ul>标记也有 type 属性，其值为 disc、circle 或者 square，对应的符号分别为实心圆圈、空心圆圈和实心正方形。默认情况下，符号列表使用 disc 作为项目的前缀符号。

在符号列表中，还有<menu>标记可以创建菜单列表用于显示菜单的内容；<dir>标记可以创建目录列表用于显示文件内容的目录大纲。但在 HTML 4.01 中，这两个标记均不被赞成使用。

使用<ol>和<ul>标记可以在页面中创建编号列表和符号列表，如程序 2-08.html 所示。

```
<html>
<head>
    <title>列表标记</title>
</head>
<body>
    <font color="#0000ff" size="4">
    <h3>编号列表</h3>
       HTML 语言<br>
    <ol type="A">
        <li>HTML 语言概述</li>
        <li>HTML 常用标记</li>
        <li>HTML 表单标记</li>
        <li type="i">HTML 框架标记</li>
    </ol>
    <hr width="100%" size="3" color="gray">
    <h3>符号列表</h3>
       列表分类<br>
    <ul type="circle">
        <li>有序列表</li>
        <li>无序列表</li>
        <li type="square">自定义列表</li>
    </ul>
    </font>
</body>
</html>
```

在编号列表定义的最后一项，使用了 type="i"，则将使用小写罗马数字作为编号；在符号列表定义的最后一项，使用了 type="square"，使用实心正方形作为符号。运行结果如图 2-7 所示。

图 2-7　列表标记的应用

（3）定义列表。除去编号列表和符号列表外，还可以使用定义列表进行两个层次内容的显示。在定义列表中，名词是第一个层次，对名词的解释是第二个层次，并且不包含项目符号。

语法格式为：

```
<dl>
    <dt>名词 1</dt><dd>名词 1 解释</dd>
    <dt>名词 2</dt><dd>名词 2 解释</dd>
    <dt>名词 3</dt><dd>名词 3 解释</dd>
    …
</dl>
```

<dl>：定义列表的声明，Definition List。

<dt>：名词的标题。

<dd>：名词的解释性内容。

使用自定义列表进行内容组织和显示，如程序 2-09.html 所示。

```
<html>
<head>
    <title>定义列表标记</title>
</head>
<body >
    <font color="#0000ff" size="3">
    <h3>  自定义列表标记</h3>
    <dl>
        <dt>&lt;dl&gt;标记</dt>
        <dd>一个自定义列表的起始标记</dd>
        <dt>&lt;dt&gt;标记</dt>
        <dd>自定义列表的第一层次--名词</dd>
        <dt>&lt;dd&gt;标记</dt>
        <dd>自定义列表的第二层次--名词解释</dd>
    </dl>
    </font>
</body>
</html>
```

运行结果如图 2-8 所示。

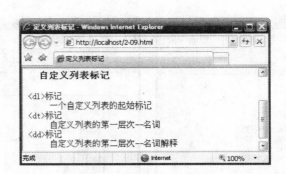

图 2-8　自定义列表应用

在实际应用中，项目有时会有多个层次，这就需要在使用列表的时候进行嵌套，一级项目下有二级项目、三级项目。编号列表和符号列表的嵌套是最常见的列表嵌套形式，重复使用<ol>和<ul>标记组合出嵌套列表。在定义列表中，一个<dt>标记下可以有多个<dd>标记作为名词解释的内容，从而实现定义列表的嵌套，如程序 2-10.html 所示。

```html
<html>
<head>
    <title>列表嵌套</title>
</head>
<body >
    <font color="#0000ff" size="4">
    <h3>编号列表</h3>
    <ol type="1">
        <li>HTML 语言概述</li>
        <li>HTML 常用标记</li>
            <ul type="circle">
                <li>头部标记&lt;head&gt;</li>
                <li>主体标记&lt;body&gt;</li>
                <li>字体标记&lt;font&gt;</li>
                <li>…</li>
            </ul>
        <li>HTML 表单标记</li>
        <li>HTML 框架标记</li>
            <ul type="circle">
                <li>框架集标记&lt;frameset&gt;</li>
                <li>框架标记&lt;frame&gt;</li>
                <li>内联框架标记&lt;iframe&gt;</li>
            </ul>
    </ol>
    <hr width="100%" size="3" color="gray">
    <h3>  自定义列表标记</h3>
    <dl>
        <dt>&lt;dl&gt;标记</dt>
        <dd>起始标记</dd>
        <dd>一个自定义列表的起始标记</dd>
        <dt>&lt;dt&gt;标记</dt>
        <dd>名词</dd>
        <dd>自定义列表的第一层次</dd>
        <dt>&lt;dd&gt;标记</dt>
        <dd>名词解释</dd>
```

```
        <dd>自定义列表的第二层次</dd>
    </dl>
    </font>
</body>
</html>
```

运行结果如图 2-9 所示。

图 2-9　列表标记嵌套应用

7. 超链接标记

超链接是指从一个网页指向一个目标的连接关系，这个目标可以是另一个网页，也可以是相同网页上的不同位置，还可以是一个图片、一个电子邮件地址、一个文件，甚至一个应用程序。而在一个网页中用来超链接的对象，可以是一段文本或者一个图片。超链接是组成网页中最重要的元素之一，在本质上属于网页的一部分，通过超链接可以在网页或站点之间跳转。

超链接使用<a>标记来进行设置，<a>标记的各个属性设置超链接的各种信息。

创建超链接的语法格式为：

```
<a href="file_path" target="value">文字说明</a>
```

href：用来指定超链接目标的 URL（Uniform Resource Locator，统一资源定位符），当创建锚点链接时使用 name 属性用来指定锚的名称。

target：用来指定打开超链接文档的位置。target 属性及作用描述见表 2-5。

表 2-5　target 属性值

属　性　值	功能描述
_parent	在上一级窗口中打开
_blank	在新窗口中打开
_self	在同一窗口中打开
_top	在浏览器的整个窗口中打开

按照链接路径的不同，网页中超链接一般分为以下 3 种类型：内部链接，锚点链接和外部链接。

（1）内部链接。内部链接是指同一网站域名下的内容页面之间相互链接，如频道、栏目、终极内容页之间的链接，因此内部链接也称为站内链接。

建立内部链接时，链接文件的路径一般使用相对路径，如程序 2-11.html 所示。

```
<html>
<head>
    <title>内部链接</title>
</head>
<body >
    <font color="#0000ff" size="3">
    <h3>校园网站创建单元实例</h3>
    <p><a href="./2-01.html" target="_blank">HTML 文档基本结构</a></p>
    <p><a href="./2-02.html" target="_blank">HEAD 标记应用</a></p>
    <p><a href="./2-03.html" target="_blank">BODY 标记应用</a></p>
    </font>
</body>
</html>
```

在超链接标记中使用了相对路径来指定链接文件的路径，定义了在新窗口中打开链接，则使用鼠标单击每个链接时，都会打开一个新的浏览器窗口，并显示链接页面的内容。运行结果如图 2-10 所示。

图 2-10　内部链接

（2）锚点链接。在浏览页面的时候，如果页面内容过多导致页面过长，使用滚动条给浏览带来不方便，要寻找特定的内容将更加麻烦，可以使用锚点链接解决这一问题。通过单击命名锚点（要跳转到的位置），不仅能指向文档，还能指向页面里的特定段落，让链接对象接近焦点，便于浏览者查看网页内容，这种超链接称为锚点链接，也叫书签链接。

创建锚点链接的过程分为两步：创建命名锚点和链接到命名锚点。

创建命名锚点的语法格式为：

```
<a name="anchor_name">文字内容</a>
```

链接到命名锚点的语法格式为：

```
<a href="file_name#anchor_name">链接文字</a>
```

如果链接到的锚点在同一页面中，href 属性中 file_name 可以省略，但如果锚点在另一页面的某个位置，就需要指定链接的页面（file_name）和链接锚点名称，如程序 2-12.html 所示。

```
<html>
<head>
    <title>锚点链接</title>
</head>
<body >
```

```
<font color="#0000ff" size="3">
<h3><a name="web_head">项目 2 校园网站创建</a></h3>
<a href="#a2-1">2.1 HTML 语言</a><br>
<a href="#a2-2">2.2 典型案例分析</a><br>
<a href="#a2-3">2.3 项目小结</a><br>
<a href="./2-12anchor.html#a2-4">2.4 实训与习题</a><br>
</font>
<p><a name="a2-1">2.1 HTML 语言</a></p>
<p>HTML 是 Web 页面的描述性语言，…，都离不开 HTML 语言的应用。</p>
<a href="#web_head">返回头部</a>
<br><br><br><br><br><br><br><br><br><br><br><br><br><br><br><br><br>
<br><br><br><br>
<p><a name="a2-2">2.2 典型案例分析</a></p>
<p>校园网站主要包括…等部分。</p>
<a href="#web_head">返回头部</a>
<br><br><br><br><br><br><br><br><br><br><br><br><br><br><br><br>
<br><br><br><br>
<p><a name="a2-3">2.3 项目小结</a></p>
<p>本项目对 HTML 语言进行了详细的讲解，并同时实例强化各知识点。</p>
<a href="#web_head">返回头部</a>
</body>
</html>
```

在页面中使用
模拟实现长页面效果，鉴于篇幅的原因，使用"…"代替页面中显示的部分内容，在页面顶端<a name="web_head">定义锚点，配合每部分完成之后的<a href="#web_head">返回头部</a>代码，能够方便返回页面顶端，在"2.4 实训与习题"部分使用<a href="./2-12anchor.html#a2-4">2.4 实训与习题</a>代码实现链接到另一页面的锚点，程序 2-12anchor.html 的部分代码如下：

```
<body >
    <p><a name="a2-4">2.4 实训与习题</a></p>
    <p>通过本节的练习，熟练掌握 HTML 标记的知识及应用，能够熟练进行静态网页设计。</p>
    <a href="./2-12.html#web_head">返回头部</a>
</body>
```

运行结果如图 2-11 所示。单击页面顶部的链接将定位到页面中的相应位置，单击返回头部链接可以返回页面顶端，还可以实现到另一页面的锚点链接。

图 2-11　锚点链接

（3）外部链接。链接跳转到当前网站外部，与其他网站中页面或者元素之间存在链接关系，叫外部链接。

建立外部链接时，链接路径使用 URL 统一资源定位符来准确描述信息所在的位置。

除了以上 3 种链接之外，当 href 指定链接到浏览器不能打开的文件时，会出现下载对话框，这种链接是下载链接，下载链接地址是文件所在的位置，例如：http://downloads.mysite. com/test.rar；如果 href 属性的值为 "#"，则是空链接，单击空链接后仍然停留在当前页面；还可以在链接语句中，建立脚本链接，通过脚本实现 HTML 语言完成不了的功能。

外部链接的使用如程序 2-13.html 所示。

```html
<html>
<head>
    <title>外部链接</title>
</head>
<body >
    <h3>常用网站</h3>
    <h4><a href="http://www.163.com"> 网易</a>  
    <a href="http://www.sina.com.cn"> 新 浪 </a>  
    <a href="http://www.sohu.com"> 搜 狐 </a></h4>
    <h3>常用搜索</h3>
    <h4><a href="http://www.baidu.com"> 百度</a>  
    <a href="http://www.google.com">谷 歌 </a></h4>
    <h3>友情链接</h3>
    <h4><a  href="#"> 虚 位 以 待 </a>  <a  href="#"> 虚 位 以 待
</a>  
    <a href="#">虚位以待</a></h4>
    <a href="mailto:email@website.com">联系我们</a>
</body>
</html>
```

运行结果如图 2-12 所示。网易、百度等指定了对应网站的 URL，单击超链接将打开对应网站的主页，使用<a href="#">虚位以待</a>建立了 3 个空链接，当单击 "虚位以待" 时，还在原页面，在 "联系我们" 创建了邮件链接，当单击链接时，会打开系统默认的邮件软件给指定的 E-mail 地址发送电子邮件。

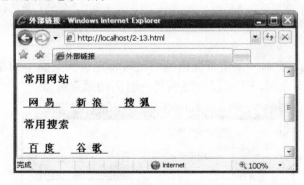

图 2-12　外部链接

8．图片标记

如果网络中全是纯文本的网页，那么浏览起来将非常枯燥，在页面中加入图片，可以使页面更加富有生气、更加多姿多彩，更能够吸引住浏览者。

在 HTML 中使用<img>标记来添加图片，<img>标记没有结束标记。插入图片的时候，仅仅使用<img>标记是不够的，而需要配合其他的属性来完成，见表 2-6。

表 2-6　<img>标记属性

属性名称	功能描述
Alt	设置图像的替代文本
Src	设置显示图像的 URL
Align	设置如何根据周围的文本来排列图像。
Border	设置图像周围的边框
Height	设置图像的高度
Width	设置图像的宽度
Hspace	设置图像左侧和右侧的空白
Vspace	设置图像顶部和底部的空白

图片标记还可以与超链接标记结合使用，可以创建以图像为内容的超链接，使用图片超链接对外部链接实例进行修改，将程序 2-13.html 中的文字链接替换为图片链接，如程序 2-14.html 所示。

```
<html>
<head>
    <title>图片标记</title>
</head>
<body >
<h3>常用网站</h3>
<h4><a href="http://www.163.com">
<img src="./images/wangyi.gif" alt="网易" height="65" width=
"139"/></a>  
    <a href="http://www.sina.com.cn">
    <img src="./images/xinlang.gif" alt="新浪" height="65" width=
"139"/></a>  
    <a href="http://www.sohu.com">
    <img src="./images/sohu.gif" alt="搜狐" height="65" width="139"/>
</a></h4>
    <h3>常用搜索</h3>
    <h4><a href="http://www.baidu.com">
    <img src="./images/baidu.gif" alt="百度" height="65" width="139"/>
</a>  
    <a href="http://www.google.com">
    <img src="./images/google.gif" alt="谷歌" height="65" width="139"/>
</a></h4>
    <h3>友情链接</h3>
    <h4><a href="#"><img src="./images/xwyd.gif" alt="友情链接" height=
"65" width="139"/></a>   
    <a href="#"><img src="./images/xwyd.gif" alt="友情链接" height=
"65" width="139"/></a>   
    <a href="#"><img src="./images/xwyd.gif" alt="友情链接" height=
"65" width="139"/></a></h4>
        <a href="mailto:email@website.com">
        <img src="./images/lxwm.gif" alt=" 联 系 我 们 " height="65"
width="139"/></a>
    </body>
</html>
```

运行结果如图 2-13 所示。

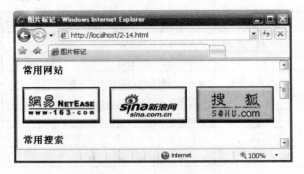

图 2-13　图片标记应用

9．表格标记

表格是网页设计中常用的页面元素，使用表格可以直观清晰地显示数据。因为超文本标记语言不能很好地直接控制网页内容的布局，使用表格可以解决这个问题，完成定位、布局控制及组织网页内容，设计出布局合理、结构协调、美观匀称的网页。在 HTML 中，<table>标记定义 HTML 表格。简单的 HTML 表格由<table>标记以及一个或多个<tr>或<td>标记组成，<tr>标记定义表格行，<td>标记定义表格单元。更复杂的 HTML 表格也可能包含<th>、<caption>、<thead>、<tfoot>以及<tbody>标记。

（1）表格标记<table>。在 HTML 中，使用<table>标记来定义表格，一个简单的 HTML表格结构为：

```
<table>              <!--定义整个表格-->
    <tr>
        <td>...</td>
        ...
    </tr>            <!--定义表格中的一行-->
    <tr>
        <td>...</td>    <!--定义表格中的一个单元格-->
    </tr>
    ...
</table>
```

通过<table>标记的属性可以设置表格的特征、属性及作用，如表 2-7 所示。

表 2-7　<table>标记的属性

属性名称	功能描述
Width,height	设置表格宽度、高度
Align	设置表格水平对齐方式
Cellspacing	设置表格单元格的间距
Cellpadding	设置表格单元格的边距
Border	设置表格边框
Bordercolor	设置表格边框颜色
Bgcolor	设置表格背景颜色
Background	设置表格的背景图像

（2）行标记<tr>。在 HTML 中，使用<tr>标记来定义表格中的一行，使用<tr>标记的属性来定义行的特性，见表 2-8。

表 2-8   <tr>标记的属性

属性名称	功能说明
Align	设置行内容的水平对齐方式
Valign	设置行内容的垂直对齐方式
Bgcolor	设置行的背景颜色
Bordercolor	设置行的边框颜色

<tr>标记的属性与<table>标记属性作用类似，在此不再赘述。

（3）单元格标记<td>。表格最基本的组成部分是单元格，在定义了表格和表格的行后，还需要定义行中的每个单元格，在 HTML 中，使用<td>标记定义单元格，并使用<td>的属性定义单元格的特性。<td>标记的属性及作用见表 2-9。

表 2-9   <td>标记的属性

属性名称	功能描述
Height，width	设置单元格的高度、宽度
Align，valign	设置单元格内容的水平、垂直对齐方式
Bgcolor	设置单元格的背景颜色
background	设置单元格的背景图像
bordercolor	设置单元格的边框颜色
rowspan	设置单元格可横跨的行数
colspan	设置单元格可横跨的列数

<td>标记的大部分属性与<table>标记的属性作用类似，但 rowspan 和 colspan 是<td>标记特有的。

使用 rowspan 和 colspan 可以实现表格中单元格的合并效果，更加方便数据的组织和页面内容的布局，如程序 2-15.html 所示。

```
<html>
<head>
    <title>表格标记</title>
</head>
<body>
    <table width="400" border="2" align="center"
                            cellpadding="10"              cellspacing="6"
bordercolor="#3399ff">
    <tr height="25" align="center" valign="middle">
        <td colspan="4" bgcolor="gray"><font color="#ffffff"> 表 格 表 头
</font></td>
    </tr>
    <tr height="15" align="center" valign="middle">
        <td width="40%" bgcolor="#d8e1f8">表格标记</td>
        <td width="20%">&lt;table&gt;</td>
        <td width="20%">&lt;tr&gt;</td>
        <td width="20%">&lt;td&gt;</td>
    </tr>
```

```
    <tr height="15" align="center" valign="middle">
        <td  bgcolor="#d8e1f8">标题与表头</td>
        <td>&lt;caption&gt;</td>
        <td colspan="2">&lt;th&gt;</td>
    </tr>
    <tr height="15" align="center" valign="middle">
        <td  bgcolor="#d8e1f8">表格结构</td>
        <td>&lt;thead&gt;</td>
        <td>&lt;tbody&gt;</td>
        <td>&lt;tfoot&gt;</td>
    </tr>
    <tr height="15" align="center" valign="middle">
        <td  colspan="4"  bgcolor="gray"><font  color="#ffffff">表注内容
</font></td>
    </tr>
    </table>
</body>
</html>
```

运行结果如图 2-14 所示。

图 2-14　表格标记的应用

（4）表格的标题标记<caption>和表头标记<th>。在 HTML 中，使用<caption>标记为表格设置标题，<caption>标记必须紧随<table>标记之后，通常这个标题会被居中于表格之上。可以通过<caption>标记的 align 和 valign 属性设置表格标题在水平方向和垂直方向相对于表格的对齐方式。

使用<th>标记来设置表格的表头，也即表格的第一行，<th>标记的属性与<td>标记的属性相同，使用<th>标记包含的文本通常以粗体显示，以强调表头部分。

（5）表格结构标记。当创建某个表格时，也许希望拥有一个标题行、一些带有数据的行，以及位于底部的一个总计行。在 HTML 中，<thead>、<tbody>以及<tfoot>标记可以对表格中的行进行分组，更加清晰地区分表格的各个组成部分。

<thead>、<tbody>和<tfoot>标记分别组合 HTML 表格的表头内容、主体内容和表注内容，使用表格结构标记还可以整体规划表格的行列属性。这 3 个标记需结合使用，并且必须在<table>标记内部使用，且均有 align、valign 和 bgcolor 属性，分别设置行的水平对齐方式、垂直对齐方式和背景颜色。

2.1.3　HTML 的表单标记

在交互性网页的设计中，表单是客户端和服务器端交互的重要手段。在 HTML 中，利用表单可以收集客户端提交的有关信息，例如论坛使用表单来收集用户的用户名、密码、E-mail、联系方式、爱好等个人注册信息。

在浏览器中填写表单并提交后，表单中的信息会采用一定的方式提交到服务器，然后由服务器上相关应用程序进行处理，处理后的结果以数据的形式存储到服务器端的数据库中，也可以返回客户端浏览器。

在 HTML 中，表单是页面中的一个区域，这个区域由<form>标记定义。<form>标记的属性定义了表单的相关信息、属性及作用见表 2-10。

表 2-10　<form>标记的属性

属性名称	功能描述
name	设定表单的名称
method	设置表单数据的提交方式
action	设置表单数据处理程序 URL
target	设置返回信息的显示方式

<form>标记只是在页面中定义了表单的区域，要使用表单来完成信息收集，还需要用到其他的一些元素，如输入框、文本域、单选框、复选框等。

1．输入域标记<input>

在 HTML 中，<input>标记定义输入域的开始，用户可输入数据。对于大量通常的表单控件，可以使用<input>标记来进行定义，其中包括文本字段、多选列表、可单击的图像和提交按钮等。<input>标记中有许多属性，对于不同的输入域类型有不同的属性相对应，但是对所有类型来说，只有 name 属性和 type 属性是共有且必需的（提交或重置按钮只有 type 属性）。name 属性定义了输入域的名称，type 属性定义了输入域的类型。输入域有文本框、按钮、单选按钮、复选框等很多种类型。其中，type 属性值见表 2-11。

表 2-11　type 属性值

属 性 值	类型描述
Text	定义文本框
Password	定义密码框
radio	定义单选按钮
checkbox	定义多选按钮
button	定义普通按钮
submit	定义提交按钮
reset	定义重置按钮
hidden	定义隐藏的输入域
image	定义图像形式的提交按钮
file	定义文件框

<input>标记对应有很多的 type 值，同时不同 type 值对应的<input>标记的属性也不尽相同，总结起来，<input>标记的属性见表 2-12。

表2-12　<input>标记的属性

属性名称	功能描述	对应的 type 值
type	设置输入域类型	各类型必需
name	设置输入域的名称	除 submit、reset 外各类型必需
maxlength	设置文本框的最大字符个数	text、password
size	设置类型的尺寸	除 hidden 外各类型
readonly	设置文本框的值为只读	text
checked	设置单选或多选按钮默认选中	radio、checkbox
alt	设置图像的替代文本	img
src	设置显示图像的 URL	img
value	button、submit 和 reset：按钮上的文本 img：向脚本传递的结果 radio、checkbox：被单击时的结果 text、password、hidden：初始默认值	除 file 外各类型

使用<input>标记的各种类型，就可以制作简单的信息收集表单，如程序 2-16.html 所示。

```
<html>
<head>
    <title>表单标记</title>
</head>
<body>
    <form action="" method="get" name="form1">
    <table  width="570"  border="0"  align="center"  cellpadding="6"
cellspacing="0" bordercolor="#3399ff">
        <tr bgcolor="gray" align="center" valign="middle" height="45">
            <td colspan="2"><strong>
                <font color="#ffffff" size="5">个人注册信息</font>
</strong></td>
            </tr>
        <tr height="35">
            <td width="20%" bgcolor="#b6b6b6" align="right">用户名：</td>
            <td bgcolor="#efefef">
                <input   name="usename"   type="text"   value="username"
size="30"
    maxlength="20"/>
                </td>
            </tr>
        <tr height="35">
            <td bgcolor="#b6b6b6" align="right">密码：</td>
            <td bgcolor="#efefef">
                <input   name="password"   type="password"       size="30"
maxlength="20"/></td>
            </tr>
        <tr height="35">
            <td bgcolor="#b6b6b6" align="right">密码确认：</td>
            <td bgcolor="#efefef">
                <input   name="password2"   type="password"       size="30"
maxlength="20" /></td>
            </tr>
        <tr height="35">
            <td bgcolor="#b6b6b6" align="right">性别：</td>
```

```
                    <td bgcolor="#efefef">
                        <input          name="radio"            type="radio"         value="sex"
checked="checked" value="male"/>男
                        <input     type="radio"        name="radio"              value="sex"
value="famale"/>女
                    </td>
                </tr>
                <tr height="35">
                    <td bgcolor="#b6b6b6" align="right">自定义头像：</td>
                    <td bgcolor="#efefef"><input type="file" name="dh" id="dh"
/></td>
                </tr>
                <tr height="35">
                    <td bgcolor="#b6b6b6" align="right">个人爱好：</td>
                    <td bgcolor="#efefef">
                        <input    type="checkbox"    name="favor"    value="computer"
checked />计算机 
                        <input type="checkbox" name="favor" value="sport" />运动
 
                        <input type="checkbox" name="favor" value="music" />音乐
 
                        <input type="checkbox" name="favor" value="travel" />旅游
 
                        <input type="checkbox" name="favor" value="delicious" />
美食 
                        <input type="checkbox" name="favor" value="game" />游戏
                    </td>
                </tr>
                <tr bgcolor="gray" align="center" valign="middle" height="35">
                    <td colspan="2"><input type="submit" name="submit"  value="提
交" />
                        <input type="reset" name="reset" value="重置" />
                    </td>
                </tr>
            </table>
        </form>
    </body>
</html>
```

在程序 2-16.html 中，<form>标记使用到了 get 方法来提交表单数据，get 方法通过 URL 提交数据，在浏览器地址栏中，表单内容附加在 URL 地址的后面，post 方法是将表单中的数据包含在表单的主体中，一起提交给服务器的处理程序，与 get 方法最明显的区别是在浏览器的地址栏不显示提交的信息。两者区别在于这两种方法提交数据的方式，get 方法传递的信息是在 HTTP 头部传输的，而 post 方法是将信息作为 HTTP 请求的内容来提交的。由于 get 方法通过 URL 提交数据，受到 URL 长度的限制，大

图 2-15　简单表单实例

概只能传递 1024 字节的信息，而 post 方法传输的数据量可以达到 2MB。运行结果如图 2-15 所示。

2．文本域标记<textarea>

<input>标记的 text 类型可以输入单行的文本，但是如果待输入文本内容过多，文本框的长度又不可能太长，则需要使用文本域标记<textarea>来定义多行的文本。例如，个人受教育经历、备注等信息的收集都需要用到文本域。

<textarea>标记的属性可以设置文本域的表现形式，其属性及功能描述见表 2-13。

表 2-13　<textarea>标记的属性

属性名称	功能描述
name	设置文本域的名称
cols	设置文本域的列数
rows	设置文本域的行数
readonly	设置文本域为只读

在页面中添加文本域，并设置文本域属性，代码如下所示：

```
<form>
    <textarea name="comments" cols="50" rows="10">在此发表您的评论</textarea>
</form>
```

3．下拉列表标记<select>和<option>

在 HTML 中，使用<select>来定义下拉列表或者下拉菜单，使用<option>来定义下拉列表中的一个选项。<select>和<option>标记的属性见表 2-14。

表 2-14　<select>和<option>标记的属性

属性名称	功能描述
name	设置下拉列表的名称
size	设置下拉列表中可见选项的数目
multiple	设置下拉列表中的项可选择多个
value	设置下拉列表项的值
selected	设置选项（在首次显示在列表中时）表现为选中状态

表 2-14 中的前 3 个属性是<select>标记的属性，后两个为<option>标记的属性，其中 multiple 属性设置下拉列表中的项可多选，下拉列表将以菜单方式来显示选项，如果省略则以列表的方式显示。

在页面中添加列表，代码如下所示：

```
<form>
选择您喜欢的饮料：<br>
<select name="favor" size="2" multiple>
    <option value="1">绿茶</option>
    <option value="2">奶茶</option>
    <option value="3">咖啡</option>
    <option value="4">牛奶</option>
    <option value="5">可乐</option>
```

```
</select>
</form>
```

2.1.4　HTML 的框架标记

使用框架来进行页面布局，是网页设计常用的手段之一，框架可以极大地丰富网页设计自由度。框架是一个容器，或者说一个平台，它能够把一个网页分成几个独立的区域，每个区域由单独的 Web 页面构成，在不同的 Web 页面中可以包含不同的特性，使用框架来进行页面之间的链接，可以使页面结构变化自如。框架通常用于为一个页面定义导航区和内容区。

框架的基本结构如下：

```
<html>
<head>
    <title>框架的基本结构</title>
</head>
<frameset>
    <frame>
    <frame>
    ...
</frameset>
</html>
```

<frameset>标记：可定义一个框架集，用来组织多个窗口（框架）。在框架网页中，<frameset>标记置于头部标记之后，取代<body>标记的位置，即<frameset>标记不能与<body>标记一起使用。可以为不支持框架的浏览器添加一个<noframes>标记。

<frame>标记：定义框架集中的一个特定的窗口（框架）。在框架页面中有几个框架，就需要放置几个<frame>标记，在 HTML 中，<frame>标记没有结束标记。

1.　框架集标记<frameset>

使用<frameset>标记来定义一个框架集，通过<frameset>标记的属性可以设置框架的结构，如框架的数量、大小、载入的页面等。

<farmeset>标记的属性见表 2-15。

表 2-15　<frameset>标记的属性

属性名称	功能描述
cols	设置定义框架集中列的数目和尺寸
rows	设置定义框架集中行的数目和尺寸
framespacing	设置框架集边框宽度
bordercolor	设置框架集边框颜色
frameborder	设置是否显示框架集边框，值为 yes 或 no

rows、cols：定义了文档窗口中框架或嵌套的框架集的行或列的大小及数目。这两个属性都接受用引号括起来并用逗号分开的值列表，这些数值指定了框架的绝对（像素值）或相对（百分比或其余空间）宽度（对列而言），或者绝对或相对高度（对行而言）。这些属性值的数目决定了浏览器将会在文档窗口中显示多少行或列的框架。代码如下所示：

```
<frameset cols="50,100,50">
```

第一个和最后一个框架为 50 像素宽，第二列设置为 100 像素宽，实际上，除非浏览器窗口正好是 200 像素宽，否则浏览器将会自动按照比例延伸或压缩第一个和最后一个框架，使得这两个框架都占据 1/4 的窗口空间。中间行将会占据剩下 1/2 的窗口空间。用窗口尺寸的百分比表示的框架行和列尺寸数据更加实际。如果百分比加起来的和不是 100%，浏览器也会自动按照比例重新给出每行或列尺寸以消除差异。可以在<frameset>的 rows 和 cols 上加上星号给剩下的空间分配各自的行或列。代码如下所示：

```
<frameset rows="*,100,*">
```

生成一个宽为 100 像素的行，另外两行占据框架集中其余所有的空间。对多个列或行属性值使用星号，相应的行或列将对可用空间进行等分。如果在星号前放置一个整数值，相应的行或列就会相对地获得更多的可用空间。代码如下所示：

```
<frameset cols="*,100,*,3*">
```

它生成了 4 列：第 2 列宽度为 100 像素。然后浏览器把其他空间的 3/5 分配给第 4 个框架，第 1 个和第 3 个框架各分配其余空间的 1/5。使用星号（尤其是用数值作为前缀），可以很容易地在一个框架集中分割剩下的空间。

<frameset>标记其他属性的作用较为直观，在此不再赘述。

2．框架标记<frame>

框架是一个容器，最终要装载并显示页面，通过<frame>标记来定义框架，并通过其属性设置定义框架的特性。<frame>标记的属性见表 2-16。

表 2-16　<frame>标记的属性

属性名称	功能描述
name	设置框架的名称
src	设置在框架中显示的页面的 URL
frameborder	设置是否显示框架周围的边框
scrolling	设置是否在框架中显示滚动条（yes/no/auto）
noresize	设置是否能够调整框架的大小
marginwidth	设置框架的左侧和右侧的边距
marginheight	设置框架的上方和下方的边距

使用<frameset>和<frame>标记可以完成对窗口的分隔，并在不同的窗口中装载和显示不同的页面，但如果浏览器版本太低，不支持框架结构时，页面显示将会是一片空白。为了避免这种情况，当浏览器不支持框架结构时，可以使用<noframes>标记来定义无法支持框架结构时显示的内容，<noframe>标记中可以包含页面主体标记<body>。

框架有 name 属性，超链接有 target 属性，两者可以结合使用，在框架中建立超链接，把超链接 target 属性的值指定为某个框架的名称，则超链接 URL 所指向的页面将在相应名称的框架中显示，在框架中使用超链接，可以使用框架实现页面导航的功能。

框架的应用如程序 2-17.html 所示。

```html
<html>
<head>
<title>框架标记应用</title>
</head>
<frameset rows="20%,*" framespacing="1" bordercolor="ff6600">
    <frame src="./top.html" name="topframe" scrolling="no" noresize>
    <frameset cols="40%,*" framespacing="1">
        <frame src="./left.html" name="leftframe" scrolling="auto"
noresize>
        <frame src="./2-01.html" name="mainframe" scrolling="yes"
        marginheight="50" marginwidth="30" noresize>
    </frameset>
</frameset>
<noframes>
    <body><h2>如果您浏览到此部分内容，说明您的浏览器不支持框架！</h2></body>
</noframes>
</html>
```

top.html 代码如下：

```html
<html>
<head>
    <title>框架标记应用</title>
</head>
<body bgcolor="#c1bcae">
    <center><h2>框架标记应用实例</h2></center>
</body>
</html>
```

left.html 代码如下：

```html
<html>
<head>
    <title>框架标记应用</title>
</head>
<body bgcolor="#d5d5d5">
    <p><strong><a href="./2-01.html" target="mainframe">HTML 基本结构</a></strong></p>
    <p><strong><a href="./2-02.html" target="mainframe">HEAD 标记应用</a></strong></p>
    ...
    <p><strong><a href="./2-17.html" target="mainframe">表单标记综合应用</a></strong></p>
</body>
</html>
```

在本实例中，使用框架集的嵌套将窗口分为 3 个部分，顶端显示 top.html，使用 scrolling 属性设置无滚动条；左窗口中显示 left.html，将 scrolling 属性设置为 auto，根据内容决定是否显示滚动条，在 left.html 中超链接的 target 属性设置为 mainframe，即框架分割出的右侧窗口；右侧窗口中使用 marginheight、marginwidth 属性设置页面内容与边框的垂直、水平间距；三个窗口均使用 noresize 属性设置不能调节大小。使用<noframes>标记对不支持框架结构的浏览器给出提示文字。运行结果如图 2-16 所示。

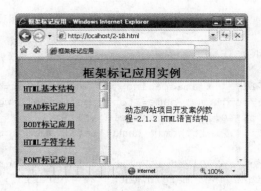

图 2-16　框架应用

3. 内联框架标记<iframe>

<iframe>标记定义一种特殊的框架结构,它的作用是在页面中插入一个框窗以显示另一个文件,即在浏览器显示的页面中嵌套另外的网页文件。

<iframe>标记的属性与<frame>标记的属性相同。可以将<iframe>标记与超链接标记结合使用。如果浏览器不支持内联框架时,可以在<iframe>和</iframe>标记之间包含说明性的提示文本。

使用内联框架也可以实现显示不同链接页面的效果,如程序 2-18.html 所示。

```
<html>
<head>
    <title>内联框架标记应用</title>
</head>
<body>
    <iframe src="./2-01.html" name="iframe" align="center"
width="500"    height="200"         marginwidth="30"    marginheight="30"
scrolling="auto" noresize>
    </iframe>
    <hr width="100%" size="3" color="#aaaaaa"/><br>
    <table  align="center"  cellpadding="6"  cellspacing="0"  border="0"
style="font-size:14px" width="450">
        <caption><h2>HTML 标记实例</h2></caption>
        <tr align="left" valign="middle" height="40" bgcolor="#
d5d5d5">
            <td><strong><a href="./2-01.html" target="iframe">
HTML 基本结构</a></strong></td>
            <td><strong><a href="./2-02.html" target="iframe">HEAD
标记应用</a></td>
            <td><strong><a href="./2-03.html" target="iframe">BODY
标记应用</a></td>
        </tr>
        <tr align="left" valign="middle" height="40" bgcolor=
"#efefef">
            <td><strong><a href="./2-04.html" target="iframe">HTML
字符字体</a></strong></td>
            <td><strong><a href="./2-05.html" target="iframe">FONT
标记应用</a></strong></td>
            <td><strong><a href="./2-06.html" target="iframe">文字格式标记
应用</a></strong></td>
```

```
            </tr>
            <tr align="left" valign="middle" height="40" bgcolor=
"#d5d5d5">
                <td><strong><a href="./2-07.html" target="iframe">文字排版标记
应用</a></strong></td>
                <td><strong><a href="./2-08.html" target="iframe">列表标记应用
</a></strong></td>
                <td><strong><a href="./2-09.html" target="iframe">自定义列表应
用</a></strong></td>
            </tr>
            <tr align="left" valign="middle" height="40" bgcolor=
"#efefef">
                <td><strong><a href="./2-10.html" target="iframe">列表嵌套
</a></strong></td>
                <td><strong><a href="./2-11.html" target="iframe">内部链接
</a></strong></td>
                <td><strong><a href="./2-12.html" target="iframe">锚点链接
</a></strong></td>
            </tr>
            <tr align="left" valign="middle" height="40" bgcolor=
"#d5d5d5">
                <td><strong><a href="./2-13.html" target="iframe">外部链接
</a></strong></td>
                <td><strong><a href="./2-14.html" target="iframe">图片标记应用
</a></strong></td>
                <td><strong><a href="./2-15.html" target="iframe">表格标记应用
</a></strong></td>
            </tr>
        </table>
    </body>
    </html>
```

运行结果如图 2-17 所示。

图 2-17　内联框架应用运行结果

任务 2.2　典例案例分析——校园网站创建

网页设计是一个互动的过程，不只是设计师构思设计就可以完成的。从客户提出需求到最终发布，期间需要客户与设计人员共同参与协商才能实现这一完整流程。其流程主要有以下几个方面：需求分析，在这一阶段，客户提出网站设计需求，确定网站功能；注册域名和申请空间；整合客户资源，收集网站内容资料，确定网站的内容和主题；网页设计，包括图像处理、多媒体文件制作；对前期设计进行汇总和编辑，进行网页整合；对已经搭建好的本地网站进行测试，通过测试无误后即可上传至服务器空间进行发布；最后是网站内容的更新、维护。

随着技术的发展和需要，校园网站在整合教学资源、提供教与学的平台，特别是在学校宣传方面发挥了越来越重要的作用。学校网站是学校的"网络商标"，每所学校都有自己的特色，每所学校都有自己的个性。同时网站没有区域限制的特性，不仅能让地区内的人们了解学校，还可以让更多、更大范围的人了解的学校。

校园网站的创建也遵循网站的制作流程，大的方向分为前台和后台。后台比较复杂，要做网站维护、会员资料审核等工作，而前台则相对容易些，但要求美观并能表现学校特色。在本任务中，使用学习过的 HTML 语言的知识来进行简单校园网站首页的创建。

一般学校的网站主要包括学校主页、图书馆网站、教务处网站、教务管理系统、各系的网站等，主要内容有招生就业、人才招聘、成绩查询、录取查询、学科建设、科学研究、数字图书馆、信息化建设等方面。

网页布局可以使用表格，也可以使用框架来完成，在本案例中，使用表格完成网页布局。校园网站首页实现代码如下所示。

```html
<html>
<head>
    <title>校园网站首页</title>
    <style>
    <!--
        a {color:black;text-decoration:none}
        a:hover {color: red;text-decoration:none}
    td{font-family:黑体; font-size:12px; text-align:center;}
    --!>
    </style>
</head>
<body style="font-size:14px;" background="./images/pray.gif">
<center>
    <table border="1" cellpadding="0">
        <tr>
            <td        colspan="9"><img        src="./images/compindexb.jpg"
width="510"></td>
        </tr>
        <tr align="center" height="20">
            <td><a href="index.htm">首页</a></td>
            <td><a href="xxgk.htm">学校概况</a></td><td><a href=
"gljg.htm">管理机构</a></td>
            <td><a href="yxsz.htm">院系设置</a></td><td><a href=
"jxky.htm">教学科研</a></td>
            <td><a href="zsjy.htm">招生就业</a></td><td><a href=
```

```
"xsgz.htm">学生工作</a></td>
                <td><a href="tsda.htm">图书档案</a></td><td><a href=
"xyfw.htm">校园服务</a></td>
            </tr>
            <tr height="200"><td width="60"><strong>院系导航</strong>
                <p><a href="zwx.htm">中文系</a></p><p><a href="sxx.htm">
数学系</a></p>
                <p><a href="wyx.htm">外语系</a></p><p><a href="kjx.htm">
会计系</a></p>
        <p><a href="glx.htm">管理系</a></p><p><a href="wlx.htm">物理系</a></p>
                <p><a href="hxx.htm">化学系</a></p><p><a href="jsjx.
htm">计算机系</a></p></td>
                <td colspan="8" valign="top" align="center">校内公告</td></tr>
            <tr>
                <td colspan="9" align="center"><font size="1">
                    Copyright&copy;2010-2012**大学版权所有<br>
                    学校地址：中国北京******</font>
                </td>
            </tr>
        </table>
    </center>
</body>
</html>
```

运行结果如图 2-18 所示。

图 2-18　简单校园网站首页示例

任务 2.3　小结

HTML 语言是网页设计中最基础、最重要的部分。在本项目中，主要介绍了 HTML 语言中的各个标记，并以实例的形式对标记的应用进行了说明。

HTML 的标记主要有头部标记、主体标记、文字排版标记、列表标记、超链接标记、图片标记、表格标记、表单标记、框架标记等。灵活、综合地应用 HTML 标记可以设计出既满足实际需求又有美感的网页。当然，在网页设计中还需要进行图形图像处理、网页动画制作、视频音频的处理和控制，还要有十足的创意。

HTML 标记中有很多的属性在 HTML 4.01 中已不赞成使用，要求使用 CSS 来定义和控制，关于 CSS 的内容在上机实训中有所涉及，随着技术的发展，DIV+CSS 也成为了网页制作的一种重要方法，成为了网页制作的一种潮流，可查阅相关资料进行了解、学习。

由于 HTML 语言太简单，不能满足越来越多的设备和应用的需要，并且数据条理不够清晰。W3C 推出了 XHTML，XHTML 与 HTML 4.01 几乎是相同的，是作为一种 XML 被重新定义的 HTML，是更严格更纯净的 HTML，XHTML 的目标是取代 HTML 4.01。如果想了解更过关于 XHTML 的知识，请查阅相关资料。

任务 2.4　项目实训与习题

2.4.1　实训指导 2-1　使用框架实现校园网站首页

使用表格进行页面布局的缺点显而易见，非常缺乏灵活性，不利于页面的维护和更新，使用框架可使页面的结构更加清晰，内容表现形式更为灵活。可以对典型案例分析中的校园网站首页进行改造，使用框架来布局页面。

从图 2-19 中可以看出，首页的布局使用框架大体分为 3 个部分，即顶部、左端和中部。其中，顶部显示导航条，左端显示系部导航，中部显示具体对应的网页。具体实现如程序 index.html 所示。

```html
<html>
<head>
    <title>校园网站首页</title>
</head>
<frameset rows="100,*">
    <frame name="navigator" src="navigator.html" scrolling="no" noresize
frameborder="0">
    <frameset cols="200,*">
        <frame name="department" src="department.html" scrolling=
"auto" noresize frameborder="0">
        <frame    name="content"    src=""    scrolling="auto"    noresize
frameborder="0">
    </frameset>
<noframes>
    <body>您的浏览器不支持框架! </body>
</noframes>
</frameset>
</html>
```

布局完成后，制作各框架内的页面。此部分内容与框架应用案例内容类似。各页面的实现上机完成，在导航页面及系部链接页面中，可以使用图片来代替文字，使页面更加美观。

2.4.2　实训指导 2-2　CSS 的应用

在前面某些实例的头部标记中存在使用<STYLE>标记定义的内容，或在某个标记中存在 style="…"的代码，这些是 CSS 的具体应用。

1. CSS 简介

CSS 是层叠样式表（Cascading Style Sheets）的简称，使用 CSS 样式定义可以控制 HTML 元素的显示格式，达到内容与表现形式的分离。样式通常保存于外部的.css 文件中，当需要同时改变站点中所有页面的布局和外观时，可以通过仅仅修改 CSS 文档来实现，提高工作效率，易于代码的维护和修改。

样式在页面中的常用有 3 种形式。

（1）外部样式文件。当多个 HTML 页面要求有统一的格式，使用相同的样式表时，可以将样式表定义为独立的 CSS 文件，扩展名为.css。使用外部样式文件有两种形式：

- <link>标记链接 CSS 文件；
- @import 声明引入 CSS 文件。

（2）内部样式表。内部样式表也称为嵌入样式表，用<style>标记将样式定义嵌入 HTML 页面的<head>部分中，在<style>标记中需要使用 type 属性来说明类型，样式表的类型为 text/css。内部样式表代码如下所示：

```
<style type="text/css">
    <!--
        ...样式定义
    -->
</style>
```

在内部样式表中使用 HTML 注释的作用是使不支持 CSS 的浏览器忽略样式表的定义。内部样式表的作用范围为定义内部样式表的 HTML 页面。

（3）内联样式。定义在 HTML 标记中的样式称为内联样式，样式规则是 HTML 标记的 style 属性的值。内联样式的作用范围为定义该样式的标记。内联样式代码如下所示：

```
<h1 style="font-family:arial,font-size:20px;text-align:left;">
```

由于内联样式的作用范围有限，所以内联样式的使用不能体现样式定义的优点，建议尽量少用内联样式。

当在页面中包含多种形式的样式时，对于同一段文本可能有多个样式表的格式应用，那么文本的显示格式将遵循就近原则，离文本越近的样式定义起作用，即对同一个 HTML 元素，各种样式有不同的优先级，内联样式优先级最高，内部样式表次之，外部样式表第三。对于未定义或未使用样式的 HTML 元素，按照浏览器的默认样式显示。

2. CSS 基础语法

CSS 的基础语法由 3 部分组成：选择符、属性和值。

选择符通常是 HTML 元素或标记；属性是希望定义或改变的属性，每个属性都有值，属性和值之间使用冒号（:）分隔，属性和值都包含在大括号（{ }）中。代码如下所示：

```
h3 {color:#e0e0e0;}
```

如果有多个属性的设置声明，则使用分号（:）分隔，最后一条规则不需加分号。如果属性值为多个单词组成，则需要将属性值包含在引号（""）中。CSS 对大小写不敏感。

大多数样式表包含不止一条规则，而大多数规则包含不止一条声明，代码如下所示：

```
body {
    color:#f0f0f0;
    margin:0;
    padding:0;
    font-family:Arial,Palatino,Serif;
}
```

在 CSS 中，还可以对选择符进行分组，被分组的选择符共享相同的声明，用逗号将分组的选择符分隔，代码如下所示：

```
h1,h2,h3,h4,h5,h6{color:blue}
```

在 CSS 中有 3 种类型选择符，派生选择符、类选择符和 id 选择符，其作用优先级依次降低。

（1）派生选择符。通过依据元素在其位置的上下文关系来定义样式，在 CSS1 中称为上下文选择符，在 CSS2 中称为派生选择符。通过合理使用派生选择符，可以使 HTML 代码变得更加简洁。派生选择符示例代码如下所示：

```
p strong{
    font-family:arial;
    color:pink;
    font-style:italic;
}
```

此派生选择符的作用是定义在<p>标记中的<strong>标记所包含的内容显示格式为 Arial 字体、粉色、倾斜。代码如下所示：

```
<p>Here is the CSS <strong>Application</strong>!</p>
```

在此示例中只有<p>标记中的<strong>元素 Application 会显示设置的样式，其他单词按浏览器默认样式显示。

（2）类选择符。在 CSS 中类选择符以一个点号开始。代码如下所示：

```
.title{
    color:gray;
    text-align:center;
}
```

定义了名为 title 的类选择符，定义颜色为灰色、文本居中显示。类选择符通过在 HTML 元素中使用 Class 属性来完成，代码如下所示：

```
<p class="title">The rule is text center-aligned</p>
```

<p>标记中所包含的内容遵循.title 选择其中的设置规则。

类选择符名称的第一个字符不能使用数字。类选择符无法在 Mozilla 或 Firefox 中起作用。

（3）id 选择符。id 选择符可以为设置有 id 属性的 HTML 元素设置样式规则。id 选择符以"#"开始。可以把类选择符中的"."替换为"#"，则类选择符变换成名为 title 的 id 选择符，在<p>标记中的 class 属性也需要替换为 id 属性。

在现代布局中，id 选择符常常用于建立派生选择符，类选择符也可以建立派生选择符。类选择符建立派生选择符代码如下所示：

```
.tborder td{
    border-style:solid dotted dashed double;
    border-color:red green;
}
td.tborder{
    border-style:solid dotted dashed double;
    border-color:red green;
}
```

两段代码均定义了实线上边框、点线右边框、虚线下边框和双线左边框 4 种边框样式，同时设置红色的上下边框色和绿色的左右边框色。border-color 属性值只设置了两个，则 CSS 会进行值复制，如 border-color 应有 4 个值，而只设置了两个，则将设置的值进行复制得到"red,green,red,green"，按照边框上—右—下—左的赋值顺序，得到上下边框为红色，左右边框为绿色。

第一段代码为派生选择符，类名为 tborder 的元素所包含的单元格都会按照.tborder td 设置的规则显示；第二段是 HTML 中的类名为 tborder 的单元格按照规则显示，其他类名为 tborder 的元素不会受第二段规则的影响，因为本规则被限制于类名为 tborder 的单元格。两者的作用范围和应用效果有所差异。

id 选择符建立派生选择符代码如下所示：

```
#tpad td{
    padding-top:10px;
    padding-left:15px;
}
#tpad p{
    padding-top:10px;
    padding-left:15px;
}
```

页面中 id 为 tpad 的元素中<td>和<p>所包含的内容会按照定义的规则显示。

3．CSS 样式表属性

CSS 样式表有字体属性、颜色和背景属性、文本属性、字体属性、列表属性及表格属性等，通过设置 CSS 样式表的基本属性，可以更精确、多效果完成页面元素的显示。CSS 样式表的具体属性不再详细介绍，可查阅相关资料了解和学习。

2.4.3 习题

一、选择题

1．下列哪一项表示的不是按钮（   ）。
   A．type="submit"   B．type="reset"   C．type="image"   D．type="button"
2．当链接指向下列哪一种文件时，不打开该文件，而是提供给浏览器下载（   ）。
   A．ASP   B．HTML   C．ZIP   D．CGI
3．关于文本对齐，源代码设置不正确的一项是（   ）。
   A．居中对齐： …
   B．居右对齐： …
   C．居左对齐： …

项目 2 校园网站创建

51

D．两端对齐： …

4．下面哪一项是换行符标记（　　）。

  A．<body>   B．<font>   C．
     D．<p>

5．下列哪一项是在新窗口中打开网页文档（　　）。

  A．_self   B．_blank   C．_top   D．_parent

6．在<frameset>标记中，不能设置的属性为（　　）。

  A．边框颜色   B．子框架的宽度或者高度 C．边框宽度   D．滚动条

7．要使表格的边框不显示，应设置 border 的值是（　　）。

  A．1   B．0   C．2   D．3

8．在 HTML 中，<font>标记的 size 属性最大取值可以是（　　）。

  A．5   B．6   C．7   D．8

9．在 HTML 中，<pre>标记的名称是（　　）。

  A．标题标记 B．预排版标记   C．转行标记   .D．文字效果标记

10．下面不属于 CSS 插入形式的是（　　）。

  A．索引式   B．内联式   C．嵌入式   D．外部式

11．可以不用发布就能在本地计算机上浏览的页面编写语言是（　　）。

  A．ASP   B．HTML   C．PHP   D．JSP

12．在网页中，必须使用（　　）标记来完成超级链接。

  A．<a>…</a> B．<p>…</p> C．<link>…</link> D．<li>…</li>

13．有关网页中的图像的说法不正确的是（　　）。

  A．网页中的图像并不与网页保存在同一个文件中，每个图像单独保存

  B．HTML 语言可以描述图像的位置、大小等属性

  C．HTML 语言可以直接描述图像上的像素

  D．图像可以作为超级链接的起始对象

14．下列 HTML 标记中，属于非成对标记的是（　　）。

  A．<li>   B．<ul>   C．<p>   D．<font>

15．以下标记符中，用于设置页面标题的是（　　）。

  A．<title>   B．<caption>   C．<head>   D．<html>

16．若要是设计网页的背景图形为 bg.gif，以下标记中，正确的是（　　）。

  A．<body background="bg.gif">   B．<body bground="bg.gif">

  C．<body image="bg.gif">   D．<body bgcolor="bg.gif">

17．若要以标题 2、居中、红色显示"HTML"，以下语句可以实现的是（　　）。

  A．<h2> <color="#ff00000">HTML </h2></font>

  B．<h2> <font color="#ff00000">HTML </h2></font>

  C．<h2> <font color="#ff00000">HTML<</h2> </font>

  D．<h2> <font color="#ff00000">HTML</font> </h2>

18．若要以加粗宋体、12 号字显示"HTML"，以下语句可以实现的是（　　）。

  A．<font size="12">HTML</font>

  B．<font face="宋体" size="12">HTML</font>

  C．<font size="宋" size="12">HTML</font>

  D．<font size="宋体" fontsize="12">HTML</font>

19．在页面中使用 myPage.jpg 创建一个图像链接，链接地址为 http://www.website.com，以下语句可以

实现的是（   ）。

    A．<a href="http://www.website.com">myPage.jpg</a>

    B．<a href="http://www.website.com"><img src="myPage.jpg"></a>

    C．<img src="myPage.jpg"><a href ="http://www.website.com"></a>

    D．<a href ="http://www.pcneredu.com"><img src="myPage.jpg">

20．定义一个单元格的标记为（   ）。

    A．<td>…</td>   B．<tr>…</tr>

    C．<table>…</table>   D．<caption>…</caption>

21．用于设置表格背景颜色的属性的是（   ）。

    A．background   B．bgcolor   C．bordercolor   D．backgroundcolor

22．要在页面的当前位置定义名称为 js 和锚点，以下语句可以实现的是（   ）。

    A．<a href=":js"></a>   B．<a href="#js">js</a>

    C．<a name="js">   D．<a name="js"></a>

23．定义一个 10 行 30 列的文本域，以下语句可以实现的是（   ）。

    A．<input type="text" rows="30" cols="10" name="txtArea">

    B．<textarea rows="10" cols="30" name="txtArea">

    C．<textarea rows="30" cols="10" name="txtArea"></textarea>

    D．<textarea rows="10" cols="30" name="txtArea"></textarea>

24．用于设置文本框显示宽度的属性是（   ）。

    A．size   B．maxlength   C．value   D．length

25．在网页中插入样式表 main.css，以下用法中正确的是（   ）。

    A．<link href="main.css" type="text/css" rel="stylesheet">

    B．<link src="main.css" type="text/css" rel="stylesheet">

    C．<link href="main.css" type="text/css">

    D．<include href="main.css" type="text/css" rel="stylesheet">

26．在当前网页中定义一个类选择器，使具有该类样式的文本字体为"Arial"字体大小为 9px，以下定义正确的是（   ）。

    A．<style>.mytext{font-name:arial;font-size:9px;}</style>

    B．<style>.mytext{fontname:arial;fontsize:9px;}</style>

    C．<style>#mytext{font-familiy:arial;font-size:9px;}</style>

    D．<style>.mytext{font-familiy:arial;font-size:9px;}</style>

27．以下创建 E-mail 链接的方法，正确的是（   ）。

    A．<a href="test@163.com">联系我们</a>

    B．<a href="callto:test@163.com">联系我们</a>

    C．<a href="mailto:test@163.com">联系我们</a>

    D．<a href="Email:test@163.com">联系我们</a>

28．可用来在一个网页中嵌入显示另一个网页内容的标记符是（   ）。

    A．<marquee>   B．<iframe>   C．<embed>   D．<object>

二、填空题

1．HTML 网页文件的标记是_____，网页文件的主体标记是_____，标记页面标题的标记是_____。

2．表格有 3 个基本组成部分：行、列和_____。

3．分为左右两个框架的框架组，要想使左侧的框架宽度不变，应该用_____作为单位来定制其宽度，而右侧框架则使用_____作为单位来定制。

4．设置一条 1 像素粗的水平线，应使用的 HTML 语句是_____。

5．表单对象的名称由_____属性设定；提交方法由_____属性指定；若要提交大数据量的数据，则应采用_____方法；表单提交后的数据处理程序由_____属性指定。

6．浮动框架的标记是_____。

7．在网页中，_____属性设定表格边框的厚度的；_____属性设定表格单元格之间宽度；_____属性设定单元格内容与单元格边框的距离。

8．单元格垂直合并的属性是_____；单元格横向合并的属性是_____。

9．设置网页背景颜色为蓝色的语句_____。

10．在网页中插入背景图案（文件的路径及名称为/imges/bg.gif）的语句是_____，为图片添加简要说明文字的属性是_____。

三、程序设计

1．以下 HTML 代码存在 5 处错误，请指出并更正。

```
<html>
<body>
<head>
<meta name="author"content="hoston">
</head>
<title title="authors home page">
<bgcolor="white">
<img alt="/image/a.jpg" src="welcome">
<h2><a href="http://www.baidu.com">home page</a><h2>
<p>welcome to the web site.</p>
</body>
<html>
```

2．使用 CSS，完善实训指导 2-1 校园网站首页。

3．综合应用所学 HTML 知识，制作个人网站。

项目 3

四季日历开发

使用 HTML 语言可以设计制作出精美的页面，但是页面的动态性和交互性较差，为了提高 Web 项目的整体性能，提供人机交互的友好界面，提供动态和交互的网页功能，可以在 Web 页面增加脚本程序，在服务器端和客户端实现 HTML 语言无法实现的功能。在网页设计中，常用的脚本语言有 VBScript 和 JavaScript。VBSript 是 Microsoft 公司开发的一种简单、易学的脚本语言，为 ASP 默认的脚本编程语言。项目 3 主要介绍 VBScript 脚本语言的基础知识，并通过实例对脚本语言应用进行详细介绍。

项目要点◎

- ➢ 了解 VBScript 语言的特点
- ➢ 熟悉 VBScript 语言的常量和变量
- ➢ 学会 VBScript 语言数组的定义及应用
- ➢ 掌握 VBScript 语言表达式和运算符的应用
- ➢ 能够熟练定义和使用 VBScript 语言的过程和函数
- ➢ 熟练应用 VBScript 语言的流程控制语句

任务 3.1   VBScript 脚本

3.1.1   VBScript 脚本语言

VBScript 是 Visual Basic Script 的简称，即 Visual Basic 脚本语言，有时也被缩写为 VBS，是 ASP 动态网页默认的编程语言。

1. VBScript 脚本概述

VBScript 是由微软公司开发的一种脚本语言，是一种轻量级的编程语言，是编程语言 Visual Basic 的一个子集，与 VBA 的关系也非常密切。它具有容易学习的特性。目前这种语言广泛应用于网页和 ASP 程序制作。

VBScript 继承了 Visual Basic 语言简单易学的特点。VBScript 可以在表单发送到服务器之前就验证表单数据的正确性和完整性，还可以动态地创建新的 Web 内容，编写完全在客户端运行的应用程序等。很多的工作可以在客户端完成而不需要使用服务器应用程序，同时 VBScript 脚本可以由浏览器解释执行，不会增加服务器的负担。

当 VBScript 被插入一个 HTML 文档后，浏览器读取这个文档，并对 VBScript 进行解释。VBScript 可能会立即执行，也可能在之后的事件发生时执行。使用 VBScript 语言的目的是控制页面内容的动态交互性。

head 部分的脚本，当被调用时会被执行，或者某个事件被触发时也有可能执行，代码如下所示：

```
<head>
<script type = "text/vbscript">
<!--
    VBScript 脚本代码    '注释内容
-->
</script>
</head>
```

把 VBScript 脚本代码放置于 head 部分时，可以确保用户在使用 VBScript 脚本代码之前就已经被载入了，还可以达到脚本代码集中放置的效果，有利于代码维护。在脚本语言中使用 HTML 注释标记的目的是为了避免不能识别<script>标记的浏览器将脚本代码显示在页面中。

在 VBScript 中，有时一条语句可能会很长，这给打印和阅读带来不便，此时可以使用续行符 "_"（一个空格紧跟一个下划线）将长语句分成多行。使用单引号作为注释符号，注释可以和语句在同一行并写在语句的后面，也可单独占一行。VBScript 不区分大小写。

当页面被载入时，放置于 body 部分的脚本代码就会被执行，可用于生成页面的内容。可以在 HTML 文档中放置任何数量的脚本代码，也可以同时在 head 和 body 部分放置。

通常情况下，ASP 文件包含 HTML 标记，类似 HTML 文档。不过，ASP 文件也可包含服务器端脚本。服务器脚本在服务器端执行，把执行结果发送给浏览器。在 ASP 文件中，在页面的顶端使用语言设定语句来说明页面使用的脚本语言，代码如下所示：

```
<%@language = "VBScript">
```

在<script>标记中使用 runnat = "server"表示脚本在服务器端执行。

2. VBScript 数据类型

VBScript 只有一种数据类型，称为 Variant。Variant 是一种特殊的数据类型，根据使用的方式，它可以包含不同类别的信息。

从 Boolean 值到浮点数，数值信息是多种多样的。Variant 包含的数值信息类型称为子类型。Variant 的子类型及描述见表 3-1。

表 3-1　Variant 的子类型及描述

类型标识	类型描述
Empty	未初始化的 Variant
Null	不包含任何有效数据的 Variant
Boolean	布尔类型（true 或者 false）
Byte	整数（0～255）
Integer	整数（-32 768～32 767）
Currency	货币型
Long	长整数（-2 147 483 648～2 147 483 647）
Single	单精度浮点数
Double	双精度浮点数
Date(Time)	日期时间型
String	字符串
Object	对象类型
Error	错误号

3. VBScript 常量

常量是在程序执行期间值不会发生改变的量。常量可分为自然常量和符号常量两种。自然常量通常称为文字常量，可以在程序中直接使用，符号常量在使用前则需要进行定义和赋值。

（1）自然常量。根据数据类型的不同，自然常量可分为数值常量、字符串常量和日期时间常量。

① 数值常量，其数据类型可以为整型、长整型和浮点型，其中，整型和长整型可以用八进制数、十进制数和十六进制数 3 种形式来表示，如，&O37、96、&HAE。

② 字符串常量，由一对双引号括起来的字符序列组成，可以包含字符、数字、标点符号及汉字等，长度可达 20 亿个字符，如，"3.1 VBScript 脚本"。

③ 日期时间常量，在 VBScript 中，日期时间常量使用#括起来，如，#2010-10-01 19:30:13#，#2012-12-21#。

（2）符号常量。符号常量是使用一个标识符来代替数字或字符，一旦被声明并赋值后，在程序执行期间值不会发生变化。在 VBScript 中，使用 Const 语句来定义符号常量。

使用 Const 定义符号常量，代码如下所示：

```
Const PI = 3.1415926
Const myString = "ASP 程序设计"
Const dTime = #2010-12-25#
```

4. VBScirpt 变量

使用脚本语言时，脚本执行过程中，往往需要用一个空间将信息存储起来，变量就是这样的一个命名的存储单元，变量是可存储信息的容器，存储在这个单元中的数据就是变量的值。VBScript 中的变量用于引用计算机的内存地址来存储脚本运行时的数据信息。在脚本中，变量的值是可以改变的。可以通过引用某个变量的名称，来查看或修改它的值。在 VBScript 中，所有的变量都与类型相关，可存储不同类型的数据。

（1）VBScript 变量命名规则。变量的值会发生改变，但可以通过变量的名称来进行区分。变量的命名规则如下：

- 变量名称必须以字母开头；
- 变量名称中不能包含点号（.）；
- 变量名称长度不能超过 255 个字符；
- 变量名称不能与 VBScript 关键字相同。

（2）VBScript 变量声明。有显式声明和隐式声明两种方式。

① 显式声明。使用 Dim、Public 或 Private 语句来声明变量，显式声明可以在定义变量的时候在内存中为变量分配存储空间。一个声明语句可以声明多个变量，变量名称之间用逗号隔开。

使用语句进行变量声明，代码如下所示。

```
dim username, salary, reward
private i, sum
public username, password
```

其中，public 声明全局变量，private 声明私有变量。

为了更好地区分各变量，便于代码维护，在变量命名时，应尽量使用含义清晰的变量名称，最佳的命名效果是通过变量的名称来表示变量的类型和存放的数据信息，例如，通过添加类型前缀的方式进行变量命名。

② 隐式声明。因为 VBScript 只有一种数据类型，可以直接在脚本代码中使用一个变量名称，当 VBScript 代码执行时，系统会自动登记变量名称并分配存储空间，这种方式称为隐式声明。隐式声明的方式较为简单，可以在需要时随时声明变量，使用较为方便。代码如下所示：

```
dim username
username = "Tracy"
```

与

```
username = "Tracy"
```

这些代码都可以声明变量 username，不过隐式声明不是一个好的习惯，因为如果在脚本中拼错变量名，可能会在脚本运行时引起奇怪的结果。如，将 username 拼错为 usename，则脚本会自动创建一个名为 usename 的变量。

在 VBScript 中提供了强制显式声明语句 Option Explicit，如果在代码中使用了该语句，则所有的变量在使用之前必须先声明，否则会发生错误。使用强制声明语句会在一定程度上增加代码量，但可以提高程序的可读性、可维护性，减少出错机会。Option Explicit 语句需要放置在所有脚本命令之前。

5．数组变量

在程序设计中，有时需要向一个单一的变量赋予多个值，也就需要创建一个可包含一系列值的变量。这种变量被称为数组。数组是有序数据的集合，把具有相同类型的若干变量按有序的形式组织，使用数组名称和下标来确定数组中的元素。

声明数组和声明变量相同，可使用 Dim 语句，声明数组时需要指定数组的维数和每一维的数组长度，语法格式为：

```
dim arryName (i,...,n)
```

括号中数值的个数定义了数组的维数，而每一个数值定义了对应维的长度，代码如下所示：

```
dim array (2)
dim array (3, 6)
```

第一行代码括号中的数字是 2，而数组的下标以 0 开始，因为此数组包含 3 个元素。第二行代码声明了一个 4 行 7 列的二维数组。可以为数组中的每个元素赋值，代码如下所示：

```
dim username (2)
username (0) = "Lolo"
username (1) = "Tracy"
username (2) = "Sala"
```

同样，也可以使用数组下标取出数组元素的值，代码如下所示：

```
first = username (0)
```

在数组声明时，如果指定数组的长度，即数组中指定的项目个数，这样的数组叫定长数组。而在声明时不指定数组维数和长度，这样的数组叫变长数组，也可以称为动态数组，因为数组的维数和长度不是固定的。动态数组的声明也使用 Dim 语句，代码如下所示：

```
dim array ( )
```

动态数组声明时不需指定数组长度，但在使用动态数组之前需要使用 Redim 语句对其重新声明并指定数组长度，代码如下所示：

```
dim array ( )
redim array (3, 3)
```

动态数组可以使用 Redim 语句重新声明多次，但使用 Redim 重新声明后，数组中保存的原有的数值将全部清空，如果要保存原有的数值，可以使用 Preserve 关键字。

数组使用如程序 3-01.html 所示。

```html
<html>
<head>
    <title>数组应用</title>
</head>
<body style = "font-size:14px;">
    <script type = "text/vbscript">
    <!--
        option explicit
        document.write ("<h4>数组声明、赋值及使用</h4>")
        dim username (2),second
        username (0) = "Lolo"
        username (1) = "Tracy"
        username (2) = "Sala"
        second = username (1)
        document.write (second)
        document.write ("<br><hr width = '50%' size = '2' color = '#f68720'
align = 'left'>")

        document.write ("<h4>动态数组使用</h4>")
        document.write ("<p>-------------------------------------
```

```
---------------------</p><p>")
        dim testArray ( )
        redim testArray (2)
        testArray (0) = "a"
        testArray (1) = "b"
        testArray (2) = "c"
        document.write ("第 1 次 redim 动态数组，长度为 3，值为：</p><p>")
        document.write ("1. "+testArray (0)+"   ")
        document.write ("2. "+testArray (1)+"   ")
        document.write ("3 "+testArray (2)+"   
</p>")
        document.write ("<p>-------------------------------------
--------------------</p><p>")

        redim preserve testArray (3)
        testArray (3) = "George"
        document.write("第 2 次 redim 动态数组，长度为 4，使用 preserve 关键词，值
为：</p><p>")
        document.write ("1. "+testArray (0)+"   ")
        document.write ("2. "+testArray (1)+"   ")
        document.write ("3. "+testArray (2)+"   ")
        document.write ("4 "+testArray (3)+"   
</p>")
        document.write ("<p>-------------------------------------
--------------------</p><p>")

        redim testArray (4)
        testArray (4) = "Smith"
        document.write("第 3 次 redim 动态数组，长度为 5，不使用 preserve 关键词，
值为：</p><p>")
        document.write ("1. "+testArray (0)+"   ")
        document.write ("2. "+testArray (1)+"   ")
        document.write ("3. "+testArray (2)+"   ")
        document.write ("4. "+testArray (3)+"   ")
        document.write ("5. "+testArray (4)+"   
</p>")
        document.write ("<p>-------------------------------------
--------------------</p>")
    -->
    </script>
  </body>
</html>
```

在本实例中包含了变量和数组的声明、赋值、使用，还包括了动态数组的使用，动态数组的重新声明和 preserve 关键词的使用，其中，document.write()语句为 VBScript 的输出语句。运行结果如图 3-1 所示。

6．VBScript 运算符

VBScript 有一套完整的运算符，包括算术运算符、比较运算符、连接运算符和逻辑运算符。

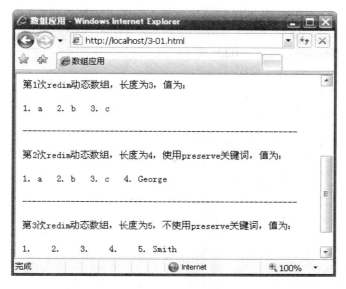

图 3-1　VBScript 数组应用

（1）算术运算符。VBScript 除了提供常用的数学算术运算符外，还提供了其他的算术运算符，见表 3-2。

表 3-2　VBScript 的算术运算符

运算符号	功能描述（示例说明）
+	计算两个数字的和（2+3　89+12+66）
-	计算两个数字的差（9-5　88-23-33）
*	计算两个数字的积（8*9　45*3*11）
/	计算两个数相除并返回以浮点数表示的结果（9/5 结果为 1.8）
^	计算数的整数次方（3^3 结果为 81）
\	\计算两个数相除返回商（9\5 结果为 1）
Mod	计算两个数相除返回余数（9mod5 结果为 4）

算术运算符的优先级为：^（指数运算符），*或/（乘法和除法优先级相同），\（整除运算符），mod（取余运算符），+或-（加法和减法优先级相同）。

（2）比较运算符。比较运算符用来比较两个表达式的值的大小，结果是逻辑型值 true 或者 false，比较运算符可以用于数值间的比较，也可以用于字符串或对象之间的比较。

VBScript 的比较运算符有（按优先级从高到底顺序）：＝（等于）、<>（不等于）、>（大于）、<（小于）、>=（大于等于）、<=（小于等于）、is（对象相等）。

（3）连接运算符。在对字符串进行处理时，经常把两个或者多个字符串进行连接，形成一条完整的信息。在 VBScript 中提供了连接运算符将两个字符串进行连接以生成新的字符串。连接运算符有两个：+和&。

"+"运算符可以将两个字符串进行连接形成新的字符串，两边参与连接的必需均为字符串，如果参与运算的一个是字符串，一个是数字，则会出现错误。

"&"运算符为强制连接运算符，参与连接的两个表达式可以不全是字符串。

（4）逻辑运算符。VBScript 的比较运算符有（按优先级从高到底顺序）：and（逻辑与）、or（逻辑或）、not（逻辑非）、xor（逻辑异或）、eqv（逻辑等于）、imp（逻辑包含）。

VBScript 运算符示例如程序 3-02.html 所示。

```
<html>
<head>
    <title>VBScript 运算符</title>
</head>
<body style = "font-size:14px;">
    <script type = "text/vbscript">
    <!--
        option explicit
        document.write ("<h4>算术运算符</h4>")
        document.write ("<p>-----------------------------------
</p>")

        document.write ("34/7 = ")
        document.write (34/7)
        document.write ("<br>/运算以浮点数形式返回结果")
        document.write ("<br><br>34\7 = ")
        document.write (34\7)
        document.write ("<br>\返回两数相除的商")
        document.write ("<br><br>34mod7 = ")
        document.write (34 mod 7)
        document.write ("<br>mod 返回两数相除的余数")
        document.write ("<br><br>7^4 = ")
        document.write (7^4)
        document.write ("<br>^返回数的指数次方")
        document.write ("<p>-----------------------------------
</p>")

        document.write ("<h4>连接运算符</h4>")
        document.write ("<p>-----------------------------------
--------------------------</p>")
        document.write ("abc+abc = ")
        document.write ("abc"+"abc")
        document.write ("<br>+运算符返回两个字符串的连接字符串，参与运算的只能是字
符串")
        document.write ("<br><br>abc&3.1415926 = ")
        document.write ("abc"& 3.1415926)
        document.write ("<br>&运算符返回两个运算数连接字符串，参与运算的可以不全是
字符串")
        document.write ("<p>-----------------------------------
--------------------------</p>")
    -->
    </script>
</body>
</html>
```

运行结果如图 3-2 所示。

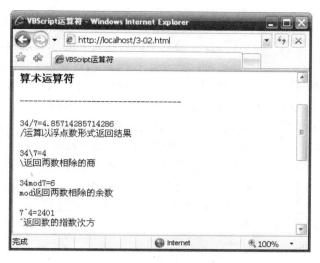

图 3-2　VBScript 运算符示例

7．VBScript 过程

在 VBScript 程序设计中，通常将逻辑处理或过程处理的代码作为一个整体来组织，如当发生某个事件时，对事件作出响应的程序段，这种事件过程构成了 VBScript 应用的主体，并且，多个不同的事件过程可能需要使用一段相同的程序代码，可以将这段代码独立出来，作为一个过程，这样不仅使程序结构简洁明了，而且使程序可重复利用。VBScript 提供了与 C 语言等程序设计语言类似的子程序调用机制，称为过程，过程分为 Sub 过程和 Function 过程，即子程序过程和函数过程。

（1）过程的定义。

① Sub 过程的定义。Sub 过程以 Sub 开头，以 End Sub 语句结束，包含在 Sub 与 End Sub 之间的描述过程操作的语句块称为过程体或子程序体。Sub 过程定义的语法格式为：

```
Sub sub_name（参数1,参数2,…）
    语句块
    [Exit Sub]
End Sub
```

其中，sub_name 是定义的过程名称，是一个长度不超过 255 个字符的变量名，在同一个模块中，同一个变量名不能既用作 Sub 过程名又用作 Function 过程名。如果没有显式使用 Public 或 Private 来声明，则 Sub 过程默认为公用，即对于脚本中的所有其他过程是可见的。

注意：Sub 过程不能嵌套定义，即在 Sub 过程内，不能定义 Sub 过程或 Function 过程，但可以通过调用执行 Sub 过程，并且可以嵌套调用。

② Function 过程的定义。Function 过程以 Function 开头，以 End Function 结束，在两者之间是描述过程操作的语句块，即过程体。Function 过程定义的语法格式如下：

```
Function func_name（参数1,参数2,…）
    语句块
    [func_name = 表达式]
    [Exit Function]
End Function
```

其中，func_name、参数列表、Exit Function 的含义与 Sub 过程中作用相同。

（2）过程调用。调用引起过程的执行，也就是说，要执行一个过程，必须调用该过程。Sub 过程调用没有返回值，可以作为独立的基本语句，而 Function 过程调用要返回一个值，通常出现在表达式中。

① 调用 Funtion 过程。Function 过程要返回一个值，所以可以像使用 VBScript 内部函数（将在 3.1.4 节中介绍）一样来调用 Function 过程。在 Function 过程的定义语法格式中，由 Function 过程返回的值存放在格式中的"表达式"，并通过"func_name＝表达式"把它的值赋给过程名。如果在 Function 过程定义中省略"func_name＝表达式"，则该过程返回一个默认值；数值函数过程返回 0，字符串函数过程返回空字符串（""）。

② 调用 Sub 过程。调用 Sub 过程相当于执行一个语句，不返回值。Sub 过程的调用有两种方式，一种是把过程名放在一个 Call 语句中，一种是把过程名作为一个语句来使用。

使用 Call 语句调用 Sub 过程：

```
call Sub_name（参数 1,参数 2,...）
```

Call 语句把程序控制权传送给一个 VBScript 的 Sub 过程。用 Call 语句调用一个 Sub 过程时，如果过程本身没有参数，则参数和括号可以省略；否则需给出相应的实际参数，并把参数放在括号中。

在调用 Sub 过程时，如果省略关键字 Call，就成为调用 Sub 过程的第二种方式：

```
Sub_name 参数 1,参数 2,...
```

在这种调用方式中，Sub 过程的参数不需要放到括号中，只需要跟在 Sub_name 的后面且使用逗号分隔即可。如程序 3-03.html 所示。

```
<html>
<head>
    <title>Sub 过程调用</title>
</head>
<body>
    <script type = "text/vbscript">
        sub bg (color)
            document.body.style.backgroundColor = color
        end sub
    </script>
    <center>
    <font color = "#0000ff">
    <h2>调用 Sub 过程修改页面背景颜色</h2>
    <hr width = "100%" size = "3" color = "red"></font>
    <input type = "button" onclick = "bg ('#ffff00')" value = "黄色">
    <input type = "button" onclick = "bg ('#660066')" value = "紫色">
    <input type = "button" onclick = "bg ('#6699FF')" value = "青色">
    <input type = "button" onclick = "bg ('#009933')" value = "绿色">
    <input type = "button" onclick = "bg ('#000033')" value = "深蓝">
    <input type = "button" onclick = "bg ('#ee0000')" value = "红色">
    <input type = "button" onclick = "bg ('#cccccc')" value = "灰色">
    </center>
</body>
</html>
```

在程序 3-03.html 中，将 Sub 过程作为事件处理程序，单击按钮时，将颜色代码（如

#6699ff）传递给 Sub 过程 bg，由 Sub 过程中的语句，将页面的背景颜色设定为#6699ff，运行结果如图 3-3 所示。

图 3-3　调用 Sub 过程改变页面背景颜色

在程序 3-03.html 中，Sub 过程的调用虽然是表达式的形式，但是 Sub 过程是事件处理程序，并不是为 onClick 赋值，因为 Sub 过程无返回值，如果在表达式中使用，需要 Function 函数过程。如程序 3-04.asp 和 function_show.asp 所示。

```
<html>
<head>
    <title>Function 过程调用</title>
</head>
<body>
    <form action = "function_show.asp" method = "get">
        <input type = "text" name = "x" value = "长度" id = "x"><br>
        <input type = "text" name = "y" value = "宽度" id = "y"><br>
        <input type = "submit" value = "提交">
        <input type = "reset" value = "重置">
    </form>
    </center>
</body>
</html>
```

表单处理程序 function_show.asp 代码如下：

```
<html>
<head>
    <title>Function 过程调用</title>
    <%
        function area (x,y)
            area = x*y
        end function
    %>
</head>
<body>
    <%
    dim c,k,ck
    c = request ("x")
    k = request ("y")
    ck = area (c,k)
    response.write ("<h3>矩形的面积 = 长度*宽度: ")
    response.write (ck&"</h3>")
```

```
    %>
    <a href = "./3-04.asp">继续计算</a>
    </center>
</body>
</html>
```

3-04.asp 的表单处理信息提交使用 GET 方法，在信息提交后，在 function_show.asp 页面的地址栏中，提交的信息会出现在 URL 中，在 function_show.asp 中定义了 Function 函数过程 area，并通过调用计算出矩形的面积，运行结果如图 3-4 所示。

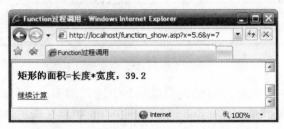

图 3-4　调用 Function 过程计算面积

3.1.2　VBScript 的条件语句

在一般情况下，程序语句的执行是按照其书写顺序来执行的，前面的代码先执行，后面的代码后执行。但是这种自上而下的单向流程只适于用一些很简单的程序。大多数情况下，需要根据逻辑判断来决定程序代码执行的优先顺序。在 ASP 程序中，常常需要对用户输入的信息进行判断，如用户注册登录时，判断用户填写的信息是否齐全、密码是否正确等等，此时就需要用到条件语句。

在 VBScript 中，有 If…Then…Else 语句和 Select Case 语句两种条件语句。

1．If…Then…Else 语句

If…Then…Else 条件语句根据表达式的值有条件地执行一组语句，其语法格式为：

```
If 表达式 1 Then
    语句块 1
[Elseif 表达式 2 Then
    [语句块 2]]
…
[Else
    [语句块 n]]
End If
```

其中，表达式通常指使用比较运算符对值或变量进行比较的数值或字符串表达式，其值为 true 或 false，如果表达式的值为 null，则看做 false；表达式还可以是类型判断表达式。

当程序运行到 If 语句块时，将测试表达式的值。如果表达式的值是 true，则执行 Then 之后的语句；如果表达式的值是 false，则每个 Elseif 部分的条件表达式（如果有的话）会依次计算并加以测试。当找到某个为 true 的条件时，则其相关的 Then 之后的语句会被执行。如没有一个 Elseif 语句是 true（或没有 Elseif 子句），则将执行 Else 之后的语句。执行 Then 或 Else 之后的语句以后，将继续执行 Endif 之后的语句。

Else 子句和 Elseif 子句都是可选项的。在 If 块中可以放置任意多个 Elseif 子句，但是

都必须在 Else 子句之前。If 块语句可以被嵌套，即被包含在另一个 If 块语句之中。

根据 If...Then...Else 条件语句中分支的多少可分为单分支、双分支和多分支 If 语句。

（1）If...Then...End If 语句。If...Then...End If 语句是单分支选择语句，该语句判断唯一的表达式的值是否为真，决定是否执行相应的语句块。代码如下所示：

```
if A>10 then   'A>10 是该语句中唯一的判断表达式
    A = A+1
    B = B+A
    C = C+B
end if
```

如果在语句块中只有一条语句，可以直接写到 Then 语句后，省略 End If 语句，所有语句在同一行中。如果语句块中有多条语句，将所有语句写到同一行中时，语句之间使用冒号（:）分隔，可将上述代码更改为如下所示：

```
if A>10 then A = A+1:B = B+A:C = C+B
```

虽然在一行中可以包含多条语句，但单行语句的写法使程序结构不够清晰，所以在程序设计中，建议使用如语法格式中的书写结构，使程序比较容易阅读、维护及调试。

（2）If...Then...Else 语句。If...Then...Else 语句是双分支选择语句，该语句根据判断表达式的值选择执行的语句块，语法格式为：

```
If 表达式 1 Then
    语句块 1
Else
    语句块 2
End If
```

执行该语句时，如果判断表达式的值为 true，则执行语句块 1，否则执行语句块 2。如程序 3-05.html 所示。

```html
<html>
<head>
    <title>If...Then...Else 语句应用</title>
</head>
<body style = "font-size:14px;">
    <script type = "text/vbscript">
    <!--
        option explicit
        dim mark
        mark = 7
        if mark>5 then
            document.write ("We have a nice weekend!")
        else
            document.write ("We are working hard!")
        end if
    -->
    </script>
</body>
</html>
```

在程序 3-05.html 中，通过 mark 的值进行判断输出内容，如图 3-5 所示。

图 3-5 If…Then…Else 语句应用

（3）If…Then…Elseif 语句。If…Then…Elseif 语句是多分支选择语句，该语句根据判断表达式的值执行相应的语句块，语法格式为：

```
If  表达式1  Then
    语句块1
Elseif  表达式2  Then
    语句块2
…
Elseif  表达式n  Then
    语句块n
Else
    语句块
End If
```

执行该语句时，如果依次判断表达式的值，直到某个表达式的值为 true，则执行该表达式对应的语句块，如果所有表达式的值均为 false，则执行 Else 后的语句块。如程序 3-06.html 所示。

```
<html>
<head>
    <title>If…Then…ElseIf 语句</title>
</head>
<body style = "font-size:14px;">
    <script type = "text/vbscript">
    <!--
        option explicit
        dim mark
        mark = 73
        if mark>85 Then
            document.write ("成绩级别：优秀")
        elseif mark>75 then
            document.write ("成绩级别：良好")
        elseif mark>60 then
            document.write ("成绩级别：合格")
        else
            document.write ("成绩级别：不合格")
        end if
    -->
    </script>
</body>
</html>
```

运行结果如图 3-6 所示。

图 3-6　If...Then...ElseIf 语句应用

虽然在 If...Then...Elseif 语句中，可以添加任意多个 Elseif 语句来提供多种选择，但是使用多个 Elseif 语句会使程序的结构变得复杂，使程序变得难懂，所以如果有多个条件选择，更好的方法是使用 Select Case 语句。

2. Select Case 语句

Select Case 语句是多分支选择语句，可以根据条件从多个语句块中选择执行其中一个，是 If...Then...Elseif 语句的一个变通形式，虽然 Select Case 语句提供的功能与 If...Then...Elseif 语句相似，但是可以使将代码更加简练易读，程序结构更加清晰。Select Case 语句的语法格式为：

```
Select Case 测试表达式
Case 结果 1
    语句块 1
Case 结果 2
    语句块 2
…
[Case Else
    语句块]
End Select
```

测试表达式可以是变量或任意的数字、字符串表达式。程序执行时，将测试表达式的值依次与结果 1、结果 2、…进行比较，如果找到与测试表达式的值相匹配的结果，则执行该结果所对应的语句块；如果所有的结果都不匹配，则执行 Case Else 语句（如果有）对应的语句块，然后控制权会转到 End Select 之后的语句。如测试表达式与多个 Case 子句中的结果相匹配，则只有第一个匹配的结果对应的语句块被执行。最好是将 Case Else 语句置于 Select Case 块中以处理不可预见的测试表达式的值，如程序 3-07.html 所示。

```
<html>
<head>
    <title>Select Case 语句</title>
</head>
<body style = "font-size:14px;">
    <script type = "text/vbscript">
    <!--
        option explicit
        dim mark
        mark = 100
        select case mark/20
        case 10/2,4+2,8-1
```

```
                document.write ("5 或者 6 或者 7")
        case 3*11
                document.write ("33")
        case else
                document.write ("0")
        end select
    -->
    </script>
</body>
</html>
```

Select Case 语句可以是嵌套的，每一层嵌套的 Select Case 语句必须有与之匹配的 End Select 语句。在程序 3-07.html 中，第一个 Case 语句后有多个值与测试表达式进行比较，这些值是或的关系，只要其中一个与测试表达式的值相同，如 10/2 的值与测试表达式 mark/20 相同，则返回对应语句。运行结果如图 3-7 所示。

图 3-7　Select Case 语句应用

3.1.3　VBScript 的循环语句

当有条件需要进行判断时，使用条件语句控制代码的执行顺序。当需要将某一条或某一组语句重复执行多次时，就需要使用循环语句。循环可分为三类，一是在条件变为 false 之前重复执行语句，二是在条件变为 true 之前重复执行语句，另外一个是按照给定的次数重复执行语句。

在 VBScript 中，可使用 4 种循环语句。

● While...Wend：当条件为 true 时循环；

● Do...Loop：当（或直到）条件为 true 时循环；

● For...Next：指定循环次数，使用计数器重复运行语句；

● For Each...Next：对于集合中的每项或数组中的每个元素，重复执行一组语句。

其中，While...Wend 语句是一种老式语法，缺少灵活性，而 Do...Loop 语句提供一种结构化与适应性更强的方法以执行循环，所以建议使用 Do...Loop 替代 While...Wend 语句。While...Wend 语句的知识及应用在此不作介绍，可查阅资料进行了解。

1. Do...Loop 语句

Do...Loop 语句当条件为 true 时或条件变为 true 之前重复执行某语句块，是最通用的循环语句，根据循环条件出现的位置，Do...Loop 语句的语法格式分为两种形式。

格式一：（循环条件表达式在语句的开始部分）。

```
Do {While | Until} 表达式
    语句块
    [Exit Do]
Loop
```

格式一的执行是先判断表达式的值是否满足条件，如果满足则执行语句块，然后再去判断表达式，不满足则退出循环。

格式二：（循环条件表达式在语句的结尾部分）。

```
Do
    语句块
    [Exit Do]
Loop {While | Until} condition
```

格式二的执行是先执行语句块，再判断表达式的值是否满足条件，如果满足继续循环，否则退出循环。

当表达式的值不满足条件时，格式一直接退出循环，而格式二先执行一次语句块，然后退出循环，这是这两种格式的区别。

Do…Loop 语句可以进行嵌套使用，要求 Do 必须有与之相匹配的 Loop。

在选择 Do…Loop 语句的格式时，首先需要确定的问题在于是否要求语句块至少执行一次。如果需要，就最好把条件放在循环的末尾；否则，就把条件放在循环的开头。确定格式后使用 While 关键词还是 Until 关键词则根据个人习惯而定，因为这两者的差别非常细微，仅是语义的不同，功能是一样的，程序 3-08.html 所示。

```
<Html>
<head>
    <title>do...Loop 语句应用</title>
</head>
<body style = "font-size:14px;">
    <script type = "text/vbscript">
    <!--
        option explicit
        dim i,j,num
        i = 2
        num = 0
        do while i< = 100
            j = 2
            do while j< = i/2
                if i mod j = 0 then exit do
                j = j+1
            loop
            if j>i/2 then
                num = num+1
                document.write (i&"    ")
                if num mod 10 = 0 then
                document.write ("<br>")
                end if
            end if
            i = i+1
        loop
        document.write ("<br>-------------------------------------<br>")
```

```
        document.write ("<strong>1~100 之间的素数个数: "& num &"
</strong>")
        -->
        </script>
    </body>
    </html>
```

在程序 3-08.html 中，使用 Do…Loop 语句完成 1~100 之间素数及素数个数的求取，其中使用了 Do…Loop 语句的嵌套来判断一个数是否满足素数的条件，如果是素数就完成输出，并定义变量控制每行输出的素数个数为 10 个，运行结果如图 3-8 所示。

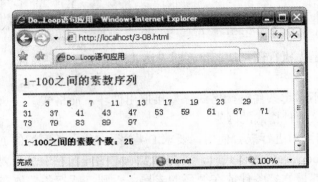

图 3-8　Do…Loop 语句应用

2. For…Next 语句

在不确定循环次数时，宜使用 Do…Loop 语句多次运行语句块。而 For…Next 语句用于将语句块运行指定的次数。与 Do…Loop 语句不同的是，For…Next 语句使用一个循环变量，循环变量的值随每一次循环会增加或者减少。For…Next 语句的语法格式为：

```
For counter = 起始值 To 终止值 [Step 步长]
    语句块
    [Exit For]
Next
```

其中，counter 用做循环计数器的数值变量，不能是数组元素或用户自定义类型的元素；步长决定循环执行情况，可以是正数（起始值小于终止值）或负数（起始值大于终止值），如果不指定，默认值为 1。

在 For…Next 语句中可以使用 Exit For 语句退出循环，可以在 For…Next 语句中的任何位置放置任意多个 Exit Do，通常与条件判断语句一起使用。

由于 For…Next 语句中有步长的设置，而在求 1~100 之间素数时，除去 2 之外，只需要判断 1~100 之间的奇数即可（所有偶数都能整除 2，不是素数），使用步长为 2 的 For…Next 语句则可以减少计算次数，更为快捷，如程序 3-09.html 所示。

```
<html>
<head>
    <title>Do...Loop 语句应用</title>
</head>
<body style = "font-size:14px;">
    <script type = "text/vbscript">
    <!--
        option explicit
```

```
            dim i,j,num
            i = 3
            num = 1
            document.write ("2    ")
            for i = 3 to 100 step 2
                for j = 2 to i/2 step 1
                    if i mod j = 0 then exit for
                next
                if j>i/2 then
                    num = num+1
                    document.write (i&"    ")
                    if num mod 10 = 0 then
                        document.write ("<br>")
                    end if
                end if
            next
            document.write ("<br>--------------------------------
<br>")
            document.write ("<strong>1～100 之间的素数个数："& num &"</strong>")
            -->
        </script>
    </body>
</html>
```

在程序 3-09.html 中，首先将数字 2 单独输出，从 3 开始步长为 2，在计算时只计算奇数，减少了计算次数，并且使用 For 语句使程序结构更加清晰，运行结果跟图 3-8 相同。

3．For Each…Next 语句

For Each…Next 语句与 For…Next 语句类似，不同在于 For Each…Next 语句不是将语句块执行指定的次数，而是对数组中的每个元素或者对象集合中的每一项重复执行一组语句，For Each…Next 语句关注的点是数组或对象集合，而不是数组中的元素个数或对象集合中的对象个数。

使用 For Each…Next 语句可以输出数组中各元素的值，如程序 3-10.html 所示。

```
<html>
<head>
    <title>For Each...Next 语句应用</title>
</head>
<body style = "font-size:14px;">
    <script type = "text/vbscript">
    <!--
        dim names (2)
        names (0) = "George"
        names (1) = "John"
        names (2) = "Thomas"
        for each x in names
            document.write (x & "<br />")
        next
    -->
    </script>
</body>
</html>
```

首先创建了一个数组，并为数组中的每个元素赋值，使用 For Each…Next 语句取出数组中的每个元素并输出元素值。For Each…Next 语句经常用于对数组元素或集合元素的运算或操作。运行结果如图 3-9 所示。

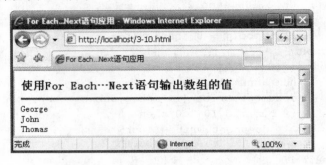

图 3-9　For Each…Next 语句应用

3.1.4　VBScript 的重要函数

1. 字符串函数

通常用户输入的时候，都是作为字符串输入的，可以使用字符串函数对这些输入进行相应的处理。在 VBScript 中提供了一些常用的字符串函数，见表 3-3。

表 3-3　VBScript 字符串函数

函数名称	功能描述
InStr，InStrRev	返回字符串在另一字符串中首次出现的位置
LCase，UCase	将指定字符串进行大小写转换
Left，Mid，Right	从指定字符串中返回指定数目的字符
Len	返回字符串中的字符数目
LTrim，Trim，RTrim	删除字符串中的空格
Replace	使用另外一个字符串替换字符串的指定部分指定的次数
Space	返回由指定数目的空格组成的字符串
StrComp	比较两个字符串，返回代表比较结果的一个值
String	返回包含指定长度的重复字符的字符串
StrReverse	反转字符串

VBScript 中的字符串函数可以用来进行检测用户注册信息，如用户名、密码和邮箱是否符合设定的规则，如程序 3-11.html 所示。

```
<html>
<head>
    <title>字符串函数应用</title>
    <style type = "text/css">
        .input {border:0px; background:#efefef;}
    </style>
    <script type = "text/vbscript">
<!--
    sub checkForm ( )
    dim theform
```

```
                set theform = document.reg_form
                if len (trim (theform.username.value)) < 3 then
                    theform.usernameh.value = "用户名不能小于 3 个字符"
                    theform.username.focus ( )
                elseif len (trim ( theform.username.value)) > 12 then
                    theform.usernameh.value = "用户名不能大于 12 个字符"
                    theform.username.focus ( )
                elseif len (trim ( theform.password.value)) < 6 then
                    theform.passwordh.value =  "密码不能小于 6 个字符"
                    theform.username.focus ( )
                elseif len (trim ( theform.password2.value)) < 6 then
                    theform.passwordh.value =  "密码不能小于 6 个字符"
                    theform.username.focus ( )
        elseif strcomp ( theform.password.value, theform.password2.
value) then
                    theform.password2h.value =  "两次输入的密码不一致，请检查"
                    theform.username.focus ( )
                elseif theform.usertype (0).checked  =  false and theform.
usertype (1).checked  =  false then
                    theform.usertypeh.value =
                    "请选择您要注册的会员类型：教师或学生，二者的可用功能将是有区别的"
                elseif len (trim ( theform.email.value)) < 1 then
                    theform.emailh.value = "请输入邮箱地址"
                    theform.username.focus ( )
                elseif instr (theform.email.value, "@") =  0 then
                    theform.emailh.value = " 错误的邮箱格式"
                    theform.username.focus ( )
                else
                    theform.submit ( )
                end if
            end sub
        /-->
        </script>
    </head>
    <body>
        <form name = "reg_form">
        <table width = "570" border = "0" align = "center" cellpadding = "6"
cellspacing = "0" bordercolor = "#3399ff">
            <tr bgcolor = "gray" align = "center" valign = "middle" height = "45">
                <td colspan = "3"><strong>个人注册信息</font></td></tr>
            <tr height = "35"><td width = "20%" bgcolor = "#b6b6b6" align =
"right">用户名: </td>
                <td bgcolor = "#efefef">
                <input name = "username" type = "text" value = "username" size
= "30" maxlength = "20"/></td>
                <td bgcolor = "#efefef">
                <input name = "usernameh" type = "text" size = "30"
                    maxlength = "20" readonly class = "input"/></td>
            </tr>
            <tr height = "35"><td bgcolor = "#b6b6b6" align = "right">密码: </td>
                <td bgcolor = "#efefef">
                    <input name = "password" type = "password"  size = "30"
maxlength = "20" /></td>
```

```
                <td bgcolor = "#efefef">
                    <input name = "passwordh" type = "text" size = "30"
                       maxlength = "20" readonly class = "input"/></td>
            </tr>
            <tr height = "35"><td bgcolor = "#b6b6b6" align = "right">密码确认:
</td>
                <td bgcolor = "#efefef">
                    <input name = "password2" type = "password"  size = "30"
maxlength = "20" /></td>
                <td bgcolor = "#efefef">
                    <input name = "password2h" type = "text" size = "30"
                       maxlength = "20" readonly class = "input" /></td>
            </tr>
            <tr height = "35"><td bgcolor = "#b6b6b6" align = "right">性别: </td>
                <td bgcolor = "#efefef">
                    <input type = "radio" name = "userType" checked value =
"tech"/>教师
                    <input type = "radio" name = "userType" value = "stu"/>学
生</td>
                <td bgcolor = "#efefef">
                    <input name = "userTypeh" type = "text" size = "30"
                       maxlength = "20"  readonly class = "input"/></td>
            </tr>
            <tr height = "35"><td width = "20%" bgcolor = "#b6b6b6" align =
"right">E-mail: </td>
                <td bgcolor = "#efefef"><input name = "email" type = "text" size =
"30" maxlength = "20"/></td>
                <td bgcolor = "#efefef">
                    <input name = "emailh" type = "text" size = "30"
                       maxlength = "20" readonly class = "input"/></td>
            </tr>
            <tr bgcolor = "gray" align = "center" valign = "middle" height = "35">
                <td colspan = "3">
                <input type = "button" name = "button1" onClick = "checkForm"
value = "检查提交" />
                <input type = "reset" name = "reset" value = "重新填写" /></td>
            </tr>
        </table>
        </form>
    </body>
    </html>
```

    在程序 3-11.html 中，每个表单项输入区域后均存在一个文本域，用以存放错误提示信息，并使用 CSS 控制该文本域在页面中的显示方式（去掉边框、设置背景色与单元格背景色相同）。在 checkForm 过程中，要访问表单项的值并进行判断，可以使用 document.formname.typename.value 的形式来获取表单项的值，其中 formname 为页面中表单名称，typename 为表单项的名称。在程序中，将 document.reg_form 赋给 theForm 变量，是为了简化访问代码，在判断过程中，使用到了 VBScript 的多个字符串函数，如 len、trim、strcomp、instr 等分别完成字符串长度、去掉字符串左右两侧空格、字符串比较以及字符位置查找的功能。运行结果如图 3-10 所示。

图 3-10 用户注册信息检测

2. 数学函数

VBScript 的数学函数及功能见表 3-4。

表 3-4 VBScript 数学函数及功能

函数名称	功能描述
Abs	返回指定数字的绝对值
Sin，Cos，Tan，Atn	三角函数
Exp，Log	自然对数相关函数
Oct，Hex	返回指定数字的八进制、十六进制值
Int，Fix	返回指定数字的整数部分
Sgn	返回表示指定数字的符号的一个整数
Sqr	返回指定数字的平方根
Rnd	返回小于 1 但大于或等于 0 的一个随机数

数学函数可以用于进行数值计算外，还可以完成其他的功能，如程序 3-12.html 所示，使用随机函数生成随机验证码。

```
<html>
<head>
    <title>数学函数应用</title>
    <style type = "text/css">
        .input {border:0px;}
    </style>
    <script type = "text/vbscript">
<!--
    sub rndCheck()
        randomize
        dim all,s
        all = ""
        s = ""
        for i = 1 to 4 step 1
            j = int(10*rnd)
            s = cstr(j)
            all =  all+s
        next
```

```
                    document.rnd_form.hrn.value = "    "+all
                end sub
            /-->
        </script>
    </head>
<body style = "font-size:14px;">
        <form action = "" method = "get" name = "rnd_form">
            <input type = "text" name = "hrn" value = "" class = "input"><br>
            <input type = "button" onclick = "rndCheck" name = "rndB" value =
"随机验证码">
        </form>
    </body>
</html>
```

在程序 3-12.html 中，表单设置 button 类型，通过调用 rndCheck 过程作为事件响应，并设置一个文本域用以存放生成的随即验证码。rndCheck 过程里首先通过 randomize 语句初始化随机数生成器，然后使用 For 循环语句生成 4 个随机数，并分别将 4 个随机数进行类型转换，通过连接运算符连接称为一个字符串，将该字符串赋给表单项 hrn，即在 hrn 中显示出字符串。运行结果如图 3-11 所示。

图 3-11　数学函数应用

3．日期时间函数

VBScript 提供了日期时间函数对日期时间类型的数据进行处理，见表 3-5。

表 3-5　VBScript 日期时间函数

函数名称	功能描述
Now，Date，Time	返回当前的系统日期、时间
DateValue，TimeValue	返回日期、时间的值
Year，Month，Day	返回日期的年、月份、天数
Hour，Minute，Second	返回时间的小时、分钟、秒数
MonthName	返回指定月份的名称
Weekday，WeekdayName	返回代表星期的某天天数、名称
DatePart	返回给定日期的指定部分
DateDiff	返回两个日期之间的时间间隔数
DateAdd	返回已添加指定时间间隔的日期
DateSerial	返回日期的指定年、月、日
TimeSerial	返回特定小时、分钟和秒的时间
Timer	返回自 12:00 AM 以来的秒数

使用日期时间函数可以完成日期时间的计算，综合应用各函数可以实现倒计时功能，如程序 3-13.html 所示。

```html
<html>
<head>
    <title>日期时间函数应用</title>
    <style type = "text/css">

.input{border:0px;font-size:12px;font-family:mstiffheihk-ultrabold;text-align:center;}
    </style>
    <script type = "text/VBScript" >
    <!--
        option explicit
        dim mydate '结果日期
        dim datesub '时间差
        dim dd '相差天数
        dim hh '相差小时数
        dim mm '相差分数
        dim ss '相差秒数
        mydate = cdate ("2014-6-13 19:30:00")
        dim mytime
        sub worldcup_Timer ( )
            datesub = datediff ("s", now, mydate)
            dd = fix (datesub / (60*60*24))
            hh = fix ((datesub-dd*60*60*24) / (60*60))
            mm = fix ((datesub-dd*60*60*24-hh*60*60) / 60)
            ss = fix (datesub-dd*60*60*24-hh*60*60-mm*60)
            document.brazil.dayD.value = dd
            document.brazil.hourD.value = hh
            document.brazil.minuteD.value = mm
            document.brazil.secondD.value = ss
            window.settimeout "worldcup_timer ( )", 200
        end sub
    -->
    </script>
<body onload = "worldcup_timer ( )">
    <center>
    <form name = "brazil">
        <input name = "dayD" class = "input" value = "" size = "5" >天
        <input name = "hourD" class = "input" value = "" size = "5">小时
        <input name = "minuteD" class = "input" value = "" size = "5" >
分钟
        <input name = "secondD" class = "input" value = "" size = "5" >秒
    </form>
    </center>
</body>
</html>
```

运行结果如图 3-12 所示。

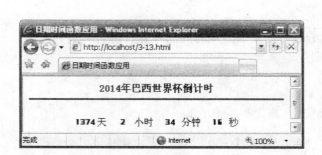

图 3-12　日期时间函数应用

在程序 3-13.html 中，定义了 Sub 过程 worldcup_Timer，使用 Datediff 函数求出时间间隔，并通过计算得出实际的天数、小时、分钟及秒的差距，通过 document.brazil.dayD.value 将天数在表单元素 dayD 中显示出来。对小时、分钟及秒执行同样的操作，在页面中显示出来的只是载入页面的时间点距离设置时间的天、小时、分钟及秒差距。如果要实时显示，还需要定时刷新页面，在 worldcup_Timer 过程中通过 Window.setTimeout 来调用 Sub 过程，可以设置调用的时间间隔，如 1 秒钟，但是如果设置 1 秒钟的时间间隔，由于系统及程序运行的原因，有可能出现跳秒的现象，所以在程序中设置 200 毫秒的时间间隔。

4．数组函数

在 VBScript 中，数组操作函数见表 3-6。

表 3-6　VBScript 数组操作函数

函数名称	功能描述
Array	返回一个包含数组的变量
Filter	返回基于特定过滤条件的字符串数组的子集
Join	返回一个由数组中若干子字符串组成的字符串
Split	返回包含指定数目的子字符串数组
Lbound，UBound	返回指定数组维数的最小下标、最大下标

数组函数的应用如程序 3-14.asp 所示。

```html
<html>
<head>
    <title>数组函数应用</title>
</head>
<body style = "font-size:14px;">
    <form action = "" method = "get" name = "province_form">
        <select name = "list">
            <%
            a = "山东,江苏,安徽,浙江,福建,上海,广东,广西,海南,湖北,湖南,河南,江西,北京,天津,河北,山西,内蒙古,宁夏,新疆,青海,陕西,甘肃,四川,云南,贵州,西藏,重庆,辽宁,吉林,黑龙江,台湾,香港,澳门"
            a1 = split (a, ",")
            for i = lbound (a1) to ubound (a1)
            %>
            <option vaule = "<% = a1 (i)%>"><% = a1 (i)%></option>
            <%next%>
        </select>
    </form>
</body>
</html>
```

运行结果如图 3-13 所示。

图 3-13　数组函数应用

在程序 3-14.asp 中，定了字符串变量 a，使用 Split 函数对字符串 a 进行分割操作，得到数组 a1，使用 for 循环，使用 LBound 和 UBound 函数作为循环变量的初始值和终止值，将数组 a1 中的元素值赋给 Option 并在页面中显示，成为下拉列表。

5. 类型转换函数

VBScript 的数据类型只有 Variant，但是在使用函数或运算符进行操作时，往往要求参数或运算数满足一定的子类型要求，否则会出现错误，如连接运算符 "+" 要求参与运算的为字符串类型。在 VBScript 中提供了类型转换函数，函数名称及功能描述见表 3-7。

表 3-7　VBScript 类型转换函数

函数名称	功能描述
Asc	把字符串中的首字母转换为 ANSI 字符代码
Chr	把指定的 ANSI 字符代码转换为字符
CBool	把表达式转换为布尔类型
CByte	把表达式转换为字节（Byte）类型
CCur	把表达式转换为货币（Currency）类型
CDate	把有效的日期和时间表达式转换为日期（Date）类型
CDbl	把表达式转换为双精度（Double）类型
CInt	把表达式转换为整数（Integer）类型
CLng	把表达式转换为长整形（Long）类型
CSng	把表达式转换为单精度（Single）类型
CStr	把表达式转换为子类型 String 的 variant

其中 Asc 函数可把字符串中的第一个字母转换为对应的 ANSI 代码，并返回结果。Chr 函数可把指定的 ANSI 字符代码转换为字符。其他的函数功能将表达式转换会相应的 Variant 子类型。在使用类型转换函数之前，最好使用判断函数来判断给定的表达式是否可以转换为相应的类型，以免发生错误。

6. 其他函数

VBScript 中还提供了其他一些函数。

判断函数：IsDate、IsEmpty、IsNull 等来判断表达式的数据类型。

格式设置函数：FormatCurrency、FormatDateTime、FormatNumber、FormatPercent 分别

对货币、日期时间、数值及百分数进行格式化设置。

除此之外，还有 InputBox、MsgBox、TypeName、varType 等函数，可查阅相关资料获取函数参数、功能等详细信息。

任务 3.2 典例案例分析——四季日历开发

四季日历实现根据当前的日期，正确显示系统日期对应月份的日历，并根据季节的不同而使用不同的背景图片。

首先需要获得系统的日期，以及年、月份信息，可以使用 Date 获取系统时间，并使用 Year、Month、Day 分别获取对应的年份、月份及天数信息。这一操作相对简单，要完成一个月份日历显示，还需要获取月份中每一天的其他信息，如该天是一星期中的第几天，即该天是周几，以便输出日历时能正确对应。

在进行日历输出时，需要判断当前月份的 1 号为星期几，因为需要进行格式化输出，需要判断输出时当前月份的 1 号前面有几个空白天数，这个可以使用案例中的公式来获得。另外还需要判断是不是闰年，如果是闰年，则 2 月份的天数增加 1；需要判断当前月份对应的季节，来给出对应季节的背景图片。

四季日历的实现如程序 3-15.asp 所示。

```
<html>
<head>
    <title>Simple Calender</title>
    <style type = "text/css">
    table{font-size:16px; font-family:arial; text-align:center;}
    .title{font-family:arial; font-size:18px; text-align:center;
color:#ff0000;}
        .th{font-family:arial;        font-size:14px;        text-align:center;
color:#0f0f0f; width:35px;}
    </style>
    <script type = "text/vbscript">
        dim currentday,currentweekday,currentyear,currentmonth,xday
        'xday 月份开始时到 1 日所空的天数
        'currentday 当日在当前月份中的天数，几日
        'currentweekday 当日在一周内天数，星期几
        'currentyear 当前日期中的年份
        'currentmonth 当前日期中的月份
        'dayinfo 过程得到与当日有关的日期信息
        sub dayinfo ( )
            date_info = date ( )
            '使用 day ( )函数从日期中解析出是几日
            currentday = day (date_info)
            '使用 weekday ( )函数得到星期几
            currentweekday = weekday (date_info)-1
            '使用 month ( )函数得到当前月份
            currentmonth = month (date_info)
            '使用 year ( )函数得到当前年份
            currentyear = year (date_info)
```

```
                'tempday 表示当日号数模 7 后的值
                tempday = currentday mod 7
                '下面的表达式得到 xday 值
                xday = (currentweekday+7-tempday) Mod 7+1
            end sub


        'displaycalender 过程打印整个日历
        sub displaycalender ( )
            '定义 days 数组，数组的值表示每月的天数，从 0 开始到 11 结束，表示的月份加 1
            dim days (11)
            days (0) = 31
            days (1) = 28
            ...
            days (11) = 31
            '定义 weekdays 数组，表示星期几的英文缩写，0~6，0 表示星期日
            dim weekdays (6)
            weekdays (0) = "Sun"
            weekdays (1) = "Mon"
            ...
            weekdays(6) = "Sat"
            '定义 monthname 数组，数组的值表示每个月的名称，从 0 开始到 11 结束，表示的
月加 1
            dim monthname (11)
            monthname (0) = "Jan"
            monthname (1) = "Feb"
            ...
            monthname (11) = "Dec"
            '调用过程 dayinfo,得到日期信息，存放于公共变量中
            call dayinfo
            '测试闰年
            if currentyear mod 4 = 0 then days (1) = days (1)+1
            '测试季节，根据不同的季节使用不同的背景图案
            if currentmonth< = 2 or currentmonth> = 11 then
                filename = "./images/winter.jpg"
            elseif currentmonth< = 5 then
                filename = "./images/spring.jpg"
            elseif currentmonth< = 8  then
                filename = "./images/summer.jpg"
            else
                filename = "./images/fall.jpg"
            end if
            '形成日历的表格
            document.writeln ("<table border = '0' align = 'center' style
= 'background-image:url("& _
                                        filename &");'>")
            '书写表格的标题，此标题由当前年份和月份决定
            document.writeln ("<tr>")
            document.writeln ("<caption class = 'title'>")
            document.writeln (currentyear & "-" & currentmonth & " " &
monthname (currentmonth-1))
            document.writeln ("</caption>")
            '书写表头，表头是星期几的英文名称
```

项目 3 四季日历开发

```vbscript
                document.writeln ("<tr>")
                for i = 0 to 6
                    document.writeln ("<th class = 'th'>"& weekdays (i) &"</th>")
                next
                document.writeln ("</tr>")
                '书写表体，循环变量为 i，循环次数为当天数加上 xday 的天数
                for i = o to days (currentmonth)+xday
                '如果写满了一周就换行
                    if i mod 7 = 1 then document.writeln ("<tr>")
                    if i< = xday then
                        document.writeln ("<td></td>")
                        '否则写入正确日期
                    else
                        '如果循环到当日，采用特殊样式表示
                        if i = currentday+xday then
                            document.writeln ("<td style = 'color:lime'>"&
(i-xday) &"</td>")
                        else
                            document.writeln ("<td>"& (i-xday) &"</td>")
                        end if
                    end if
                    '写满一周换行
                    if i mod 7 = 0 then document.writeln ("</tr>")
                next
                document.writeln ("</tr>")
                document.writeln ("</table>")
            end sub
        </script>
    </head>
    <body style = "font-size: 14px;">
        <table align = "center">
            <tr>
                <td style = "font-family:webdings;font-size:160px;color:
#00ff00">&#251;</td>
                <td>    <blockquote>
                    <script type = "text/vbscript">
                    <!--
                        document.open
                        call displaycalender
                        document.close
                    -->
                    </script>
                </blockquote></td>
            </tr>
        </table>
    </body>
</html>
```

在程序 3-15.asp 中有详细的注释，对程序中的各部分都进行了清晰的阐述。其中程序中最后一个<table>标记中使用的"û"是使用字符实体编号来表示字符，在 Webdings 字体下，该字符对应的是一个世界地图，在页面中对日历起到装饰作用。运行结果如图 3-14 所示。

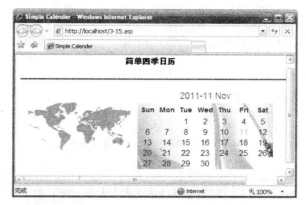

图 3-14　VBScript 实现简单四季日历

任务 3.3　小结

在本项目中，主要介绍了 VBScript 脚本语言，VBScript 具有简单易学的特点，是一种轻量级的编程语言，当 VBScript 被插入一个 HTML 文档后，浏览器会读取这个文档，并对 VBScript 进行解释。

使用<script>标记在 HTML 文档中插入脚本，并使用 type 属性来定义脚本语言的类型，VBScript 对应的类型为 "text/VBScript"。通常使用 HTML 的注释标记来包含 VBScript 脚本语句，可以避免不能识别<script>标记的浏览器将脚本代码显示在页面中。如果某条语句过长，在一行中不能存放时，可以使用续行符 " _ " 将长语句分成多行。VBScript 使用单引号作为注释符号，注释可以和语句在同一行并写在语句的后面，也可单独占一行。VBScript 不区分大小写。

VBScript 只有 Variant 这种特殊的数据类型，根据使用的方式，它可以包含不同类别的信息，大多数情况下，可将所需的数据放进 Variant 中，而 Variant 也会按照最适用于其包含的数据的方式进行操作。VBScript 的常量可分为自然常量和符号常量两种，符号常量使用 Const 语句定义。VBScript 的变量命名需要符合命名规则，有显示声明和隐式声明两种形式，可以使用 "option explicit" 语句在脚本中强制类型声明，变量有作用范围和生存周期，除单个变量外，VBScript 还有数组变量，数组有静态数组和动态数组之分，动态数组在使用时，必须使用 Redim 语句来重新声明，如果要保存原来数组中的值，可以使用 preserve 关键词。

VBScript 的运算符包括算术运算符、比较运算符、连接运算符和逻辑运算符。运算符有不同的运算优先级。

VBScript 中包含 Sub 和 Function 函数两类过程，可以称为子程序过程和函数过程，使用过程组织代码，可以使程序结构清晰，提高代码的重用率。要执行过程，必须调用该过程。Sub 过程不返回值，可以调用 Sub 过程作为独立的基本语句；而 Function 过程调用要返回一个值，通常用于表达式中。

在 VBScript 中，有 If…Then…Else 语句和 Select Case 语句两种条件语句，有 Do…Loop、For…Next、For Each…Next 等 4 种循环语句。条件语句和循环语句的使用需要根据实际需求来确定。

VBScript 还提供了字符串函数、数学函数、日期时间函数、数组函数、类型转换函数、判断函数及格式设置函数等多种类型的函数，可以对不同的数据类型进行判断或处理。

任务 3.4　项目实训与习题

3.4.1　实训指导 3-1　四季日历其他形式的实现

在典型案例分析 3-15.asp 中，通过数组定义每月的天数、月份名称等，并使用一个经验公式得到日历显示中当前月 1 日前有多少个空白，程序也比较简单、易懂。通过日期时间函数中的 DateDiff 函数也可以返回当前月 1 日距离下个月 1 日的天数，也就是当前月包含的天数。通过日期时间函数的使用，可以得到四季日历其他形式的实现。

要得到当前月的天数，首先得到当前月的 1 日和下月的 1 日，然后使用 DateDiff 函数可以返回，代码如下所示：

```
currentFirst = FormatDateTime (year (CurrentDate) & "-" & month (CurrentDate)
& "-1")
nextFirst = FormatDateTime (DateAdd ("m", 1, currentFirst))
```

DateDiff("d",currentFirst,nextFirst)返回当前月的天数，得到当前月天数之后，可以判断显示日历需要使用几行表格，按照每行显示 7 天来计算。显示日历时，当前月的 1 日可能不在表格的第一个单元格，即 1 日前有空格，则显示日历的单元格个数为空单元格个数与当前月天数的和。空单元格个数可以通过计算当前月 1 日为星期几获得，如当前月 1 日为星期四，则 weekday(currentFirst)返回值为 5，日历显示时星期日为第一列，所以当前月 1 日前有 weekday(currentFirst)-1 = 4 个空格。如果当前月为 31 天，则显示当前月日历需要使用 35 个单元格，占据表格中的 5 行。某月的日历显示最少需要 5 行，最多为 6 行，代码如下所示：

```
monthstart = weekday (currentFirst)-1
monthend = DateDiff ("d", currentFirst, nextFirst)
if monthstart+monthend<36 then
    maxnum = 36
else
    maxnum = 43
end if
```

得到显示日历需要单元格个数最大值后，可以使用循环语句输出当前月日历，定义变量 i 初始值为 1，i 表示显示日历需要用到的单元格，然后对 i 进行判断，如果 i>monthstart 并且 i = monthend+monthstart，则 i 单元格中存放的是当前月中的第 i-monthstart 天；如果 i< = monthstart，表示 i 是日历中的空白单元格。如果 i mod 7 值为 0，表示日历显示完一行，需要到下一行中；还可以判断显示的第 i 天是否是系统日期中的当前天，如果是当前天，可以设置不同的显示格式。具体实现如代码 anotherCalender.asp 所示。

```
<html>
<head>
    <title>Another Simple Calender</title>
    <style type = "text/css">
```

```
            body{text-align:center; background-color:#eeeeee;}
            .td1{font-family: "Arial black"; font-size:12px; background
-color:#fefefe;
                height:30px; width:30px; text-align:center;}
            .td2{font-family:"mstiffheihk-ultrabold"; font-size:13px;
                text-align:center; background-color:#dddddd;}
            .td3{font-family:"Arial black"; font-size:14px; text-align:
center;
                height:30px; background-color:#bbbbbb}
        </style>
    <body>
        <%
        dim currentDate,currentYear,currentMonth
        currentDate = date ( )
        currentYear = year (currentDate)
        currentMonth = month (currentDate)
        %>
        <table>
            <tr><td colspan = "7" class = "td3">
                <% = currentYear %>年<% = currentMonth %>月</td></tr>
            <tr><td class = "td2">Sun</td><td class = "td2">Mon</td>
<td class = "td2">Tue</td>
                <td class = "td2">Wed</td><td class = "td2">Thu</td><td class
= "td2">Fri</td>
                <td class = "td2">Sat</td>
            </tr>
            <tr>
                <%
                '由于 ASP 中没有获取指定月共有多少天的函数
                '需要通过其他算法来获得，计算当前月份的 1 日至下个月的 1 日相差天数
                currentFirst = formatdatetime (year (currentDate) & "-" &
month (currentDate) & "-1")
                nextFirst = formatdatetime (dateadd ("m", 1, currentFirst))
                '获得要显示月份的第一天为周几
                monthstart = weekday (currentFirst)-1
                '获得要显示的 1 日至下个月的 1 日一共相差几天(月份一共有多少天)
                monthend = datediff ("d", currentFirst, nextFirst)
                '判断显示日历需要用几行表格来显示（每行显示 7 天）
                if monthstart+monthend<36 then
                    maxnum = 36
                else
                    maxnum = 43
                end if
                '循环生成表格并显示
                i = 1
                do while i<maxnum
                    diff = i-monthstart
                    if i>monthstart and i< = monthend+monthstart then
                        '如果为显示的是今天则用红色背景显示
                        if diff = day (now) and month (now) = currentMonth and
year (now) = currentYear then
                            response.write ( "<td class = 'td1' style =
'background-color:#ff0000'
```

```
                                        onmouseover = this.style.
backgroundColor = '#00ff00'
                                        onmouseout = this.style.
backgroundColor = ''>" & diff & "</td>")
                    else
                        response.write ( "<td class = 'td1'
                                        onmouseover = this.style.
backgroundColor = '#00ff00'
                                        onmouseout = this.style.
backgroundColor = ''>" & diff & "</td>")
                    end if
                else
                    response.write ("<td class = 'td1'> </td>")
                end if
                '如果能被7整除（每行显示7个）则输出一个换行
                if i mod 7 = 0 then response.write ("</tr><tr>")
                i = i+1
            loop
            %>
        </table>
    </body>
</html>
```

anotherCalender.asp 实现了当前月份日历输出，使用 CSS 控制输出格式，并在<td>标记中设置了 onMouseOver 事件和 onMouseOut 事件的响应代码 this.style.backgroundColor，this 代表当前的<td>元素，响应代码的作用为设置当前元素的背景颜色。运行结果如图 3-15 所示。

图 3-15　使用日期时间函数实现简单日历

3.4.2　实训指导 3-2　通用日历实现

前面所制作的日历只能显示系统日期当前月的日历，一般的电子日历都具备设定日期进行日历查看的功能，也就是通用的日历，要制作通用日历，页面中需要包含年份及月份设置的表单项，表单项值的改变会引发 VBScript 事件，通过代码来响应事件。

在程序 3-15.asp 的基础上，在表单中添加两个列表，一个表示年份、一个表示月份，并分别设置 onChange 事件，定义 Sub 过程来对事件进行响应。具体代码如程序 commonCal.asp 所示，与 3-15.asp 重复的部分使用省略号代替。

```
<html>
<head>
    <title>Simple Calender</title>
    <style type = "text/css">
        ...
    </style>
    <script type = "text/vbscript">
        dim currentday,currentweekday,currentyear,currentmonth,xday
        'dayinfo 过程得到与 settedDate 有关的日期信息，在此添加参数 settedDate
        sub dayinfo (settedDate)
            ...
        end sub
        'displaycalender 过程打印整个日历
        sub displaycalender (dateinfo)
            '定义 days 数组，数组的值表示每月的天数，从 0 开始到 11 结束，表示的月份加 1
            dim days (11)
                ...
            '定义 weekdays 数组，表示星期几的英文缩写，0～6，0 表示星期日
            dim weekdays (6)
                ...
            '定义 monthname 数组，数组的值表示每个月的名称，从 0 开始到 11 结束，表示的
月加 1
            dim monthname (11)
                ...
            '调用过程 dayinfo,得到日期信息，存放于公共变量中
            call dayinfo (dateinfo)
            '测试闰年
            if currentyear mod 4 = 0 then  days (1) = days (1)+1
            '测试季节，根据不同的季节使用不同的背景图案
            if ...
            end if

            dim tempcontent    '声明变量，用以存放字符串，将要输出的日历内容保存到字
符串中

            tempcontent = ""
            tempcontent =  tempcontent &
                "<table  border  =  '0'  align  =  'center'  style  =
'background-image:url ("&
    _ filename &");'>"
            '书写表格的标题，此标题由当前年份和月份决定
            tempcontent =  tempcontent & "<tr>"
            tempcontent =  tempcontent &"<caption class = 'title'>"
            tempcontent =  tempcontent & currentyear & "-" & currentmonth &
                            " " & monthname (currentmonth-1)
            tempcontent =  tempcontent & "</caption>"
            '书写表头，表头是星期几的英文名称
            tempcontent =  tempcontent & "<tr>"
            for i = 0 to 6
                tempcontent =  tempcontent & "<th class = 'th'>"& weekdays (i)
&"</th>"
```

```
                next
                tempcontent = tempcontent & "</tr>"
                '书写表体，循环变量为 i，循环次数为当天数加上 xday 的天数
                for i = o to days (currentmonth-1)+xday
                    '如果写满了一周就换行
                    if i mod 7 = 1 then tempcontent = tempcontent & "<tr>"
                    if i< = xday then
                        tempcontent = tempcontent & "<td></td>"
                    '否则写入正确日期
                    else
                    '如果循环到当日，采用特殊样式表示
                        if i = currentday+xday then
                            tempcontent = tempcontent & "<td style =
'color:lime'>"&_
    (i-xday) &"</td>"
                        else
                            tempcontent = tempcontent & "<td>"& (i-xday) &
"</td>"
                        end if
                    end if
                    '写满一周换行
                    if i mod 7 = 0 then tempcontent = tempcontent & "</tr>"
                next
                tempcontent = tempcontent & "</tr>"
                tempcontent = tempcontent & "</table>"
                calendercontent.innerhtml = tempcontent '为 id 为 calendercontent
的<span>设置显示内容
            end Sub
        </script>
    </head>
    <body style = "font-size: 14px;">
        ...
        <table align = "center">
            <tr><td></td>
                <td>    <form name = "sdate">
                    <select name = "ydate" id = "ydate" onchange = "setDate">
                        <%
                        '使用 for 循环给年份列表赋值
                        for i = 1900 to 2030
                            if i = year (date ( )) then%>
                            <option value = <%  = i %> selected><%  = i
%></option>
                            <%else%>
                            <option value = <%  = i %>><%  = i %></option>
                            <%
                            end if
                        next
                        %>
                    </select>年
                    <select name = "mdate" onchange = "setDate">
                        <%
                        for j = 1 to 12
                            if j = month (date ( )) then%>
```

```
                        <option value = <% = j %> selected><% = j %></option>
                        <%else%>
                        <option value = <% = j %>><% = j %></option>
                        <%
                        end if
                    next
                    %>
                </select>月
            </form></td>
        </tr>
        <tr><td style = "font-family:webdings;font-size:160px;
color:#00ff00">&#251;</td>
            <td><span id = "calendercontent"></span></td></tr>
    </table>
    <script type = "text/vbscript">
        sub setDate '定义 onChange 时间响应过程 setDate
            dim settedYear,settedMonth,settedDay,settedDate
            settedYear = sdate.ydate.value
            settedMonth = sdate.mdate.value
            settedDay =  day (date ())
            if settedDay = 31 then
                select case cint (settedMonth)
                case 2
                    settedDay = 28
                case 4,6,9,11
                    settedDay = 30
                case else
                    settedDay = 31
                end select
            end if
            settedDate = cdate (settedYear & "-" & settedMonth & "-" &
settedDay)
            call displaycalender (settedDate)
        end Sub
        call setdate
    </script>
</body>
</html>
```

　　在 commonCal.asp 中，添加了年份和月份的表单列表项，由于年份较多，所以使用 For
循环语句来完成，并通过判断系统的当前日期来设置列表项的初始年份和月份，列表值的
改变会触发 onChange 事件，定义了 setDate 过程来响应事件。

　　在 setDate 过程中，使用 sdate.ydate.value 来获取表单中年份的值，sdate.mdate.value 来
获取月份的值，使用 Day (Date ( )) 获取当前天数，如果获得天数为 31，即月份中的最大天
数时，CDate 类型转换可能会发生错误，如 settedMonth = 9、settedDay = 31，要转换的日期
为 9-31，这就会产生错误，所以在程序中使用 Select Case 语句根据 settedMonth 进行 settedDay
值的设置，如果当前日期为 8-31，当选择的月份为 9 月时，则设置 settedDay 为 30，这样
可以避免错误的发生。在 setDate 过程中得到设置的日期后，调用 displayCalender 过程完成
日历的输出。页面在初次加载时调用 setDate 过程。

　　在 displayCalender 过程中，定义了变量 tempcontent，将要输出的日历内容都包含到字

符串中，使用 calenderContent.innerHtml = tempcontent 语句，将日历字符串赋给 id 为 calenderContent 的<SPAN>标记并在页面中显示出日历，使用这种方法可以完成网页的局部刷新。

程序 commonCal.asp 的运行结果与图 3-14 类似，所不同的是页面中增加了年份和月份的选择列表项。

3.4.3 习题

一、选择题

1. 下面关于 VBScript 的命名规则的说法不正确的是（　　）。

    A．第一个字符必须是数字或字母。   B．长度不能超过 255 个字符

    C．名字不能和关键字同名   D．在声明的时候不能声明多次

2. 使用＿＿＿＿＿＿语句可以立即从 Sub 过程中退出。

    A．Exit Sub   B．Exit   C．</Sub>   D．Loop

3. 执行完 strUser = "12345678"以后，strUser 是（　　）类型。

    A．整数变量   B．字符串变量   C．布尔型变量   D．单精度变量

4. 下列哪一个函数可以将字符型转换为双精度型（　　）。

    A．CDate   B．CInt   C．CStr   D．CDbl

5. 语句 "mid ("1234567890", 3, 3)" 的返回值是（　　）。

    A．345   B．234   C．456   D．7890

6. 下列不属于 VBScript 数值常量的是（　　）。

    A．279   B．&O61   C．&A8E   D．&HD4

7. 在 VBScript 中，日期时间常量使用哪种符号括起来（　　）。

    A．%...%   B．#...#   C．"..."   D．/.../

8. 在 VBScript 中，使用哪个语句来定义符号常量（　　）。

    A．dim   B．redim   C．type   D．const

9. 下列关键词中不能在 VBScript 用于声明变量的是（　　）。

    A．var   B．public   C．private   D．dim

10. 在 Sub 过程中，可以执行的操作是（　　）。

    A．嵌套定义   B．定义 Sub 过程

    C．定义 Function 过程   D．嵌套调用

11. 下列 Sub 过程的调用形式错误的是（　　）。

    A．call sub_name   B．call sub_name (p1, p2)

    C．call sub_name p1,p2   D．sub_name p1,p2

12. Select Case 语句执行时，如测试表达式与多个 Case 子句中的结果相匹配，则（　　）。

    A．所有匹配的结果对应的语句块均被执行

    B．第一个匹配的结果对应的语句块被执行

    C．最后一个匹配的结果对应的语句块被执行

    D．所有匹配的结果对应的语句块均不被执行

13. For…Next 语句中，关于循环计数器步长设置描述错误的是（　　）。

  A．可以是正数   B．可以是负数

  C．不能是负数   D．默认值为 1

14. 在 VBScript 中进行字符串连接操作时，最好使用下列哪个运算符号（　　）。

  A．Add   B．&   C．+   D．*

15. 以下不是 VBScript 算术运算符的是（　　）。

  A．+   B．/   C．mod   D．=

16. len (string)函数返回的是（　　）。

  A．字符串的长度   B．string 右边的 num 个字符

  C．将 string 转换成字符串型   D．创建含有 len 个字符的字符串

二、填空题

1．在 ASP 程序中常用的脚本语言有 VBScript 和＿＿＿＿＿＿。

2．VBScript 脚本就是以＿＿＿＿＿＿开始，以＿＿＿＿＿＿结束的语句块。

3．VBScript 的常量分为＿＿＿＿＿＿和＿＿＿＿＿＿两种。

4．＿＿＿＿＿＿是 VBScript 的输出语句，可以向浏览器发送字符串。

5．VBScript 只有一种数据类型，称为＿＿＿＿＿＿，也叫做变体类型。声明 Variant 变量使用＿＿＿＿＿＿语句。

6．在 VBScript 中提供了强制类型声明语句＿＿＿＿＿＿，如果在代码中使用了该语句，则所有的变量在使用之前必须先声明，否则会发生错误。

7．动态数组可以使用＿＿＿＿＿＿语句重新声明，重新声明后数组中保存的原有的数值将全部清空，如果要保存原有的数值，可以使用＿＿＿＿＿＿关键字。

8．写出下列常用函数的作用。

Left (String,num)：＿＿＿＿＿＿＿＿＿＿＿＿＿＿＿。

Date ( )：＿＿＿＿＿＿＿＿＿＿＿＿＿＿＿。

CDate (expression)：＿＿＿＿＿＿＿＿＿＿＿＿＿＿＿。

IsNUll (expression)：＿＿＿＿＿＿＿＿＿＿＿＿＿＿＿。

9．在 VBScript 中，可调用的过程分为两类：＿＿＿＿＿＿和＿＿＿＿＿＿。

10．根据变量的作用域，变量可分为＿＿＿＿＿＿变量和脚本级变量。

11．计算表达式的值：24 Mod 5 = ＿＿＿＿＿＿。

12．表达式 (3>4) and (4<>5) 的结果为＿＿＿＿＿＿，表达式 "cdef" > "cdma" 的结果为＿＿＿＿＿＿。

13．在不确定循环次数时，宜使用 Do…Loop 语句多次运行语句块，而＿＿＿＿＿＿语句用于将语句块运行指定的次数。

三、程序设计

1．编写程序计算斐波那契数列第 33 项的值，并输出前 33 项的和。

2．编写函数返回 x 到 y 所有数的立方和，并举例调用。

3．在个人主页上添加时间信息，并判断上午、下午和晚上，并分别给出问候：上午好、下午好和晚上好。

4. 编写程序生成 1～100 之间的 10 个随机数，并使用冒泡算法排序输出。

5. 结合 3-03.html，完善实训指导 3-2 通用日历的功能，要求能够单击按钮切换页面背景颜色，在通用日历中添加两组按钮，单击按钮分别实现年份、月份的增加或减小，并在页面中显示更改后的日期对应的日历。

项目 4

简易聊天室开发

网上聊天室是互联网中应用非常广泛的应用系统，几乎所有稍具有规模的网站都提供了自己的聊天室。本项目通过对 ASP（Active Server Page）内置对象的学习，使读者了解 ASP 内置对象概念与区别，掌握内置对象的使用方法。并能设计一个简易聊天室。

项目要点 ◎

➢ ASP 常用的 5 个内置对象及功能
➢ 内置对象的常用方法和属性
➢ 使用 ASP 内置对象实现网站的常用功能
➢ 综合应用 ASP 内置对象实现简易聊天室和在线考试系统

任务 4.1　ASP 内置对象

ASP 提供了 5 个常用的内置对象，这些对象的使用非常简单，不需要加以定义或声明便可以使用，通过这些对象可以让服务器端与客户端取得联系，以获取双方的信息。ASP 对象的使用方法、属性非常多，任务 4.1 仅探讨这些对象最常使用的方法与属性。以及 Cookie 集合对象。

表 4-1 为 ASP 的 5 个常用对象的功能说明。

表 4-1　ASP 的常用对象

ASP 对象	说　明
Response	用来传输数据到客户端浏览器
Request	允许服务器端（ASP）的 ASP 程序中取得客户端(Client)所传送过来的信息
Server	允许服务器端的 ASP 程序使用服务器端相关的功能与信息
Session	服务器端用此对象来记录客户端个别客户的信息
Application	服务器端用此对象来记录所有客户端共享的信息

　　ASP 提供了可在脚本中使用的内置对象。这些对象使用户更容易收集通过浏览器请求发送的信息、响应浏览器以及存储用户信息，从而使对象开发者摆脱了很多烦琐的工作。下面我们将通过实例分别来学习 ASP 的 5 个内置对象。

4.1.1　Response 对象

　　Response 对象的功能是用来控制发送给用户的信息，包括直接发送信息给浏览器、重定向浏览器到另一个 URL 或设置 Cookie 的值。

　　Response 对象常用的方法：

- Write 方法，该方法把数据发送到客户端浏览器。
- Redirect 方法，该方法使浏览器可以重新定位到另一个 URL 上。这样，当客户发送 Web 请求时，客户被重新定位到相应的页面。
- End 方法，该方法用于告知 Active Server 当遇到该方法时停止处理 ASP 文件。如果 Response 对象的 Buffer 属性设置为 True，这时 End 方法即把缓存中的内容发送到客户端并清除缓冲区。所以要取消所有向客户端的输出，可以先清除缓冲区，然后再使用 End 方法。

　　Response 对象常用的属性：

- Buffer 属性，该属性用于指定页面输出时是否要用到缓冲区，默认值为 False。当它为 True 时，直到整个 ASP 执行结束后才会将结果输出到浏览器上。
- Expires 属性，该属性用于设置浏览器缓存页面的时间长度（单位为分钟）。
- ContentType 属性，该属性指定服务器响应的 HTTP 内容类型。默认为 text/HTML。
- ExpiresAbsolute 属性　该属性指定缓存于浏览器中的页面的确切到期日期和时间。在未到期之前，若用户再次访问该页面，则显示缓存中的页面。如果未指定时间，该主页在当天午夜到期。如果未指定日期，则该主页在脚本运行当天的指定时间到期。

1．输出信息

　　Response 对象的 Write 方法是最常用的方法之一，它可以将指定的字符串向浏览器输出。语法格式为：

```
<%Response.Write("字符串")%>
<%Response.Write(变量名)%>
```

　　如程序 4-01.asp 和 4-02.asp 所示。

```
<%
  Response.write("Hello")
%>
```

```
<%
str=("你好")
Response.write(str)
%>
```

将程序在网站上发布，显示结果如图 4-1 和图 4-2 所示。

图 4-1　输出字符串

图 4-2　输出变量

因为 Response.Write()方法使用非常频繁，当<%和 Response.Write()之间没有其他语句时，就可以将 Response.Write()简化成 "="，如程序 4-03.asp 所示。

```
<%="简写形式"%>
```

显示结果如图 4-3 所示。

图 4-3　简写形式

也可以使用 Response.Write()输出 HTML 标记，输出方法与输出字符串的方法相同，即将 HTML 标记用双引号括起，但是输出结果是 HTML 标记在浏览器端运行后的结果。如程序 4-04.asp 所示。

```
<%
    Response.Write("<html>")
    Response.Write("<html>")
    Response.Write("<body>")
    Response.Write("输出一个一行两列的表格")
    Response.Write("<table width='100' border='1'>")
        Response.Write("<tr>")
        Response.Write("<td>")
        Response.Write("表格第一列")
        Response.Write("</td>")
        Response.Write("<td>")
        Response.Write("表格第二列")
        Response.Write("</td>")
        Response.Write("</tr>")
        Response.Write("</table>")
    Response.Write("</body>")
    Response.Write("</html>")
%>
```

程序执行结果如图 4-4 所示。

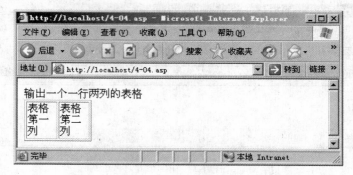

图 4-4　输出 HTML 标记

2. 使用缓冲区

Response 对象的 Buffer 属性用于指定页面输出时是否要用到缓冲区，默认值为 False。当它为 True 时，直到整个 Active Server Page 执行结束后才会将结果输出到浏览器上。如程序 4-05.asp 所示。

```
<%Response.Buffer=True%>
<html>
<Head>
<title>Buffer 示例</title>
</head>
<body>
<%
  for i=1 to 500
    response.write(i & "<br>")
```

```
    next
%>
</body>
</html>
```

程序执行时，整个主页的所有内容会同时显示在浏览器上，这个主页会存在缓冲区中直到脚本执行结束。

3. 停止输出信息

Response 对象的 End 方法使 Web 服务器停止处理脚本并返回当前结果。文件中剩余的操作将不被处理。如果 Response.Buffer 已设置为 True，则调用 Response.End 将缓冲输出，如程序 4-06.asp 所示。

```
<%
    Response.Write("Response.End 之前输出的字符串")
    Response.End()
    Response.Write("Response.End 之后输出的字符串")
%>
```

运行结果如图 4-5 所示。

图 4-5　停止输出信息

Respoonse.redirect 很重要的一个用法就是用来调试程序，通过与 Response.write 合作，可以用于测试程序运行到哪里，错误出现的位置在哪一段，以及在进行操作数据库时，输出 SQL 语句，检测 SQL 语句是否出错，或错在何处。

End 方法用于告知 Web 服务器当遇到该方法时停止处理 ASP 文件。如果 Response 对象的 Buffer 属性设置为 True，这时 End 方法会把缓存中的内容发送到客户端并清除缓冲区。如果要取消所有向客户端的输出时，可以先清除缓冲区，然后利用 End 方法，如程序 4-07.asp 所示。

```
<%
Response.buffer=true
On error resume next
Err.clear
if Err.number<>0 then
  Response.Clear
  Response.End
end if
%>
```

4. 网页的转向

Response 对象的 Redirect 方法使浏览器立即重定向到程序指定的 URL。这是一个经常用到的方法，这样程序员就可以根据客户的不同响应，为不同的客户指定不同的页面或根据不同的情况指定不同的页面。一旦使用了 Redirect 方法任何在页中显式设置的响应正文内容都将被忽略。但是，此方法不向客户端发送该页设置的其他 HTTP 标题，将产生一个将重定向 URL 作为链接包含的自动响应正文。Redirect 方法发送下列显式标题，其中 URL 是传递给该方法的值，如程序 4-08.asp 所示。

```
<%
Response.redirect("http://www.sohu.com")
%>
```

4.1.2 Request 对象

Request 对象是 ASP 内置对象之一。在 C/S 结构中，当客户端 Web 页面向网站服务器端传递信息时，Request 对象能够获取客户端提交的全部信息。包括客户端用户的 HTTP 变量、在网站服务器端存放的客户端浏览器的 Cookie 数据、依附于 URL 之后的字符串信息、页面中表单传送的数据以及客户端认证等。

Request 对象获取客户端资料的方法如下：

- QueryString，获取 get 方式提交的数据；
- Form，获取 post 放式提交的数据；
- ServerVariables，获取服务器提供的信息；
- Cookies，获取 Cookies 记录的客户端浏览器的信息；
- ClientCertificate，获取客户端浏览器的身份确认信息。

Request 对象的语法格式：

```
Request.方法名称("参数")
```

简写形式为：

```
Ruest("参数")
```

如 Request.Form("参数")、Request.QueryString("参数")都可简写为 Request("参数")。如果采用简写形式，系统会自动选择相应的方法。

1. 获取 Form 表单的信息

通常用得最多的是获取客户端请求的参数名称和参数值信息。获取某参数值的语法格式为：

```
Request("参数名")
```

编写一个 HTML 表单，在表单中提供一个输入框，用于输入用户名；一个密码框，用于输入密码，如程序 4-09.htm 所示。

```
<HTML> <BODY>
<FORM ACTION="4-10.asp" METHOD="post">
请输入你的姓名:
<input name="txtUserID" type="text" size="10" value="访客"><br>
请输入你的密码:
<input name="txtUserPWD" type="Password" size="8" value="1234">
<INPUT TYPE="SUBMIT" VALUE="提交">
```

```
</FORM>
</BODY> </HTML>
```

Form 表单 Action 属性值等于 4-10.asp，作用是当用户提交时，由 4-10.asp 文件来处理提交的数据。METHOD 属性说明提交的方式，这里设置为 post 方式，读取表单数据的程序如程序 4-10.asp 所示。

```
<%
    strUserID = Request.form("txtUserID")
    strUserPWD = Request.form("txtUserPWD")
    response.write("姓名: "&strUserID&"<br>")
    response.write("密码: "&strUserPWD)
%>
```

txtUserID 和 txtUserPWD 分别是程序中输入用户名和密码的文本框的名字。首先执行 4-09.htm 文件（放在网站中打开），在文本框和密码框中分别输入用户名和密码（默认值用户名是访客，密码是 1234），如图 4-6 所示。

图 4-6 HTML 表单

输入完毕，单击"提交"按钮，调用 4-10.asp 来处理提交的内容。程序将文本框和密码框中的内容读取出来，再输出到浏览器上，如图 4-7 所示。

图 4-7 读取表单数据

修改 4-09.htm 文件中 FORM 表单的 METHOD 属性为 get，处理提交内容的页面改为 4-12.asp，如程序 4-11.htm 所示。

```
<HTML> <BODY>
<FORM ACTION="4-12.asp" METHOD="get">
请输入你的姓名:
<input name="txtUserID" type="text" size="10" value="访客"><br>
请输入你的密码:
<input name="txtUserPWD" type="Password" size="8" value="1234">
<INPUT TYPE="SUBMIT" VALUE="提交">
</FORM>
```

```
</BODY> </HTML>
```

这时获取表单的数据就必须采用 Request.QueryString，如程序 4-12.asp 所示。

```
<%
    strUserID = Request. QueryString("txtUserID")
    strUserPWD = Request. QueryString("txtUserPWD")
    response.write("姓名: "&strUserID&"<br>")
    response.write("密码: "&strUserPWD)
%>
```

首先执行 4-11.htm 文件，在表单中输入用户名和密码，如图 4-8 所示。

图 4-8 输入用户名和密码

单击"提交"按钮，可以看到以 get 方式发送的数据在浏览器地址栏上显示的信息，如图 4-9 所示。

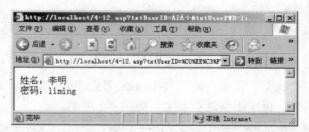

图 4-9 读取数据

也可以将两种方法简化为一种方法，不管是 post 方式还是 get 方式，都可以使用 Request("参数")来获取数据。

下面以网站注册时用户填写信息的表单为例，再来学习一下 Form 集合的使用方法，如程序 4-13.htm 所示。

```
<HTML><BODY>     <FORM ACTION="4-14.asp" METHOD="POST"><p>
姓名: <INPUT TYPE="TEXT" NAME="USERNAME"><BR>
密码: <INPUT TYPE="PASSWORD" NAME="USERPWD"><BR>
性别: <INPUT TYPE="RADIO" NAME="SEX" VALUE="男">男
      <INPUT TYPE="RADIO" NAME="SEX"VALUE="女">女<BR>
血型: <INPUT TYPE="RADIO" NAME="BLOOD" VALUE="O">O
        <INPUT TYPE="RADIO" NAME="BLOOD" VALUE="A">A
        <INPUT TYPE="RADIO" NAME="BLOOD" VALUE="B">B
        <INPUT TYPE="RADIO" NAME="BLOOD" VALUE="AB">AB <BR>
性格: <INPUT TYPE="CHECKBOX" Name="CHATACTER" VALUE=
"活泼"> 活泼<INPUT TYPE="CHECKBOX" Name="CHATACTER" VALUE=
"温柔">温柔
            <INPUT TYPE="CHECKBOX" Name="CHATACTER" VALUE="善
```

```
良">善良<BR>
        简介: </p> <p>     <TEXTAREA ROWS="8"
COLS="30" NAME="MEMO"></TEXTAREA><BR>
        城市: <SELECT SIZE="1" NAME="CITY">
          <OPTION VALUE="北京">北京市</OPTION>
          <OPTION VALUE="上海">上海市</OPTION>
          <OPTION VALUE="南京">南京市</OPTION>
        </SELECT></p>
        <p> <INPUT TYPE="SUBMIT" VALUE="提交">
        <INPUT TYPE="RESET" VALUE="RESET"> </p>
</FORM></BODY></HTML>
```

输入姓名的是文本框，TYPE 属性值等于 TEXT，输入密码的是密码框，TYPE 属性值等于 PASSWORD，性别和血型选项是单选按钮，TYPE 属性值等于 RADIO，性格选项是多选框，TYPE 属性值等于 CHECKBOX，简介是文本域，城市选项是下拉菜单，获取表单数据的程序，如程序 4-14.asp 所示。

```
<%
    strUserName = Request("USERNAME")
    strUserPWD = Request("USERPWD")
    strUserSex = Request("SEX")
    strUserBlood = Request("BLOOD")
    strUserChar = Request("CHATACTER")
    strUserMemo = Request("MEMO")
    strUserCity = Request("CITY")
%>
用户名是: <%=strUserName%><br>
用户密码: <%=strUserPWD%><br>
你的性别: <%=strUserSex%><br>
你的血型: <%=strUserBlood%><br>
你的性格: <%=strUserChar%><br>
你的简介: <%=strUserMemo%><br>
所在城市: <%=strUserCity%><br>
```

运行网页程序 4-13.htm 并输入用户信息如图 4-10 所示。

图 4-10　网站注册表单

单击"提交"按钮，调用 4-14.asp 文件来处理提交的内容。程序将表单的内容读取出来，再输出到浏览器上，如图 4-11 所示。

图 4-11　读取表单数据

2. 获得服务器信息

浏览器在浏览网页时使用的传输协议是 HTTP，在 HTTP 的标题文件中会记录一些客户端的信息，如客户的 IP 地址等。有时服务器端需要根据客户端不同的信息做出不同的反映，这时候就需要用 ServerVariables 集合获取所需信息。

语法格式：

```
Request.ServerVariables ("服务器环境变量")
```

由于服务器环境变量较多，我们列出一些常用的环境变量，见表 4-2。

表 4-2　常用服务器环境变量

变　量	说　明
ALL_HTTP	客户端发送的所有 HTTP 标题文件
CONTENT_LENGTH	客户端发出内容的长度
CONTENT_TYPE	正文的数据类型，可使用参数判断用户提交数据的方式。它的值可以是 post、put 或其他
LOCAL_ADDR	返回接受请求的服务器地址。如果在绑定多个 IP 地址的多宿主机器上查找请求所使用的地址时，这条变量非常重要
LOGON_USER	用户登录 Windows NT 的账号
QUERY_STRING	查询 HTTP 请求中问号（?）后的信息
REMOTE_ADDR	发出请求的远程主机（client）的 IP 地址
REMOTE_HOST	发出请求的主机（client）名称。如果服务器无此信息，它将设置为空的 MOTE_ADDR 变量
REQUEST_METHOD	该方式用于提出请求。相当于用于 HTTP 的 get、head、post 或其他方式
SERVER_NAME	出现在自引用 URL 中的服务器主机名、DNS 的别名或 IP 地址
SERVER_PORT	发送请求的端口号

程序 4-15.asp 使用 Request.ServerVariables 获取了服务器的一些相关信息。

```
REQUEST_METHOD 返回：
<%=Request.ServerVariables("REQUEST_METHOD")%><br>
SERVER_NAME 返回：
<%=Request.ServerVariables("SERVER_NAME")%><br>
SERVER_PORT 返回：
<%=Request.ServerVariables("SERVER_PORT")%><br>
```

在本地主机上运行程序 4-16.asp，结果如图 4-12 所示。

图 4-12　获取服务器信息

3. 获得客户端信息

将 4-10.htm 文件中 Form 表单 Action 属性改为 4-17.asp，如程序 4-16.htm 所示。

```
<HTML> <BODY>
<FORM ACTION="4-17.asp" METHOD="post">
请输入你的姓名：
<input name="txtUserID" type="text" size="10" value="访客"><br>
请输入你的密码：
<input name="txtUserPWD" type="Password" size="8" value="1234">
<INPUT TYPE="SUBMIT" VALUE="提交">
</FORM>
</BODY> </HTML>
```

表单内容提交处理页面如程序 4-17.asp 所示。

```
<%
txtUserID=request.form("txtUserID")
response.cookies("txtUserID")=txtUserID
response.write " 欢迎 "&request.cookies("txtUserID")&" 光临小站！"
%>
```

执行程序 4-16.htm，在网页中输入用户名和密码，如图 4-13 所示。

图 4-13　输入客户端信息

单击"提交"按钮，可以看到客户端信息输出，如图 4-14 所示。

图 4-14　获取客户端信息

4. 获取身份确认信息

Request 对象 ClientCertificate 集合从 Web 浏览器发布请求中获取验证字段。

语法格式：

```
Request.ClientCertificate(key[SubField])
```

参数 Key：指定要获取的验证字段的名称。该集合具有关键字的详细说明，见表 4-3。

表 4-3 ClientCertificate 集合关键字

关 键 字	说 明
Subject	证书的主题。包含所有关于证书收据的信息。能和所有的子域后缀一起使用
Issuer	证书的发行人。包含所有关于证书验证的信息。除了 CN 外，能和所有的子域后缀一起使用
VadidFrom	证书发行的日期。使用 VBScript 格式
ValidUntil	该证书不在有效的时间
SerialNumber	包含该证书的序列号
Certificate	包含整个证书内容的二进制流，使用 ASN.1 格式

对于 SubField，Subject 和 Issuer 关键字可以具有的子域后缀见表 4-4（比如 SubjectOU 或 IssuerL）。

表 4-4 关键字子域及后缀

子域及后缀	说 明
C	起源国家
O	公司或组织名称
OU	组织单元
CN	用户的常规名称
L	局部
S	州（或省）
T	个人或公司的标题
GN	给定名称
I	初始

4.1.3 Application 对象

Application 对象是一个程序级的对象，其作用表现在：

● 可以使用 Application 对象定义变量，该变量类似于一般的程序设计语言中所谓的 "全局变量"。用此变量保存的信息，在同一个 ASP 程序中所有用户可共享此信息（如在聊天室中，某一人说句话，所有聊天者都可见）。

● 保存所有信息，在服务器运行期间可永久保存（如网页计数器，自动记录页面浏览次数）。

● 控制访问应用层数据的方法和可用于在应用程序启动和停止时触发过程的事件（如可设置在同一时刻仅限一人访问）。

Application 对象常用的方法和事件的描述分别见表 4-5 和表 4-6。

表 4-5　Application 对象方法

方　法	描　述
Lock	防止其余的用户修改 Application 对象中的变量
Unlock	使其余的用户可以修改 Application 对象中的变量（在被 Lock 方法锁定之后）

表 4-6　Application 对象事件

事　件	描　述
Application_OnStart	在首个新的 Session 被创建之前（这时 Application 被首次引用），此事件会发生
Application_OnEnd	当所有用户的 Session 都结束，并且应用程序结束时，此事件发生

1. Application 的属性

Application 对象只有一个 Value 属性，可以使用以下语法设置用户定义的属性也可称为集合。其引用的一般格式为：

```
Application("属性/集合名称")= 值
```

Application 对象常用的方法有两个：

● public void setAttribute(String key, Object obj)，将对象 obj 添加到 Application 对象中，并为添加的对象添加一个索引关键字 key。

● public Object getAttribute(String key)，获取 Application 对象中含有关键字 key 的对象。由于任何对象都可以添加到 Application 中，因此用此方法取回对象的时候，需要强制转化为原来的类型。

Application 的属性应用如程序 4-18.asp 所示。

```
<%Application("Greeting")="你好！"%>
<%=Application("Greeting")%>
```

程序首先对 Application 的一个属性进行赋值，然后又将它取出来输出到浏览器上，程序显示的结果如图 4-15 所示。

图 4-15　Application 的属性应用

执行完后，该对象就被保存在服务器上。执行程序 4-19.asp 时依然可以输出原先保存的值。

```
<%=Application("Greeting")%>
```

虽然程序 4-19.asp 没有赋值，但是依然可以输出，因为 4-18.asp 文件已经给 Application 赋值，执行结果与 4-18.asp 相同。

Application 变量不会因为某一个甚至全部用户离开而消失，一旦建立 Application 变量，那么它就一直存在到网站关闭或者这个 Application 对象被卸载，可能是几周或者几个月。

2. Application 的属性应用——聊天室

聊天室允许多用户实时进行信息交流，所有用户都可以看到彼此的信息，这与 Application 对象的特点正好符合，所以可以利用 Application 对象实现聊天室，如程序 4-20.asp 所示。

```
<HTML><BODY>
<%
    mywords = Request("mywords")
    Application("chat") = Application("chat")& "<br>" & mywords
    Response.Write(Application("chat"))
%>
<FORM ACTION="4-20.asp" METHOD="get">
    <INPUT TYPE="TEXT" SIZE="30" NAME="mywords" VALUE="请输入留言内容">
    <INPUT TYPE="SUBMIT" name="submit" VALUE="提交">
</FORM>
</BODY></HTML>>
```

这时就可邀请一个朋友进入聊天室进行聊天，虽然比较简易，但已经实现了聊天室的功能，执行的结果如图 4-16 所示。

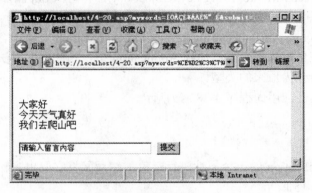

图 4-16　聊天室

3. Application 的属性应用——网页计数器

网页计数器是 Application 对象的又一个用途，因为 Application 对象是所有的用户共有的，所以可以存储计数器的值，当有新用户访问网页时自动增加计数器的值，如程序 count01.asp 所示。

```
<%Application.Lock()
    Application("Counter") = Cint(Application("Counter")) + 1
    Application.UnLock()
%>
<HTML><BODY>
<P ALIGN="CENTER">您是本站点第<%=Application("Counter")%>位访问者</P>
</BODY></HTML>
```

程序显示结果如图 4-17 所示。

图 4-17　网页计数器

一般网站的计数器都是图形界面，这个计数器也可以变成具有图形界面的计数器，如程序 count02.asp 所示。

```
<%
Application.Lock()
Application("Counter") = Application("Counter") + 1
Application.UnLock()
Function G ( counter )
  Dim S, i
  S = CStr( counter )
  For i = 1 to Len(S)
    myimage = myimage & "<IMG SRC=" & Mid(S, i, 1) & ".gif>"
  Next
  G = myimage
End Function
%>
<HTML><BODY>
<P ALIGN="CENTER">您是本站第 <%=G (Application("Counter"))%> 位访问者
</P>
</BODY></HTML>
```

函数 G 首先取出 application("Count")的值，然后赋值给变量 S，再执行循环语句，S.length()功能是取字符串的长度，S.charAt(i)的意思是从字符串 S 的第 i 个位置开始取 1 个字符。执行完后就将原先的字符数字转化成以图形显示的图形计数器。本程序执行需要有 0～9 的 10 个 Gif 图片，运行的结果如图 4-18 所示。

图 4-18　有图形界面的网页计数器

4.1.4　Session 对象

Session 对象与 Application 对象类似，都是用于保存信息。其区别如下：

Application 对象内保存的数据供全体用户使用，Session 对象只针对于某个体使用。如在电子商务中常利用 Session 对象实现"购物车"。用户可以在不同页面选择不同的商品，所有的商品货号、价格等信息都可以保留在 Session 对象中，直到用户去收银台交款或者取消购物时，Session 对象中的数据才被清除或者设置为超时状态。而另一个用户进来时，系统又会重新分配一台"购物车"，重新保存于一个 Session 对象中。

因此，当一个用户开始访问某网页时，服务器会为此用户分配一个 SessionID，用于存储特定的用户信息，用户在应用程序的页面之间切换时，存储在 Session 对象中的变量不会被清除。实际上就是服务器与客户之间的"会话"。

当然，在使用 Session 对象时，用户浏览器应支持 Cookie，且未关闭 Cookie。因为 Session 数据存储在服务器端，Cookie 数据存储在客户端。每次该用户访问一个 ASP 文件时，ASP 就查找该 Cookie，一旦发现，则将其发送到服务器端。然后通过 SessionID 变量使客户与保存在服务器内存中的当前 Session 建立连接。

下面是 Session 对象常用的属性、方法以及事件，见表 4-7～表 4-9。

表 4-7 Session 对象的属性

属　性	描　述
SessionID	为每个用户返回一个唯一的 ID。此 ID 由服务器生成
Timeout	设置或返回应用程序中的 Session 对象的超时时间（分钟）

表 4-8 Session 对象的方法

方　法	描　述
Abandon	撤销某个用户的 Session

表 4-9 Session 对象的事件

事　件	描　述
Session_OnStart	当某个 Session 开始时此事件发生
Session_OnEnd	当某个 Session 结束时此事件发生

1. 存储用户信息

Session 对象可以为用户存储自己的信息，基本的格式为：

```
Session("name")=变量
```

每当启动该程序一次，就创建了一个 Session 对象，两个不同的进程不能共享同一个 Session 变量（Application 就可以），Session 对象对开发 Web 应用程序起到了非常重要的作用。在网站登录页面中经常会用到 Session 对象，用来记录用户登录的一些信息。如程序 4-21.asp 所示。

输入姓名和密码进行提交后，单击"显示你的资料"，便能进入下一页面显示用户的相关资料，如果不进行提交，直接单击"显示你的资料"，程序禁止进入下一界面，其实就是通过以下的代码进行检测的：

```
if session("name")="" then
Response.Redirect("4-21.asp")
end if
```

如果 session("name")为空（也就是不进行提交），就执行 Response.Redirect("4-21.asp ")
语句：该语句就是返回 4-21.asp。当提交时，session("name")就赋了值。

```
<%if Request.QueryString("loginout")="TRUE" then
Session.Abandon()
end if%>
<FORM action="4-21.asp" method=POST name=form1>
姓名：<INPUT type="text" name="txtxm"><BR>
密码：<INPUT type="password" name="txtmm"><BR>
<INPUT type="submit" value="提交" id=submit1 name="submit1">
</FORM>
<%if Request.Form("txtxm")<>"" then
Session("name")=Request.Form("txtxm")
Session("pw")=Request.Form("txtmm")
end if%> <HR>
<a href="4-22.asp">显示你的资料</a>
```

程序执行结果如图 4-19 所示。

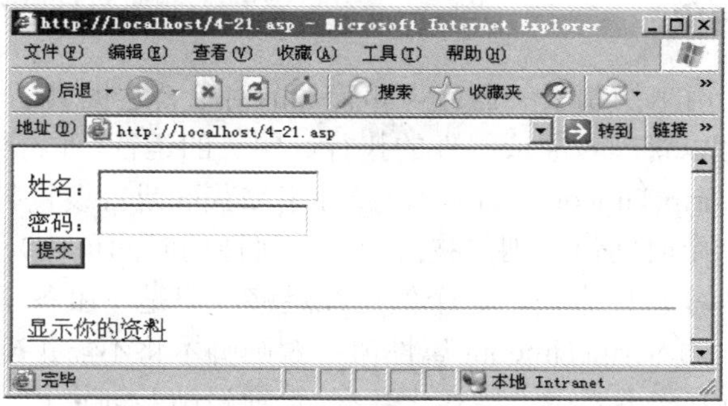

图 4-19　网站登录页面

表单提交信息处理页面如程序 4-22.asp 所示。

```
<%if session("name")="" then
Response.Redirect("4-21.asp")
end if%>
<%Response.Write("你的姓名：" & session("name") & "<BR>")
Response.Write("你的密码：" & session("pw") & "<BR>") %>
<a href="4-21.asp?loginout=TRUE">退出</a>
```

在 4-21.asp 网页中输入用户名和密码，单击"提交"按钮后，再单击"显示你的资料"，
执行 4-22.asp，程序运行结果如图 4-20 所示。

图 4-20　显示用户信息

2．清除 Session 对象

程序 4-21.asp 把用户输入的名字和密码赋给 session("name") 和 session("pw")，如果 session("name")不为空，就跳过 Response.Redirect("4-21.asp") 语句，直接显示内容。如果你不单击"退出"按钮，则直接返回到 login 界面。再单击"显示你的资料"按钮，仍然可以进入下一界面，为什么呢？因为 Session("name")并没有消失。要使 Session("name")消失，有两种方法：

（1）等待超时。Session 预设超时（timeout）值为 20 分钟，可以使用 Session.Timeout=60 来改变它的超时值，也就是说，如果不改变超时值，Session("name")将会在最后 Request 请求后 20 分钟，才会结束（消失），当再单击"显示你的资料"按钮时，就无法进去了。

（2）使用 Session 的 Abandon()方法，该方法就是通知服务器结束 Session 对象，因为服务器无法判断 Browser 什么时候结束 Session 对象，所以必须通过该方法通知服务器结束 Session 对象。程序 4-22.asp 就是使用该方法，在单击"退出"按钮时结束该 Session 对象，session("name")的值就不存在了。当再单击"显示你的资料"按钮时，也就无法进去了。

4.1.5　Server　对象

Server 对象是一个用来控制服务器行为和管理的对象，它提供了一个属性和 7 个方法，使用这些属性和方法可以管理对象或组件的执行、网页的运行，以及错误的处理。

Server 对象拥有 ScriptTimeout 属性，该属性用来获取或者设置脚本的超时时间。如果脚本运行的时间超过这个时间值，则将被终止。该属性的时间单位为秒，默认值为 90 秒。对于一些比较简单的脚本程序来说，这个值已经足够。但是在服务器繁忙或者生成大的页面时，需要设置比较大的 ScriptTimeout 属性值；否则脚本将不能正确执行。

Server 对象拥有的方法主要用于格式化数据、管理网站并创建其他对象实例，见表 4-10。

表 4-10　Server 对象方法

方　　法	说　　明
CreateObject	创建服务器组件实例
HTMLEncode	将指定的字符串进行 HTML 编码，使字符串不会被解释成 HTML 标记
URLEncode	将指定的字符串进行编码，以 URL 形式返回服务器
MapPath	将指定的虚拟路径转换成物理路径
Execute	执行指定的 ASP 程序
Transfer	停止当前页面执行，将控制转到指定的页面
GetLastError	获取 ASP 脚本执行过程中发生的错误

1．指定脚本超时时间

大多数网站具有与用户交互的能力，如果用户输入了一些错误数据导致服务器陷入死循环，就会占用大量的服务器资源，甚至导致服务器崩溃。为防止这种情况出现，应该为每个脚本设置一定的执行时间。在服务器特别繁忙，或生成大页面时，脚本执行时间就会长，系统可以设置较大的执行时间值，以防止脚本未执行完就被强行终止。

如设置脚本超时时间为 200 秒：

```
<%Server.scriptTimeout=200%>
```

2．输出 HTML 代码

通常情况下，浏览器将"<"和">"符号认作为 HTML 标记，不会显示在浏览器上，如果想在浏览器上显示时，可以使用 Server 对象的 HTMLEcode()方法，如程序 4-23.asp 所示。

```
<%= Server.HTMLEncode("HTML 标记:<hr>")%>
```

程序运行结果如图 4-21 所示。

图 4-21　输入 HTML 代码

3．获取物理路径

服务器操作文件或文件夹时，需要使用文件或文件夹的物理路径。但是在编写 ASP 网页脚本时，大多使用文件或文件夹的虚拟路径。因此，需要把虚拟路径转换成物理路径。Server 对象的 MapPath 方法可以将指定的路径转换成物理路径，其语法格式如下：

```
Path=Server.MapPath(FilePath)
```

其中，FilePath 为文件或者文件夹的虚拟路径，Path 为转换后的物理路径。FilePath 可以为文件，或者文件夹名称，也可以是下列字符。

/：获取根目录路径。

./：获取当前文件或者文件夹的路径。

../：获取当前文件或者文件夹的父目录。

示例代码如程序 4-24.asp 所示。

```
<%
    Response.write "当前文件为："&Request.ServerVariables("SCRIPT
_NAME")
    &"<BR>"
    Response.write "该文件的路径为："&Server.MapPath(Request.
ServerVariables
    ("SCRIPT_NAME"))&"<BR>"
    Response.write "该文件的当前路径为："&Server.MapPath("./")&"<BR>"
    Response.write "该文件的父目录路径为："&Server.MapPath("../")&
"<BR>"
    Response.write "该文件的根目录路径为："&Server.MapPath("/")&"<BR>"
%>
```

程序运行结果如图 4-22 所示。

图 4-22　获取物理路径

4.1.6　Cookie 集合

Cookie 集合是由 Web 服务器端产生后被保存到浏览器中的信息。Cookie 集合可以用来保存一些小量的信息在浏览器中。目前主流的浏览器（Internet Explorer 和 Netscape Navigator）都支持 Cookie。

1．写入 Cookie

可以将 Cookie 写到浏览器中，让浏览器来保存 Cookie 的值，如程序 4-25.asp 所示。

```
<%
    Response.Cookie("User")("Name")="LILY"
    Response.Cookie("User")("Password")="1234"
%>
写入 Cookie<br><br><a href="4-26.asp">查看</a>
```

程序将字符串"LILY"和"1234"写入 Cookie 集合。程序执行的结果如图 4-23 所示。

图 4-23　写入 Cookie

2．读取 Cookie

读取 Cookie 的方法如程序 4-26.asp 所示。

```
读取 Cookie<br>
<%=Request.Cookie("User") %><br>
<%=Request.Cookie("User")("Name")%><br>
<%=Request.Cookie("User")("Password")%><br>
```

程序显示结果如图 4-24 所示。

图 4-24　读取 Cookie

在使用 Cookie 时，有一些注意事项：

- Cookie 的存储场所是浏览器，但并不是每一种浏览器都具有支持 Cookie 功能（Internet Explorer 和 Netscape Navigator 都有支持 Cookie 功能），同时，在客户端浏览器的安全性设置中可以禁用 Cookie。所以不能假设 Cookie 的写入一定能够成功。
- Cookie 对象不能单独使用，必须和 Request 对象（Cookie 的读取）或 Response 对象（Cookie 对象的写入）结合使用。
- 不同浏览器中存储的 Cookie 是不通用的，例如，IE 存储的 Cookie 只有 IE 自己（IE 浏览器）可以使用。
- 存储在浏览器中的 Cookie 对任何 Web 服务器都是开放的，所以写入的 Cookie 可能被其他网页读取或覆盖掉。

4.1.7　Global.asa 文件

Global.asa 文件是一个可选的文件，它可包含可被 ASP 应用程序中每个页面访问的对象、变量以及方法的声明。所有合法的浏览器脚本都能在 Global.asa 中使用。

Global.asa 文件可包含下列内容：Application 事件、Session 事件、<object>声明、TypeLibrary 声明、#include 命令。

Global.asa 文件须存放于 ASP 应用程序的根目录中，且每个应用程序只能有一个 Global.asa 文件。

在 Global.asa 中，可以告知 Application 和 Session 对象在启动和结束时做什么事情。完成此项任务的代码被放置在事件操作器中。Global.asa 文件能包含 4 种类型的事件：

- Application_OnStart，此事件会在首位用户从 ASP 应用程序调用第一个页面时发生。此事件会在 Web 服务器重启或者 Global.asa 文件被编辑之后发生。"Session_OnStart"事件会在此事件发生之后立即发生。
- Session_OnStart，此事件会在每当新用户请求 ASP 应用程序中的首个页面时发生。
- Session_OnEnd，此事件会在每当用户结束 Session 时发生。在规定的时间（默认的事件为 20 分钟）内如果没有页面被请求，Session 就会结束。
- Application_OnEnd，此事件会在最后一位用户结束其 Session 之后发生。典型的情况是，此事件会在 Web 服务器停止时发生。此子程序用于在应用程序停止后清除设置，比如删除记录或者向文本文件写信息。

Global.asa 文件由于无法使用 ASP 的脚本分隔符（<% and %>）在 Global.asa 文件中插入脚本，需使用 HTML 的<script>元素。其结构如程序 Global.asa 所示。

```
<script language="vbscript" runat="server">
sub Application_OnStart
  'some code
end sub
sub Application_OnEnd
  'some code
end sub
sub Session_OnStart
  'some code
end sub
sub Session_OnEnd
  'some code
end sub
</script>
```

通过调用 Global.asa 文件，可以实现在线人数的统计。显示在线人数结果页面如程序 4-28.asp 所示。

```
<%Response.Write("现在有" & Application("whoson")& "人在线")%>
```

具体实现在线人数统计功能的是 Global.asa 文件，必须将该文件放到网站根目录。

```
<Script LANGUAGE="VBScript" RUNAT="SERVER">
Sub Application_OnStart()
    Application.Lock()
    Application("whosOn") = 0
    Application.UnLock()
End Sub
Sub Session_OnStart()
    Application.Lock()
    Application("whoson") = Cint(Application("whoson")) + 1
    Application.UnLock()
End Sub
Sub Session_OnEnd()
    Application.Lock()
    Application("whoson") = Cint(Application("whoson")) - 1
    Application.UnLock()
End Sub
</Script>
```

网站开启时就自动调用 Global.asa 文件，Application_OnStar 首先被调用，然后执行其中的语句，Application("whoson") 被自动清零。当第一个用户登录网站时，Session_OnStart 被调用，此时 Application("whoson")自动加一，当第二位、第三位用户登录时，Application("whoson")的值自动累加，当用户退出时，Application("whoson")的值自动减一，最终显示的是网站上在线人数的数目，从而实现动态在线人数的统计，结果如图 4-25 所示。

图 4-25　在线人数的统计

任务 4.2　典例案例分析——简易聊天室

简易聊天室共有 5 个文件组成，分别如下。

1．Global.asa 文件

Global.asa 文件的功能：统计在线人数。

首先定义变量：sum，当会话开始时 sum+1，会话结束时 sum-1。设置会话的超时时限为 Session.timeout

程序代码如下：

```
<Script LANGUAGE="VBScript" RUNAT="SERVER">
'在应用程序超动时，定义变量 sum，并赋初值为 0
Sub Application_OnStart()
    Application.Lock()
    Application("sum ") = 0
    Application.UnLock()
End Sub
' 在会话开始时，将变量值加 1。并设定会话超时时限为 1 分钟
Sub Session_OnStart()
    Session.timeout=1
Application.Lock()
    Application("sum ") = Cint(Application("sum ")) + 1
    Application.UnLock()
End Sub
'在会话结束时，将变量值减 1
Sub Session_OnEnd()
    Application.Lock()
    Application("sum") = Cint(Application("sum")) - 1
    Application.UnLock()
End Sub
</Script>
```

2．聊天室登录页面（Login.asp）

聊天室登录页面的功能：提供用户注册框。

在该页面上定义一个表单，表单的提交方式为 post，表单的 Action 属性值为 main.asp。并定义了相关的文本蜮。文本域的名称分别为 xm1（账号）、mm（密码）。程序代码如下：

```
<%@LANGUAGE="VBSCRIPT" CODEPAGE="65001"%>
<!DOCTYPE html PUBLIC "-//W3C//DTD XHTML 1.0 Transitional//EN"
 "http://www.w3.org/TR/xhtml1/DTD/xhtml1-transitional.dtd">
<html xmlns="http://www.w3.org/1999/xhtml">
<head>
<meta http-equiv="Content-Type" content="text/html; charset=
utf-8" />
<title>欢迎来到聊天室</title>
</head>
<body bgcolor="339933">
<p><font size="4" face="隶书"><marquee>
  <font size="5">欢迎来到聊天室  </font>
</marquee>
</font></p>
<p align="center"><font color="#FFFFFF" size="7" face="隶书">香颂湾生态家园
</font></p>
<hr />
<form id="form1" name="frmlogin" method="post" action="main.
asp">
  <p align="center"><label><font color="#FFFFFF" size="4" face="隶书
"><strong>账号
</strong></font>
   <input type="text" name="xm1" id="textfield" />
   </label>
   </p>
   <p align="center">
    <label><strong><font color="#FFFFFF" size="4" face="隶书">密码
</font></strong>
    <input type="text" name="mm" id="textfield2" />
    </label>
   </p>
   <p align="center">
    <input type="submit" name="button" id="button" value="提交"
/>  
    <input type="reset" name="button2" id="button2" value="清除" />
   </p>
</form>
<p> </p>
</body>
</html>
```

页面运行结果如图 4-26 所示。

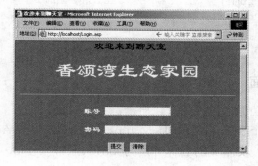

图 4-26   聊天室登录页面

3. 主菜单页面（main.asp）

主菜单页面的功能：

- 判断用户输入的账号、密码是否为空，如为空，则提示重填；不为空去掉两端的空格，并保存用户名（seeion("xm2")）。
- 设置框架网页，将窗口一分为二。一个是用于显示信息页面，文件名为 display.asp，另一窗口用于发布信息，文件名为 sponse.asp。

程序代码如下：

```
<html>
<head>
<meta http-equiv="Content-Type" content="text/html; charset=
gb2312">
<title>香颂湾生态家园</title>
</head>
<%
if request.form("xm1") = "" or request.form("mm") = "" then
  Response.Write("对不起，你的资料不全！请返回重填" & "<a href='Login.
asp' > 返回
  到上一页</a>")
else
  session("xm2")=Trim(Request.Form("xm1"))
end if
 %>
<frameset rows="87%,*" cols="*"  framespacing="0" frameborder=
"NO" border="1"
 bordercolor="#FFFFFF">
  <frame src="Display.asp" name="display" >
  <frame src="Sponse.asp" name="sponse">
</frameset>
<noframes></noframes>
</html>
```

当用户输入账号为"李先生"，密码为"123456"后，进入如图 4-27 所示界面。此网页为框架网页，由两个文件组成，上面窗口为 display.asp 文件内容，下面窗口为 sponse.asp 文件内容。

图 4-27　主菜单界面

4．发送信息页面（Sponse.asp）

发送信息页面的功能：

- 用于填写表单中的信息。表单的提交方式为 post，表单的 Action 属性值为 Sponse.asp。文本域名称为 message。
- 对收集到表单中的信息进行处理。首先判断用户输入的信息是否为空，如不为空则除掉信息两端的空格，并保存该信息。

程序代码如下：

```html
<html>
<head>
<meta http-equiv="Content-Type" content="text/html; charset=gb2312">
</head>

<body bgcolor="#339933"><hr>
<form action="Sponse.asp" method="post"><font face="楷体_GB2312" >
我要发言: </font><input name="message" type="text">
  <input type="submit" value="发送">
  <input type="reset" value="清楚">
</form>
</body>
</html>
<%
if Request.Form("message")<>" " then
message1=Trim(Request.Form("message"))
application.Lock()
xm3=session("xm2")
application("show")= xm3 & "在" & time() & "说: " & message1 & "<br>" &_
 application("show")
application.UnLock()
end if
 %>
```

5．显示信息的页面（Display.asp）

显示信息页面的功能主要有 3 个。

（1）及时显示聊天记录，可设置页面的刷新时间：

```html
<meta http-equiv="refresh" content="3,url=display.asp">
```

（2）显示在线人数：

```asp
<%= application("sum") %>
```

Sum 的值在 Global.asa 文件中定义。

（3）显示用户的发送信息（即聊天记录显示）：

```asp
Response.Write(application("show"))
```

程序代码如下：

```html
<html>
<head>
```

```
<meta http-equiv="refresh" content="3,url=display.asp">
<meta http-equiv="Content-Type" content="text/html; charset=
gb2312">
</head>


<body bgcolor="339933">
<p align="center"><font size="4" face="黑体">聊天记录</font></p>
<p align="right"><font size="-1">目前在线人数<%= application("sum")
%></font> </p>
<hr align="center" >
<font color="#CCFF00">
<%
Response.Write(application("show"))
 %>
</font>
</body>
</html>
```

当用户输入一条信息后，页面的输入结果如图 4-28 所示。

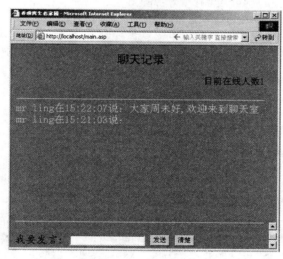

图 4-28　显示信息的页面

任务 4.3　小结

项目 4 重点介绍了 ASP 内置对象 Request、Response、Application、Session 和 Server 5 种对象，通过它们的属性、方法、事件及各种变量机制从各个方面讲解如何使用这些内置对象来实现 ASP 功能。使用 ASP 内置对象是 ASP 编程的重要组成部分，是开发大型工程项目不可或缺的基础知识。最后给出一个完整"简易聊天室"案例，让读者学习与使用。读者可以结合书中提供的案例进行实践练习，通过实践掌握这些内置对象的使用。

任务 4.4　项目实训与习题

4.4.1　实训指导　在线考试系统

结合所学过的内容建立一个简单的在线考试系统，要求如下：

（1）给用户一个登录界面，由用户输入自己的学号和姓名。

（2）用户能够在线答题。

（3）用户答题完毕可以查看分数。

登录界面的代码如程序 index.asp 所示。

```
<% @language="vbscript" %>
<html>
<title>网上考试</title>
<body>
<center>
进入考场，请先输入学号和姓名
<form action="check.asp" method="post">
 <table border="1">
  <tr><th bgcolor="#99CCFF">学号</th>
      <td><input type="text" size="10" name="number"></td></tr>
  <tr><th bgcolor="#99CCFF">姓名</th>
      <td><input type="text" size="10" name="name"></td></tr>
  <tr><td colspan="2" align="center">
      <input type="submit" value="进入考场"></td></tr>
 </table>
</form>
<font color="red">
</font>
</body>
</html>
```

运行效果如图 4-29 所示。

图 4-29　在线考试登录界面

登录处理页面如程序 check.asp 所示。

```
<%
Session("number")=Request.Form("number")
Session("name")=Request.Form("name")
```

```
%>
<%
response.redirect("kaoshi.asp")
%>
```

在线答题页面如程序 kaoshi.asp 所示。

```
<% @language="vbscript" %>
'连接试题数据库
<%
set conn=server.createobject("adodb.connection")
conn.open "driver={microsoft access driver (*.mdb)};dbq="&server.
mappath("test.mdb")
%>
<html>
<title>考试中</title>
<body>
作答者: <font color="green"><%=session("name")%></font>
学号: <font color="red"><%=session("number")%></font>
<hr>
<form action="grades.asp" method="post">
<%
sql="select * from shiti"
set rs=conn.execute(sql)
i=1
sql="select * from shiti"
set rs=conn.execute(sql)
'输出试题
response.write("<table>")
do while(not rs.eof)
    response.write("<tr><td>"&i&".")
    response.write(rs("题目")&"</td></tr>")
    response.write("<tr><td>(A)"&rs("选项1")&"<input type='radio'
 name='b"&i&"'
    value='A'>(B)"&rs(" 选 项 2")&"<input type='radio' name='b"&i&"'
value='B'>(C)"&rs("选
    项 3")&"<input type='radio' name='b"&i&"' value='C'>(D)"&rs(" 选 项
4")&"<input
    type='radio' name='b"&i&"' value='D'></td></tr>")
    i=i+1
    rs.movenext
loop
response.write("</table>")
rs.close
set rs=nothing
conn.close
%>
<hr>
<center><input type="submit" value="交卷"></center>
</form>
</body>
</html>
```

其中，打开试题所在数据库的代码为：

```
set conn=server.createobject("adodb.connection")
conn.open "driver={microsoft access driver (*.mdb)};dbq="&server.
mappath("test.mdb")
```

关于数据库的操作将在后面的章节中详细讲解。

查询语句"select * from shiti"的功能是查询出 test.mdb 数据库中 shiti 表中所有的记录，
"*"代表所有记录。运行效果如图 4-30 所示。

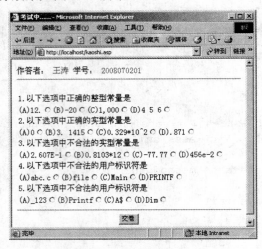

图 4-30　在线考试界面

用户查看分数页面如程序 grades.asp 所示。

```
<% @language="vbscript" %>
<%
set conn=server.createobject("adodb.connection")
conn.open           "driver={microsoft           access           driver
(*.mdb)};dbq="&server.mappath("test.mdb")
%>
<html>
<title>显示成绩</title>
<body>
以下是
<font color="green" size="3">
<%=session("name")%></font>
的作答成绩与记录<hr>
<%
dim anone(11)
dim antwo(11)
dim exone(11)
dim extwo(11)
grades=0
sql="select 答案 from shiti"
set rs=conn.execute(sql)
'判断答案是否正确
for i=1 to 5
    realans=rs("答案")
```

124

```
        answer=request.form("b"&i)
        if answer=realans then
           grades=grades+20
        end if
        antwo(i)=realans
        if answer="" then
           extwo(i)="无"
        else
           extwo(i)=answer
        end if
        rs.movenext
next
'输出答案
response.write("<h3>答案（每题 20 分）</h3>")
response.write("<table border='1'><tr><th bgcolor='pink'>题号</th>")
for i=1 to 5
    response.write("<th bgcolor='pink'>"&i&"</th>")
next
response.write("</tr><tr><th bgcolor='pink'>正确答案</th>")
for i=1 to 5
    response.write("<td>"&antwo(i)&"</td>")
next
response.write("</tr><tr><th bgcolor='pink'>输入答案</th>")
for i=1 to 5
    response.write("<td>"&extwo(i)&"</td>")
next
response.write("</tr></table>")
rs.close
set rs=nothing
conn.close
'session.abandon
%>
<br><hr>
<center>总分:
<font color="red" size="5">
<%=grades%></font></center>
</body></html>
```

运行效果如图 4-31 所示。

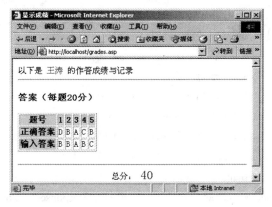

图 4-31　查看分数页面

4.4.2 习题

一、选择题

1．在 ASP 中，服务器响应用户浏览器输出信息，要使用（　　）对象来实现。

　A．Request　　　　B．Response　　　　　　C．Server　　　　　　D．Session

2．服务器端要获得客户端所提交的表单数据，应使用（　　）对象来实现。

　A．Request　　　　　B．Response　　　　　C．Server　　　　　　　D．Session

3．若表单提交的数据中包含着图形，或大数量的文本，此时表单的提交方法应该采用（　　）。

　A．Get　　　　　　　B．Submit　　　　　　C．Post　　　　　　D．Resct

4．若表单提交时采用的是 Get 方法，则服务器端要获得表单所提交的数据，应采用（　　）语句来实现。

　A．Request.Form（"表单域名"）　　　　　　B．Request.QueryString（"表单域名"）

　C．Response.Form（"表单域名"）　　　　　　D．Response.QueryString（"表单域名"）

5．若表单提交时采用的是 Post 方法，则服务器端要获得表单所提交的数据，应采用（　　）语句来实现。

　A．Request.Form（"表单域名"）　　　　　　B．Request.QueryString（"表单域名"）

　C．Response.Form（"表单域名"）　　　　　　D．Response.QueryString（"表单域名"）

6．服务器端向客户端输出"注册成功！"，以下语句中，能实现该操作要求的是（　　）。

　A．Request.write"注册成功！"　　　　　　　B．Request.write？（"注册成功！"）

　C．Response.write"注册成功！"　　　　　　　D．Response.write？（"注册成功！"）

7．用于设置服务器响应的 HTTP 内容类型，应使用 Response 对象的（　　）属性来实现。

　A．ContentType　　B．Expires　　　　　　C．Buffer　　　　　　D．Status

8．用于设置页面过期的时间为 2 分钟，以下语句用法中，正确的说法是（　　）。

　A．Request.Expires=2　　　　　　　　　　B．Response.Expires=2

　C．Request.ExpireAbslute=2　　　　　　　D．Response.ExpireAbslute=2

9．在服务器端，若要将页面导航到 index.asp，应使用 Response 对象的（　　）方法来实现。

　A．href　　　　　　B．Transfer　　　　　　C．Redirect　　　　　　D．Flush

10．若要向客户端写入一个名为 username Cookie 其值为 guest，1 周后过期，则以下实现语句中，正确的是（　　）。

　A．Response.Cookies("username")="guest"

　　Response.Cookies("username").Expires=DateAdd("ww",1,Date)

　B．Response.Cookies("username")="guest"

　　Response.Cookies("username").Expires=DateAdd("d",1,Date)

　C．Response.Cookie("username")="guest"

　　Response.Cookie("username").Expires=DateAdd("ww",1,Date)

　D．Response.Cookies("username")="guest"

　　Response.Cookies("username").Expires=DateAdd(1,"ww",Date)

11．若要获得名为 username 的 Cookie 值，以下语句正确的是（　　）。

　A．Requst.Cookie("username")　　　　　　B．Requst.Cookies("username")

　C．Response.Cookie("username")　　　　　D．Response.Cookies("username")

12. 若要获得当前正在执行的脚本所在页面的虚拟路径，以下用法中，正确的是（　　　）。

    A．Requst. ServerVariables("SCRIPT_NAME")

    B．Response. ServerVariables("SCRIPT_NAME")

    C．Requst. ServerVariables("PATH_TRANSLATED")

    D．Response. ServerVariables("PATH_TRANSLATED")

13. 若要获得客户端的 IP 地址，应使用 ServerVariables 方法，查询（??）环境变量。

    A．REMOTE_ADDR   B．REMOTE_HOST   C．LOCAL_ADDR   D．PATH_U\INFO

14. 若要设置服务器执行 ASP 页面的最长时间为 70 秒，以下语句中，正确的是（　　　）。

    A．Server. Timecout=70   B．Server. ScriptTimOut=70000

    C．Server. ScriptTimOut=70   D．Server. Timecout=70000

15. 在执行 A 页面是，若要调用执行 B 页面，B 页面执行完后，继续执行 A 页面，则应通过 Server 对象的（　　）方法来实现。

    A．Transfer   B．Redirect   C．Execute   D．href

16. 若要创建一个对于访问网站的所有用户均有效的变量 passflag，以下方法中，正确的是（　　　）。

    A．Session("passflag")=0   B．Application("passflag")=0

    C．Set Session("passflag")=0   D．Public passflag

17. 以下对 Global.asa 的说法中，错误的是（　　　）。

    A．该文件对于一个 ASP 应用程序而言，是可选的

    B．该文件可放在站点的任何位置

    C．Session 和 Application 对象的事件处理过程，必须放在该文件中，以便实现对相应事件的捕获

    D．在该文件中也可以<object>来创建对象

18. 若要将虚拟路径转换为真实的物理路径，以下语句中，正确的是（　　　）。

    A．Response.MapPath(虚拟路径)   B．Request.MapPath(虚拟路径)

    C．Server.URLEncode(虚拟路径)   D．Server. MapPath(虚拟路径)

19. 在 ASP 中，创建对象通常用（　　）对象的 CreatObject 方法来实现。

    A．Request   B．Object   C．Server   D．Application

20. 以下对 ASP 的描述，正确的是（　　　）。

    A．ASP 是一种 WEB 编程语言

    B．ASP 默认的编程脚本是 VBScript，但也可使用任何其他服务器支持的脚本语言

    C．ASP 页面运行于服务器端

    D．ASP 除了可使用内建的对象外，也可根据需要，创建其他对象，但所创建的 对象必须在服务器上注册

二、填空题

1．Response.write()的功能与 Vbscript 中的　　　　　　　功能相近。

2．Request.form 和 Request.Querystring 对应的 FORM 提交时的两种不同的提交方法：　　　　　　和　　　　　　方法。

3．Application 提供两个事件：　　　　　　，Application 开始的时候，调用该事件；　　　　　　，Application 结束的时候，调用该事件。

4．Session 的生存期修改可以用两种方法：　　　　　　、　　　　　　。

5. Server.MapPath("/")或者_____获得的是网站的根目录。

三、简答题与程序设计

1. 简述 Response 的 Write 方法的两种写法的区别及注意事项。

2. Redirect 方法和超链接的区别是什么？

3. 当使用 Redirect 方法时，为什么有时要在文件开头加<% reponse.buffer=true %>这句话？

4. 编写程序段，将字符串"祖国"和"万岁"两边的空格去掉，并连成一个字符串"祖国万岁"。

5. 编写程序段，判断当天日期，如果是 25 日，则显示"请注意，明天可能有病毒发作"。

项目 5

简易留言板开发

ASP 使用 VBScript 或者 JavaScript 脚本完成编程，而这两种脚本本身能力非常有限，利用 ASP 的几个内部对象也无法完成较大规模的应用，类似文件上传、绘图、收发电子邮件等工作可以借助 ActiveX 组件来完成，合适的组件将使我们的网站功能更加强大。ActiveX 组件是建立强大的 Web 应用程序的关键。组件提供了用在脚本中执行任务的对象。项目 5 将介绍 ASP 的内置组件及其具体应用。

项目要点 ◎

➤ 理解 ASP 的工作原理
➤ 了解 ASP 组件的概念
➤ 掌握广告轮显组件的属性、方法
➤ 熟悉浏览器组件的作用和应用
➤ 熟练应用计数器组件和页计数器组件
➤ 熟练掌握文件操作组件的使用过程

任务 5.1 ASP 内置组件

ASP 提供的组件实际上是符合 COM 标准并运行于服务器端的一个动态链接库 DLL（Dynamic Link Library），是通过特定的接口并提供特定服务的一段可执行程序代码，被封装后用于完成应用程序的某一种功能。与常规 DLL 不同的是，这些服务器组件是由 ASP 程序调用的，并以 Web 页面为其交互对象。

ASP 组件均遵循 Microsoft 的 ActiveX 标准。ActiveX 组件是一个文件，该文件包含执行一项或一组任务的代码，组件可以执行某些特定的功能。安装好 ASP 平台后，所有的 ASP 内置组件都被安装注册到服务器上。

要使用由组件提供的对象，可以创建对象实例并为新的实例分配变量名称。使用 ASP 的 Server.CreateObject 方法或在 HTML 中使用<object>标记可创建对象实例。使用脚本语言变量赋值语句可为对象实例指定名称。创建对象实例时，必须提供其注册名（PROGID）。

5.1.1　Ad Rotator 组件

ASP 内置的广告轮显组件（Ad Rotator）可以实现在 Web 页上自动轮换显示广告图像。使用该组件，就可以在每一次访问或刷新 Web 页面时显示不同的图标，还可以设置广告的不同权重，使得显示频率因此不同，同时可以记录广告点击数。

创建 Ad Rotator 组件对象实例的语法：

```
Set arObj = Server.CreateObject ("MSWC.AdRotator")
```

其中，AdRotatorObj 为对象实例的名称，AdRotator 为创建对象实例时提供的注册名，此对象通过调用 Server.CreateObject 创建。

1．广告轮显组件的设置文件

对于广告的循环显示，其他的技术也可以实现，但是利用 Ad Rotator 组件制作的广告维护起来非常简单，由于广告信息存放在一个专门的文本文件中，维护时只需要修改该文本文件。

使用该组件通常需要 3 个文件，分别如下：

● 轮显计划（Rotator Schedule）文件　记录所有广告信息的文本文件。
● 超链接处理文件　跳转到用户点击广告的超链接页面。
● 显示广告图片文件　放置并显示广告图片的文件。

（1）Ad Rotator 的轮显计划文件。轮显计划文件包含 Ad Rotator 组件用于管理和显示各种广告图象的信息。在该文件中，用户能指定广告的细节，例如广告的空间大小、使用的图像文件及每个文件的显示时间所占百分比等。该文件可以使用任何文本编辑软件编写。

轮显计划文件由两部分组成。第一部分设置应用于轮换安排中所有广告图像的参数；第二部分指定每个独立广告的文件和位置信息及应当接收的每个广告的显示时间所占百分比。这两部分由全是星号（*）的一行隔开。

文件格式为：

```
[Redirect URL]          '超链接处理文件
[Width numWidth]        '广告图像的宽度
[Height numHeight]      '广告图像的高度
[Border numBorder]      '广告图片的边框大小
*                       '分隔行符
adURL                   '广告图像文件的位置
```

```
adHomePageURL              '广告图像的超链接地址
Text                       '广告图像的说明性文字
Impressions                '广告图像的相对显示权值
```

URL：指定动态链接库（.dll）或执行重定向的应用程序（.asp）文件的路径。该路径必须是完整的或相对的虚拟目录。

Width：以像素为单位指定网页上广告的宽度。默认值是 440 个像素。

Height：以像素为单位指定网页上广告的高度。默认值是 60 个像素。

Border：以像素为单位指定广告四周超链接的边框宽度。默认值是 1 个像素。如果将该参数设置为 0，则没有边框。

adURL：广告图像文件的虚拟路径和文件名。

adHomePageURL：广告图像的超链接地址，可以在该行写上一个连字符（-），表明该广告没有链接。

Text：在浏览器不支持图像或关闭图像功能的情况下广告图像的替代文本。

Impressions：是一个整数，指出广告显示的相对权值或时间比例。

简单的 Ad Rotator 轮显计划文件代码如下所示：

```
redirect action.asp
height 440
width 60
border 1
*
images/sohu.gif
http://www.sohu.com
搜狐
3
images/163.com
http://www.163.com
网易
6
```

代码中前 4 行为全局参数设置，*号一下每 4 行为一个单位，用以描述广告的细节，其中数字用以描述广告显示的频率，频率计算公式为一个广告的权值/轮显计划文件中所有广告的权值和，在代码中每调用 9 次，搜狐广告显示 3 次，网易广告显示 6 次。

注意： 在第一部分中有 4 个全局参数，每个参数都由一个关键字和值组成。如果用户未指定全局参数的值，则 Ad Rotator 组件将使用默认值。在这种情况下，文件的第一行必须只有一个星号（*）。

（2）超链接处理文件。也称为重定向文件，是用户创建的文件，通常包含用来解析由 AdRotator 对象发送的查询字符串的脚本并将用户重定向到和用户所单击的广告所相关的 URL。用户也能将脚本包含进重定向文件中，以便统计单击某一特定广告的用户的数目并将这一信息保存到服务器上的某一文件中。程序代码如下：

```
<% response.redirect (request ("url")) %>
```

该语句首先利用 Request 对象得到要转向的广告链接 URL 地址，然后利用 Response 对象的 Redirect 方法转到链接页面。

（3）显示广告图片文件。建立好以上两个文件之后，就可以制作一个页面来使用 Ad

Rotator 组件显示广告图片，这个页面文件就是显示广告图片文件。

2．广告轮显组件的属性和方法

Ad Rotator 组件可以通过方法来获取广告信息，通过属性来设置广告的显示。

（1）Ad Rotator 组件方法。Ad Rotator 组件只有 GetAdvertisement 方法，通过该方法可以直接获取广告信息文件。语法格式为：

```
ad.GetAdvertisement (Ad Rotator 轮显计划文件名称)
```

（2）Ad Rotator 组件属性。Ad Rotator 组件的属性及功能见表 5-1。

表 5-1　Ad Rotator 组件属性

属性名称	功能描述
Border	设置广告图片的边框宽度
Clickable	设置广告图片是否具有超链接功能
TargetFrame	设置链接显示的目标框架

Border：设置边框宽度，可以设置边框为 0 的广告图片。

Clickable：值为 True 或 False。True 表示图片具有超链接功能，False 表示不具有。

TargetFrame：超链接显示的窗口或框架名称。名称可以使用默认的，如_blank、_top、_self、_parent、_child 等，也可以使用自定义的名称。

使用 Ad Rotator 组件可以实现图片的动态显示，并利用此特性实现广告条的制作，首先需要创建 Ad Rotator 组件的轮显计划文件，如程序 5-01.txt 所示。

```
redirect action.asp
height 65
width 139
border 0
*
./images/google.gif
-
谷歌
5
./images/sohu.gif
-
搜狐
3
./images/wangyi.gif
-
网易
6
./images/xinlang.gif
-
新浪
8
./images/baidu.gif
-
百度
7
```

在 5-01.txt 中，添加了 5 条广告信息，并给出图片的相对路径，使用连字符（-）说明图像没有超链接地址，并给出每条广告的相对权值，如百度广告的显示频率为 7/29（总权值）。由于在轮显计划文件中所有的图片均没有超链接 URL，所以可以没有超链接处理文件，直接建立显示广告图片文件，如程序 5-02.asp 所示。

```
<html>
<head>
    <title>Ad Rotator 组件应用</title>
    <meta http-equiv = "refresh" content = "3;url = 5-02.asp">
</head>
<body>
    <center>
    <%
    dim ad
    set ad = Server.CreateObject ("MSWC.AdRotator")
    ad.border = 1
    ad.clickable = False
    ad.targetframe = "target = '_blank'"
    response.write ad.getAdvertisement ("5-01.txt")
    %>
    </center>
</body>
</html>
```

在 5-02.asp 中，首先创建一个 Ad Rotator 对象，使用该对象的属性进行显示设置，如设置图片边框为 1、图片不具有超链接功能和目标窗口为新窗口，然后使用 GetAdvertisement 方法获取广告信息文件。为了实现广告内容的自动切换，在页面中还设置了自动刷新，运行结果如图 5-1 所示。

图 5-1 Ad Rotator 组件应用

使用框架或浮动框架实现页面的局部刷新来避免设置页面刷新而出现的页面刷新跳动，如程序 5-03.asp 所示。

```
<html>
<head>
    <title>Ad Rotator 组件应用</title>
</head>
<body>
    <center>
    <iframe name = "adrotator" src = "5-02.asp" width = "300" height = "150"
```

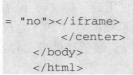

```
                 marginheight = "10" marginwidth = "10" scrolling
= "no"></iframe>
      </center>
</body>
</html>
```

将 5-02.asp 页面装入到名称为 adrotator 的浮动框架中，并设置框架的属性，通过局部刷新页面的方式完成广告条的显示。

5.1.2　Browser Capabilities 组件

Internet 技术发展迅速，将设计的网页发布到网上之后，会有使用不同浏览器的访问者来访问该网页，但并不是所有浏览器都支持现今 Internet 技术的方方面面，同时浏览器运行所依靠的操作系统也有很大的不同，由于浏览器或浏览器版本的区别，对某些网页标记的解释有所不同，造成用户在访问网页时不同浏览器显示有所不同，所以网页设计者需要设计出与浏览器特性相兼容的网页。这就要求在设计网页时首先了解客户端浏览器的类型、版本及各种特性。

ASP 的 Browser Capabilities 组件可以提取识别客户端浏览器的版本信息。使用 Browser Capabilities 组件，就能够设计兼容浏览器的 Web 页，以适合浏览器性能的格式呈现内容。

创建 Browser Capabilities 组件对象实例的语法：

```
Set bcObj = Server.CreateObject ("MSWC.BrowserType")
```

1. Browscap.ini 文件

Browser Capabilities 组件能够提取识别客户端浏览器的版本信息是因为当客户端浏览器向服务器发送页面请求时，同时会自动发送一个 User Agent HTTP 标题，该标题是一个声明浏览器及其版本的 ASCII 字符串。Browser Capabilities 组件就将 User Agent 映射到在文件 Browscap.ini 中所注明的浏览器，并通过 BrowserType 对象的属性来识别客户浏览器。

若该对象在 Browscap.ini 文件中找不到与该标题匹配的项，那么将使用默认的浏览器属性。若该对象既未找到匹配项且 Browscap.ini 文件中也未指定默认的浏览器设置，则它将每个属性都设为字符串 UNKNOWN。

在默认情况下，Browscap.ini 文件被存放在%SystemRoot%\System32\INERSRV 目录中，可以编辑这个文本文件，以添加自己的属性或者根据最新发布的浏览器版本的更新文件来修改该文件。可以得出结论，Browser Capabilities 组件也就是提取文件中的内容，然后比较得出客户端浏览器特性。Browscap.ini 文件示例代码如下：

```
[IE 6.0]
browser = IE;;指定浏览器名称
version = 6.0;;指定浏览器版本号
majorver = #6;;指定浏览器主版本号
minorver = #0;;指定浏览器副版本号
frames = True;;指定浏览器是否支持框架
tables = True;;指定浏览器是否支持表格
cookies = True;;指定浏览器是否支持 Cookie
backgroundsounds = True;;指定浏览器是否支持背景音乐
vbscript = True;; 指定浏览器是否支持 VBScript
javaapplets = True;; 指定浏览器是否支持 JavaApplets
```

```
javascript = True;; 指定浏览器是否支持 JavaScritp
activexcontrols = True;; 指定浏览器是否支持 ActiveX 控件
win16 = False;; 指定浏览器是否支持 Win16
beta = True;; 指定浏览器是否测试版

[Mozilla/4.0 (compatible; MSIE 6.*; Windows NT*)]
parent = IE 6.0
platform = WinNT
beta = True

[Mozilla/4.0 (compatible; MSIE 6.*)]
parent = IE 6.0
```

2. Browser Capabilities 组件的属性

Browser Capabilities 组件提供探测客户端浏览器类型、环境等特性的属性，其常用属性见表 5-2。

表 5-2　Browser Capabilities 组件属性

属性名称	功能描述
Browser	浏览器类型名称
Version	浏览器版本名称
Majorver	浏览器主版本号
Minorver	浏览器副版本号
Frames	是否支持框架功能
Tables	是否支持表格功能
Cookies	是否支持 Cookie
Backgroundsounds	是否支持背景音乐
VBScript	是否支持 VBScript
JavaScript	是否支持 JavaScript
Javaapplets	是否支持 Java 小程序
ActiveXControls	是否支持 ActiveX 控件
Beta	该浏览器是否测试版

使用 Browser Capabilities 组件来测试浏览器对各种网页技术的支持情况，如程序 5-04.asp 所示。

```
<html>
<head>
    <title>Browser Capabilities 组件应用</title>
</head>
<body style = "font-size:12px;">
    <%
    dim bc
    set bc = Server.CreateObject ("MSWC.BrowserType")
    %>
    <% if bc.frames = true then %>浏览器支持多窗口(frames)显示
    <% else %> 浏览器不支持多窗口(frames)显示<% end if %><br>
    <% if bc.backgroundsounds = true then %> 浏 览 器 可 以 播 放 背 景 音 乐
```

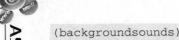

```
(backgroundsounds)
        <% else %>浏览器不能播放背景音乐(backgroundsounds)<% end if %> <br>
        <% if bc.tables = true then %>浏览器支持表格(tables)显示
        <% else %>浏览器不支持表格(tables)显示<% end if %> <br>
        <% if bc.beta = true then %> 你的浏览器是测试版(beta)
        <% else %> 你的浏览器是正式版<% end if %> <br>
        <% if bc.activexcotrols = true then %>浏览器支持 active 控制
        <% else %>浏览器不支持 active 控制 <% end if %> <br>
        <% if bc.cookies = true then %> 浏览器支持 cookie 功能
        <% else %>浏览器不支持 cookie 功能 <% end if %> <br>
        <% if bc.vbscript = true then %>浏览器支持 vbscript <% else %>
                              浏览器不支持 vbscript<% end if %>
<br>
        <% if bc.javascript = true then %>浏览器支持 javascript<% else %>
                              浏览器不支持 javascript <% end if %>
   </body>
   </html>
```

由于不同浏览器或浏览器不同版本支持的网页技术有所差异，所以可能得到的结果不同，运行结果如图 5-2 所示。

图 5-2　Browser Capabilities 组件应用

5.1.3　Content Linking 组件

一般来说，进行大量的网页链接，需要在每一个页面上加入相应的链接信息，如果新做 Web 页面，其他所有相关的页都要重新再做一次超级链接，ASP 的 Content Linking 组件则可以大大简化这个过程。

Content Linking 组件的主要作用在于管理网页或网址间的超文本链接，可以通过一个网页或网址的线性排列顺序列表来管理多个网页或网址间的超文本链接顺序。该组件读取一个被称为线性排列顺序文本链接的文本文件，该文件列出了每个链接的 URL 和描述信息，根据这些信息，该组件可以自动创建每个相关页面的导航链接和目录链接，一旦页面间的结构发生变化，只要修改内容链接文件就可以实现导航链接和目录链接的更新，从而节省了站点的维护工作量。

创建 Content Linking 组件对象实例的语法：

```
Set clObj = Server.CreateObject ("MSWC.NextLink")
```

1. Content Linking List 文件

要使用 Content Linking 组件实现超链接管理，首先需要编写一个 Content Linking List 文件，也就是网页网址的顺序列表文件，它是一个普通的文本文件，可以自由命名，此文件必须在 Web 服务器的虚拟路径上使用。

Content Linking List 文件格式为：

```
URL [description [comment]]
```

URL：与 Web 页面相关的超链接地址，可以是 Web 页的虚拟或相对 URL，不支持以"http:"、"//"或"\"开始的绝对 URL。

Description：给出 URL 的描述性文字，提供能被超链接使用的文本信息。此参数可选。

Comment：作用与程序中的注释相同，包含了不被 Content Linking 组件解释的注释信息。此参数可选。

Content Linking List 文件示例代码如下：

```
./aa.asp    HTML 语言概述 HTML 标记及应用
./bb.asp    VBScript 脚本语言 VBScript 脚本书写
```

文件包含页面 URL 的列表和链接描述或说明性文字等内容。每行文本针对一个页面，之间的分隔必须用制表符（Tab 键），换行必须用 Enter 键，否则会出错。

2. Content Linking 组件常用的方法

Content Linking 组件提供了一系列的方法，使用这些方法可以从 Content Linking List 文件中获取 Web 页的 URL、描述文字和其他相关信息。在 ASP 文件中使用这些方法可以自动生成 Web 页的导航链接。Content Linking 组件的方法见表 5-3。

表 5-3　Content Linking 组件方法

方法名称	功能描述
GetListCount (file)	获取链接列表文件中 Web 页总数
GetListIndex (file)	获取链接列表文件中当前项索引号
GetNextDescription (file)	获取链接列表文件中下一项的描述
GetNextURL (file)	获取链接列表文件中下一项的 URL
GetNthURL (file,i)	返回链接列表文件中 i 项的 URL
GetNthDescription (file)	获取链接列表文件中某项的描述
GetPreviousDescription (file)	获取链接列表文件中前一项描述
GetPreviousURL (file)	获取链接列表文件中前一项的 URL

使用 Content Linking 组件可以自动生成 Web 导航链接，可以实现信息的分页显示，特别适合电子书籍等内容的显示，要使用该组件，首先创建 URL 列表文件，如程序 5-05.txt 所示。

```
1.asp    射雕英雄传
2.asp    雪山飞狐
5-07.asp    鹿鼎记    韦小宝的游戏人生
4.asp    天龙八部
```

在 5-05.txt 中包含了 4 条链接信息,将第 3 条设为有效链接,使用 Content Linking 组件的方法来获取 URL 列表文件内容并显示出来。如程序 5-06.asp 所示。

```
<html>
<head>
    <title>Content Linking 组件应用</title>
</head>
<body style = "font-size:14px;">
    <%
    dim cl,count,path,descript,num
    set cl = Server.CreateObject ("MSWC.NextLink")
    count = cl.GetListCount ("./5-05.txt")
    for num = 1 to count
        path = cl.GetNthurl ("./5-05.txt",num)
        descript = cl.GetNthDescription ("./5-05.txt",num)
        response.write ("<li><a href = '"& path &"'>"& descript &"</a><br>")
    next
    %>
</body>
</html>
```

运行结果如图 5-3 所示。

图 5-3　Content Linking 组件获取 URL 列表

在 5-06.asp 中将 URL 列表文件读取并显示到页面中,实际上在页面中通过 URL 的描述建立超链接,单击超链接则跳转到相应页面,如单击"鹿鼎记"会跳转到对应的 URL (5-7.asp),还可以在页面中使用 Content Linking 组建的方法实现分页效果。如程序 5-07.asp 所示。

```
<html>
<head>
    <title>Content Linking 组件应用</title>
</head>
<body style = "font-size:14px;">
    <font color = "#0000ff">
    <strong>韦小宝的游戏人生·······················</strong><hr></font>
    <%
    dim cl,counter
    set cl = Server.CreateObject ("MSWC.NextLink")
    counter = cl.GetListIndex ("./5-05.txt")
    if(counter>1) then
        response.write ("|<a href = '"& cl.GetPreviousurl ("./5-05.
```

```
txt") &"'>上一部</a>|")
        end if
        if(counter<cl.GetListCount ("./5-05.txt")) then
            response.write ("|<a href = '"& cl.GetNexturl ("./5-05.
txt") &"'>下一部</a>|")
        end if
        set cl = nothing
    %>
</body>
</html>
```

在 5-07.asp 中，使用 Content Linking 组件的 GetListIndex 方法获取 URL 列表文件中当前项的索引号，然后使用 If 语句进行判断，如果索引号大于 1 小于项目总数，则显示"上一部"及"下一部"链接，以实现分页显示及页面跳转，索引号为 1 或者索引号为项目总数时，只显示其中一个链接，运行结果如图 5-4 所示。

图 5-4　Content Linking 组件实现分页显示

5.1.4　Page Counter 组件

Page Counter 组件用来创建一个 Page Counter 对象，通过该对象可以记录和显示 Web 页面被访问的次数。每隔一定的时间，此对象将当前的页面访问次数写入服务器磁盘上的访问次数统计数据文本文件，所以在停机或出现错误信息时，以保证数据不会丢失。

创建 Page Counter 组件对象实例的语法：

```
Set pcObj = Server.CreateObject ("MSWC.PageCounter")
```

创建 Page Counter 组件对象实例后，可以使用该对象的方法来显示指定页被打开的次数、增加访问次数或将指定的页的访问次数设置为 0。Page Counter 组件的方法见表 5-4。

表 5-4　Page Counter 组件方法

方法名称	功能描述
Hits (URL)	返回指定 URL 的 Web 页被打开的次数
PageHit ( )	对当前 Web 页的访问次数加 1
Reset (URL)	将指定的 Web 页的访问次数设置为 0

Hits：方法返回一个长整型数，表示指定 Web 页被打开的次数。URL 是可选参数，如果未指定此参数，则显示当前页的访问次数。

PageHit：将对当前 Web 页的访问次数加 1。

Reset：将指定的 Web 页的访问次数设置为 0。URL 是可选参数，如果未指定此参数，则显示当前页的访问次数。

使用 Page Counter 组件可以进行简单的流量统计，如程序 5-08.asp 所示。

```
<html>
<head>
    <title>Page Counter 组件应用</title>
    <%
    set pc = Server.CreateObject ("MSWC.PageCounter")   '创建一个 Page Counter
组件的实例
    pc.PageHit                          '增加此网页的计数器值
    if request ("reset") = "on" then        '判断是否提交重置信息
        pc.Reset ( )                    '重置此网页的计数器
    end if
    %>
</head>
<body style = "font-size:14px;">
    <center>
    这个 Web 页被浏览了 <strong><% = pc.Hits %></strong> 次
    <form name = "PageCounter" method = "get" action = "5-08.asp">
        <input type = "submit" value = "点击网页">
        <input type = "checkbox" name = "reset">重置网页计数器
    </form>
    </center>
</body>
</html>
```

页面加载后，每单击"点击网页"按钮一次，网页浏览次数增加 1，如果选择"重置网页计数器"，单击"点击网页"按钮后，网页浏览次数初始为 0，运行结果如图 5-5 所示。

图 5-5 Page Counter 组件应用

在 ASP 中还可以使用其他的方法实现流量统计，如使用 ASP 的内置对象 Application 对象，相应的组件还有 Counters 组件。Page Counter 组件的功能比较单一，只能统计页面的点击次数，而 Counters 组件可以实现每一个页面的访问情况统计，还可以统计广告点击数，或者统计投票活动的票数。但 Counters 组件对象的创建需要在 Global.asa 文件中完成，比 Page Counter 组件复杂，在此不再详述。

5.1.5 File Access 组件

ASP 没有设置专用于读写服务器端文件夹和文件的内置对象，若要读写服务器端的文件夹与文件、必须使用 File Access 服务器组件。该组件可用于控制计算机的文件系统。通过 File Access 组件，可以很方便地对服务器上的文件和文件夹进行操作，这些操作包括文本文件的存取、文件和文件夹的复制、移动和删除等。

File Access 组件是一个脚本组件，包含了处理文件系统的所有基本方法，但是却不能直接存取 File Access 组件的集合、属性或方法，而要先用 Server.CreateObject 方法创建一个 File Access 组件的对象实例，然后再通过此对象实例去存取集合、属性或方法。后要读取服务器端的文件成文件夹，则必须先使用 Server.MapPath 方法将文件或文件夹的虚拟路径转换为实际路径。File Access 组件是由 FileSystemObject 对象和 TextStream 对象组成的。其中，FileSystemObject 对象负责文件或者目录的管理，但如果需要访问文件的内容，就必须与 TextStream 对象一起使用。

创建 File Access 组件对象实例的语法：

```
Set faObj = Server.CreateObject ("Scripting.FileSystemObject")
```

创建一个 FileSystemObject 对象后，可使用其属性和方法对计算机文件系统进行访问和控制，这些方法与 TextStream 对象、File 对象、Folder 对象及 Drive 对象有关。

FileSystemObject 对象的方法见表 5-5。

表 5-5　FileSystemObject 对象的方法

方法名称	功能描述
BuildPath	生成一个文件路径或者文件夹路径
CopyFile	从一个地址复制文件到另一个地址
CopyFolder	从一个地址复制文件夹到另一个地址
CreateFolder	在指定路径生成一个新文件夹
CreateTextFile	在指定路径生成一个新的文本文件
DeleteFile	删除指定路径的文件
DeleteFolder	删除指定路径的文件夹
DriveExists	判断指定驱动器是否存在
FileExists	判断指定路径的文件是否存在
FolderExists	判断指定路径的文件夹是否存在
GetAbsolutePathName	从一个相对路径返回其绝对路径
GetBaseName	返回文件的基本文件名
GetDrive	从指定参数返回一个 Drive 对象
GetDriveName	从指定的参数的路径中解析出其所在的驱动器号并返回
GetExtensionName	从指定参数的文件中解析出文件的后缀名
GetFile	基于给定的文件参数返回一个 File 对象
GetFileName	返回文件的全称，不包括路径
GetFolder	基于给定的文件夹参数返回一个 Folder 对象
GetParentfolderName	返回给定路径的父一级文件夹的名字
GetSpecialFolder	返回特定系统文件夹的路径
GetTempName	返回一个随机的临时文件名
MoveFile	从一个地址将某文件移动到另一地址
MoveFolder	移动文件夹到另一地址
OpenTextFile	打开一个文本文件，并返回一个 Textstream 对象

1. FileSystemObject 对象的属性

FileSystemObject 对象只有一个 Drives 属性，它用于得到当前机器上的所有有效驱动器的列表。Drives 属性的使用实际得到一个 Drives 集合，可以使用 Drivers 集合的方法和属性来完成该属性的功能。

引用格式为：

```
fsObject.Drives
```

其中 fsObject 为创建的 FileSystemObject 对象名称。

使用 Drives 属性获得计算机内驱动器的信息。程序代码如程序 5-09.asp 所示：

```
<html>
<head>
    <title>FSO 对象 Drives 属性应用</title>
</head>
<body style = "font-size:14px;">
    <font color = "#0000ff">
    <strong><h3>使用 FSO 对象 Drives 属性实现磁盘遍历</h3></strong>
    <hr width = "100%" size = "3" color = "red"></font>
    <%
    dim fs,memo_name,n
    set fs = Server.CreateObject("scripting.FileSystemObject")
    set memo_name = fs.drives
    n = 1
    for each drive in memo_name
        response.write("本机第"&n&"个驱动器为："&drive.driveletter&
"<br>")
        n = n+1
    next
    set fs = nothing
    %>
</body>
</html>
```

在 5-09.asp 中，首先创建了 FSO 对象，使用 FSO 对象的 Drives 属性得到 disk_name 数组，数组中包含了磁盘信息，使用 For Each 循环语句，得到每个驱动器的字母标号，在循环中，使用 n 作为每个驱动器的数字编号，程序运行结果如图 5-6 所示。

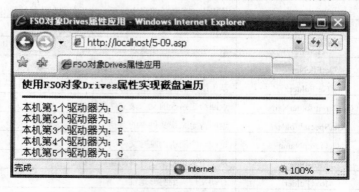

图 5-6　FSO 对象 Drives 属性应用

2. TextStream 对象

在 FileSystemObject 对象中有许多文件操作相关的方法，如 CopyFile、FileExists、GetFileName 等，但这些方法均不涉及对文件内部具体内容的操作，File Access 组件提供的 TextStream 对象可以实现对一个已经创建的文本文件的读写操作。

TextStream 对象定义为 FileSystemObject 对象的一个独立的附属对象，但不得不使用 FileSystemObject 对象或其附属对象来创建一个 TextStream 对象并访问磁盘文件的内容。要创建 TextStream 对象的一个实例，可以使用 FileSystemObject 对象的 CreateTextFile 方法或者 OpenTextFile 方法，也可以使用 File 对象的 OpenAsTextStream 方法。

使用 FileSystemObject 对象的 CreateTextFile 方法创建 TextStream 对象，代码如下：

```
<%
dim fso,ts
set fso = Server.CreateObject("Scripting.FileSystemObject")
set ts = fso.CreateTextFile("./test.txt")
%>
```

TextStream 对象创建完成之后，可以使用该对象的属性和方法对文本文件进行各种操作。

TextStream 对象的属性主要用于对文件访问时指针位置的判断以及当前行列号的获取，其属性及说明见表 5-6。

表 5-6　TextStream 对象的属性

属性名称	功能描述
AtEndOfLine	判断文件指针是否位于文件的行尾符之前
AtEndOfStream	判断文件指针是否位于文件的结尾
Column	返回当前字符在 TextStream 文件中的列号
Line	返回 TextStream 文件中当前的行号

Colomn：如果字符在已换行符之后，但在其他任何字符之前，Column 将等于 1。

Line：如果在文件初始打开并写入任何字符之前，Line 等于 1。

TextStream 对象有丰富的文件操作方法，用于满足文件访问中的读、写及关闭等文件操作，其方法见表 5-7。

表 5-7　TextStream 对象的方法

方法名称	功能描述
Close( )	关闭打开的 TextStream 文件
Read(characters)	读取指定数量的字符，并返回字符串
ReadAll( )	读取全部内容并返回字符串
ReadLine( )	读取一整行并返回字符串
Skip(Characters)	读取时跳过指定个数的字符
SkipLine( )	读取时跳过下一行
Write(String)	将给定的字符串写入到文件
WriteBlankLines(lines)	将指定数量的换行符写入到文件
WriteLine([string])	向文件中写入给定字符串和一个换行符

Close：用于关闭打开的文本文件，对文本文件进行读或写操作后，需关闭文件并同时释放对象。

ReadLine：读取一整行的内容，一直到换行符，但是不会包括换行符，同时将指针定位到下一行的行首。

ReadAll：可以方便地一次读取文件的全部内容，但是对大文件而言，使用 ReadAll() 方法将会耗费内存资源。

Write：给定的字符串在写入该文件时不会在字符串之间插入空格或字符。

WriteLine：可以使用 WriteLine()方法来写入一个换行符或以换行符结束的字符串；WriteLine()方法的参数 String 是可选的，如果忽略 String 参数，则向该文件写入一个换行符。

要创建一个文本文件并写入内容，可以使用 FileSystemObject 和 TextStream 对象，首先创建一个 FileSystemObject 对象的实例，然后使用 FSO 对象的 CreateTextFile()方法创建一个 TextStream 对象的实例，使用 TextStream 对象的文件写入方法进行文件内容的写入，如程序 5-10.asp 所示。

```
<html>
<head>
    <title>创建文本文件并写入</title>
</head>
<body style = "font-size:14px;">
    <font color = "#0000ff">
    <strong><h3>FSO 及 TextStream 对象完成创建文本文件并写入</h3>
</strong>
    <hr width = "100%" size = "3" color = "red"></font>
    <%
    '创建一个 FileSystemObject 对象的实例
    set fso = Server.CreateObject ("Scripting.FileSystemObject")
    '创建一个 TextStream 对象的实例
    set ts = fso.CreateTextFile ("c:\testTS.txt")
    '向文件写入字符串
    ts.Write("在 C 盘根目录创建了 testTS.txt 文件")
    '向文件写入换行符，个数由数字指定
    ts.WriteBlankLines (4)
    '向文件写入字符串和一个换行符
    ts.WriteLine("创建 TextStream 对象的实例，并向文本文件写入内容")
    ts.Write("使用 FSO 和 TextStream 对象创建并写入内容实例")
    '关闭 TextStream 文件
    ts.Close ()
    set ts = nothing
    set fso = nothing
    %>
</body>
</html>
```

在 5-10.asp 中，创建 FSO 对象，FSO 对象的 CreateTextFile()方法用指定的文件名在磁盘上创建一个新的文本文件，并返回与其对应的 TextStream 对象，如果可选的 Overwrite 参数设置为 True，则覆盖同一路径下已有的同名文件，默认的 Overwrite 参数是 False；如果可选的 Unicode 参数设置为 True，则该文件的内容将存储为 Unicode 文本，默认的 Unicode

参数是 False。使用 Write()方法给定的字符串在写入该文件时不会在字符串之间插入空格或字符，可以使用 WriteLine()方法来写入一个换行符或以换行符结束的字符串；WriteLine()方法的参数 String 是可选的，如果忽略 String 参数，则向该文件写入一个换行符。运行结果如图 5-7 所示。

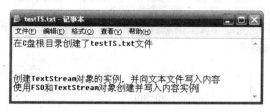

图 5-7　创建文本文件并写入内容

TextStream 对象还包含有对文件进行读取的多个方法，在读取文件时，使用 FSO 对象的 OpenTextFile()方法来创建一个 TextStream 对象的实例，同时需要使用到 TextStream 对象的指针定位属性来判断指针的位置，如程序 5-11.asp 所示。

```
<html>
<head>
    <title>使用 TextStream 对象读取文本文件</title>
</head>
<body style = "font-size:14px;">
    <font color = "#0000ff">
    <strong><h3>使用 TextStream 对象读取文本文件</h3></strong>
    <hr width = "100%" size = "3" color = "red"></font>
    <%
    '创建一个 FileSystemObject 对象的实例
    set fso = Server.CreateObject ("Scripting.FileSystemObject")
    '创建一个 TextStream 对象的实例
    set ts = fso.OpenTextFile ("c:\testTS.txt")
    response.write (ts.Readline () +"<br>")
    '读取时跳过 3 行
    for i = 1 to 3
        ts.SkipLine ()
    next
    '读取时跳过 20 个字符
    ts.Skip (20)
    response.write (ts.Read (4) +"<br>")
    ts.SkipLine ()
    '读取当前行的前 20 个字符
    response.write (ts.Read (20) +"<br>")
    '显示当前行号
    response.write ("当前行为："& ts.Line&"<br>")
    '显示当前列号
    response.write ("当前列为："&ts.Column&"<br>")
    ts.Close ()
    %>
</body>
</html>
```

运行结果如图 5-8 所示。

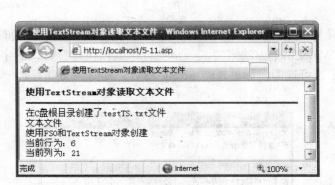

图 5-8　使用 TextStream 对象读取文本文件内容

在程序 5-11.asp 中，使用 ReadLine()方法读取一整行的内容，一直到换行符，但是不会包括换行符，同时将指针定位到下一行的行首；使用 ReadAll()方法可以方便地一次读取文件的全部内容，但是对大文件而言，使用 ReadAll()方法将会耗费内存资源。

3．Drive 对象

Drive 对象用于返回关于本地磁盘驱动器或者网络共享驱动器的信息。Drive 对象可以返回有关驱动器的文件系统、剩余容量、序列号、卷标名等信息。请注意，"drive"并非必须是硬盘，也可以是 CD-ROM 驱动器，RAM 磁盘等；并且非必须把驱动器实物地连接到系统上；它也可以通过网络在逻辑上被连接起来。

可通过 FileSystemObject 对象来创建 Drive 对象的实例。首先，创建一个 FileSystemObject 对象，然后通过 FileSystemObject 对象的 GetDrive 方法或者 Drives 属性来得到 Drive 对象。

Drive 对象的属性见表 5-8。

表 5-8　Drive 对象的属性

属性名称	功能描述
DriveType	返回指定驱动器的类型
SerialNumber	返回唯一标识磁盘卷
VolumeName	设置或返回指定驱动器的卷名
ShareName	返回指定驱动器的网络共享名
DriveLetter	返回驱动器号
FileSystem	返回驱动器文件系统的类型
TotalSize	返回驱动器的空间大小
AvailableSpace	返回驱动器的可用空间大小
FreeSpace	返回驱动器的空闲空间大小
RootFolder	返回驱动器的根文件夹
IsReady	判断驱动器是否已经就绪
Path	返回指定驱动器的路径

使用 Drive 对象的属性可以获取关于驱动器的详细信息，如程序 5-12.asp 所示。

```html
<html>
<head>
    <title>使用 Drive 对象获取磁盘信息</title>
</head>
<body style = "font-size:14px;">
```

```
<font color = "#0000ff">
<strong><h3>使用 Drive 对象获取磁盘详细信息</h3></strong>
<hr width = "100%" size = "3" color = "red">
</font>
<%
dim drvInfo
set fso = Server.CreateObject ("Scripting.FileSystemObject")
set drv = fso.GetDrive (fso.GetDriveName ("c:"))
drvInfo = "驱动器"&drv&"的基本信息如下: "&"<br>"
drvInfo = drvInfo & "磁盘的类型(1-移动2-固定): "&drv.DriveType&"<br>"
drvInfo = drvInfo & "磁盘卷标: " & drv.VolumeName & "<br>"
drvInfo = drvInfo & "磁盘序列号: " & drv.SerialNumber & "<br>"
drvInfo = drvInfo & "磁盘是否就绪: " & drv.IsReady & "<br>"
drvInfo = drvInfo & "驱动器容量为: " & drv.TotalSize & " bytes<br>"
drvInfo = drvInfo & "磁盘可用空间: " & drv.AvailableSpace & " bytes<br>"
drvInfo = drvInfo & "磁盘剩余空间: " & drv.FreeSpace & " bytes<br>"
drvInfo = drvInfo & "磁盘文件类型: " & drv.DriveType & "<br>"
drvInfo = drvInfo & "磁盘文件系统: " & drv.FileSystem & "<br>"
drvInfo = drvInfo & "根文件夹: " & drv.RootFolder & "<br>"
response.write (drvInfo)
set drv = nothing
set fso = nothing
%>
</body>
</html>
```

运行结果如图 5-9 所示。

图 5-9 使用 Drive 对象获取驱动器信息

无法通过 Drive 对象返回有关驱动器内容的信息。要达到这个目的,请使用 Folder 对象。如果所指定的驱动器没有与一个驱动器号关联起来,例如,一个没有映射到驱动器号的网络共享,那么 DriveLetter 属性将返回一个长度为 0 的字符串。如果指定驱动器不是网络驱动器,那么 ShareName 属性将返回长度为零的字符串。

4．File 对象

File Access 组件提供的 File 对象可以执行对单一文件的访问和操作。如可以获得单一文件的创建时间、字节数等文件信息,可以执行复制、移动、删除等操作。

这里通过 FileSystemObject 来创建一个 File 对象的实例。首先,创建一个 FileSystemObject 对象,然后通过 FileSystemObject 对象的 GetFile 方法,或者通过 Folder 对象的 Files 属性来得到 File 对象。

File 对象的属性见表 5-9。

表 5-9   File 对象的属性

属性名称	功能描述
Name	设置或返回指定文件的名称
Path	返回指定文件的路径
Drive	返回指定文件所在驱动器的驱动器号
Size	以字节为单位返回指定文件的大小
Attributes	设置或返回文件或文件夹的属性
Type	返回文件的类型
DateCreated	返回指定文件创建的日期和时间。
DateLastAccessed	返回指定文件最后被访问的日期和时间
DateLastModified	返回指定文件最后被修改的日期和时间
ShortName	返回指定文件的短名称
ShortPath	返回指定文件的短路径
Drive	返回指定文件或文件夹所在驱动器字母

使用 File 对象获取文件的相关属性，如程序 5-13.asp 所示。

```
<html>
<head>
    <title>使用 File 对象获取文件信息</title>
</head>
<body style = "font-size:14px;">
    <font color = "#0000ff">
    <strong><h3>使用 File 对象获取文件信息</h3></strong>
    <hr width = "100%" size = "3" color = "red"></font>
    <%
    '创建一个 FileSystemObject 对象的实例
    set fso = Server.CreateObject ("Scripting.FileSystemObject")
    '创建一个 File 对象的实例
    set f = fso.GetFile ("c:\testTS.txt")
    %>
    <pre>
名称：    <% = f.Name %>
路径：    <% = f.Path %>
驱动器：  <% = f.Drive %>
大小：    <% = f.Size %>
类型：    <% = f.Type %>
属性：    <% = f.Attributes %>
创建日期: <% = f. DateCreated %>
    </pre>
    <%
    set f = nothing
    set fso = nothing
    %>
</body>
</html>
```

运行结果如图 5-10 所示。

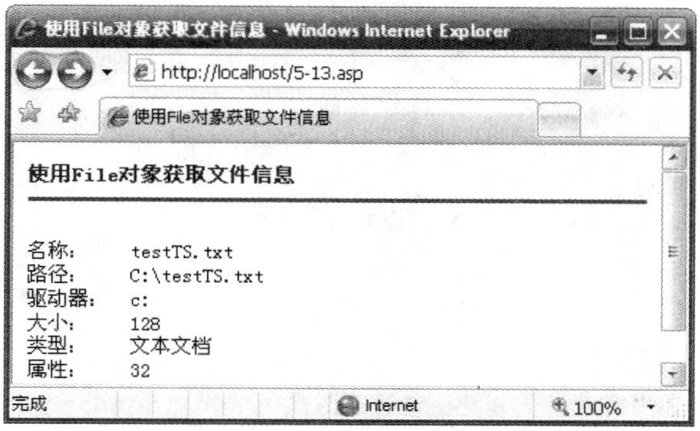

图 5-10 使用 File 对象获取文件信息

　　其中文件的大小单位是字节，文件的属性返回是 32，表示文件是上次备份后已更改的文件、可读写。文件属性的可能返回值有 0（普通文件）、1（只读文件，可读写）、2（隐藏文件，可读写）、4（系统文件，可读写）、16（文件夹或目录，只读）、32、1024（链接或快捷方式，只读）、2048（压缩文件，只读）。

　　File 对象提供对文件的复制、删除和移动的方法，其方法与 FSO 对象与文件的相关操作方法功能类似，File 对象的方法见表 5-10。

表 5-10　File 对象的方法

方法名称	功能说明
Copy(destination[, overwrite])	复制指定文件
Delete([force])	删除指定的文件
Move(destination)	移动将指定文件
OpenAsTextStream([mode, [format]])	打开文件并返回 TextStream 对象

　　File 对象方法的参数与前面所讲到的各同名参数的含义相同，其 Copy()方法对单个文件和文件夹所产生的结果和使用 FSO 对象的 CopyFile()或 CopyFolder()方法所执行的操作结果一样，但是 FSO 对象的方法能够复制多个文件或文件夹；Delete()方法对于单个文件和文件夹产生的结果和使用 FSO 对象的 DeleteFile()或 DeleteFolder()方法所执行的操作结果一样，Delete()方法对于包含内容和不包含内容的文件夹不做区分，删除指定的文件夹时不考虑是否包含了内容；Move()方法对于单个文件和文件夹产生的结果和使用 FSO 对象的 MoveFile()或 MoveFolder()所执行的操作结果一样，但 FSO 对象方法都能够移动多个文件或文件夹；OpenAsTextStream()方法提供的功能和 FSO 对象的 OpenTextFile()方法一样，OpenAsTextStream()方法可以用来写文件。

　　使用 File 对象的方法可以完成类似于 FSO 对象对文件的各种操作，如程序 5-14.asp 所示。

```
<html>
<head>
    <title>使用 File 对象操作文件</title>
</head>
<body style = "font-size:14px;">
    <font color = "#0000ff">
    <strong><h3>使用 File 对象操作文件</h3></strong>
```

```
<hr width = "100%" size = "3" color = "red"></font>
<%
'创建一个 FileSystemObject 对象的实例
set fso = Server.CreateObject ("Scripting.FileSystemObject")
'创建一个 File 对象的实例
set f = fso.GetFile ("c:\testTS.txt")
'复制文件
f.Copy "c:\testTS1.txt"
'移动文件
f.Move "c:\testTS2.txt"
'打开文件并添加内容,参数 8 对应的打开方式为 ForAppending
set ts = f.OpenAsTextStream (8)
ts.WriteBlankLines (1)
ts.WriteLine("使用 File 对象的 OpenAsTextStream 方法添加内容")
ts.Close ()
set ts = nothing
set f = nothing
set fso = nothing
%>
</body>
</html>
```

在程序 5-14.asp 中创建 FSO 对象,并使用 GetFile 方法得到 File 对象的实例,使用 File 对象的 Copy 方法将 testTS 文件复制为 testTS1,此时两个文件同时存在,随后使用 Move 方法将 testTS 文件移动为 testTS2 文件,此时在 C 盘中有 testTS1 和 testTS2 文件,使用 File 对象的 OpenAsTextStream 方法获得 TextStream 对象的实例,往 testTS2 文件中添加内容,其中 OpenAsTextStream 方法中的 8 表示打开文件的方式为打开文件并在文件末尾进行写操作,也就是打开添加,另外的打开方式代码为 1(以只读模式化打开文件,不能对此文件进行写操作)、2(以可读写模式打开文件,如果已存在同名的文件,则覆盖旧文件)。运行结果如图 5-11 所示。

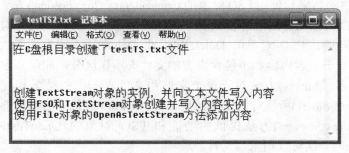

图 5-11 使用 File 对象操作文件

5. Folder 对象

File Access 组件提供的 Folder 对象可以执行对单一文件夹的访问和操作,如可以获取文件夹信息,可以执行创建、删除和移动文件夹等操作。

这里介绍通过 FileSystemObject 对象来创建 Folder 对象的实例。首先,创建一个 FileSystemObject 对象,然后通过 FileSystemObject 对象的 GetFolder 方法来得到 Folder 对象。

Folder 对象有 Copy()、Move()、Delete()等方法,这些方法的参数与 File 对象对应方法的参数相同,方法的功能是对文件夹进行复制、移动和删除等操作。Folder 对象的属性见表 5-11。

表 5-11　Folder 对象属性

属性名称	功能描述
Attributes	设置或返回指定文件夹的属性
DateCreated	返回指定文件夹被创建的日期和时间
DateLastAccessed	返回指定文件夹最后被访问的日期和时间
DateLastModified	返回指定文件夹最后被修改的日期和时间
Drive	返回指定文件夹所在的驱动器的驱动器字母
IsRootFolder	假如文件夹是根文件夹，则返回 Ture，否则返回 False
Name	设置或返回指定文件夹的名称
ParentFolder	返回指定文件夹的父文件夹
Path	返回指定文件的路径
ShortName	返回指定文件夹的短名称
ShortPath	返回指定文件夹的短路径
Size	返回指定文件夹的大小
Type	返回指定文件夹的类型

使用 Folder 对象获取文件夹信息，如程序 5-15.asp 所示。

```
<html>
<head>
    <title>使用 Folder 对象获取文件夹信息</title>
</head>
<body style = "font-size:14px;">
    <font color = "#0000ff">
    <strong><h3>使用 Folder 对象获取文件夹信息</h3></strong>
    <hr width = "100%" size = "3" color = "red"></font>
    <%
    set fso = server.createobject("scripting.filesystemobject")
    set fol = fso.getfolder("c:\inetpub\wwwroot")
    response.write("以下是 c:\inetpub\wwwroot 文件夹信息:"&"<br>")
    response.write("该文件夹创建时间是:"&fol.datecreated &"<br>")
    response.write("最后访问时间是:"&fol.datelastaccessed &"<br>")
    response.write("最后修改时间是:"&fol.datelastmodified&"<br>")
    response.write("文件夹位于磁盘:"&fol.drive &"<br>")
    response.write("此文件夹是否为根目录:"&fol.isrootfolder &"<br>")
    response.write("文件夹的名称是:"&fol.name &"<br>")
    response.write("该文件夹的上级目录是:"&fol.parentfolder &"<br>")
    response.write("该文件夹的绝对路径是:"&fol.path &"<br>")
    response.write("短名字格式下文件夹的名字是:"&fol.shortname &
"<br>")
    response.write("短名字格式下文件夹的路径是:"&fol.shortpath &
|"<br>")
    response.write("该文件夹包含的所有文件及子文件夹所占用空间为:"&fol.
size&" bytes")
    %>
</body>
</html>
```

运行结果如图 5-12 所示。

图 5-12　使用 Folder 对象获取文件夹信息

Folder 对象还有 Files 和 SubFolders 两个集合，Files 集合可返回文件夹中的所有文件，SubFolders 集合返回文件夹中所有的子文件夹。

使用 Folder 对象的集合遍历目标文件夹下的子文件夹和文件，如程序 5-16.asp 所示。

```
<html>
<head>
    <title>使用 Folder 对象的集合遍历文件夹</title></head>
<body style = "font-size:14px;">
    <font color = "#0000ff">
    <strong><h3>使用 Folder 对象的集合遍历文件夹</h3></strong>
    <hr width = "100%" size = "3" color = "red"></font>
    <%
    dim fso,fol,sfol
    set fso = Server.CreateObject("Scripting.FileSystemObject")
    set fol = fso.GetFolder("c:\inetpub")
    set sfol = fol.SubFolders
    response.write("以下是 c:\inetpub 文件夹下包含子文件夹的信息:"&"
<br><br>")
    response.write("c:\inetpub 目录下共有:"&sfol.count&"个子文件夹<br>")
    dim n
    n = 1
    for each folder in sfol
        response.write("c:\inetpub 文件夹下第"&n&"个文件夹名为:"&folder.
name&"<br>")
        n = n+1
    next
    %>
</body>
</html>
```

运行结果如图 5-13 所示。

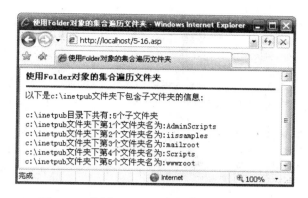

图 5-13 使用 Folder 对象的集合遍历文件夹

任务 5.2 典例案例分析——简易留言板

留言板作为一种用来记录、展示文字信息的载体，随着网络技术的发展得到了广泛的应用，它有比较强的时效性，可以比较集中的反应信息。留言信息一般保存到数据库中，如保存到 Access、SQL Server 或 Oracle 数据库中，要显示留言信息时，再从数据库中读出。由于 ADO 对象在项目 7 中介绍，在此使用 FSO 对象完成留言板的设计，将留言信息保存到文本文件中。简易留言板包含输入页面、处理保存页面、显示页面和留言存储文件，其中留言存储文件为文本文件。

5.2.1 留言板输入页面

留言板输入页面为一般的表单页面，在表单中包含用户留言需要输入的要素，如用户名、邮箱、留言主题、留言内容、留言时间等，还需要包含提交按钮，留言完成并提交后，交给处理保存页面进行操作，如程序 5-17.asp 所示。

```
<html>
<head>
    <title>Simple Message Center</title>
    <style type = "text/css">
        .body{font-size:14px;
background-image:url('./images/mcback.jpg');
            background-repeat:no-repeat;          background-position:top
center;}
        .title{font-family:黑体; font-size:36px; text-align:center;
 color:#ffffff;}
        .td1{font-family:楷体_gb2312; font-size:22px; text-align:
right; color:#0f0f0f;}
    </style>
</head>
<body class = "body">
    <strong><p class = "title">简易留言板</p></strong>
    <hr width = "604" size = "3" color = "red" align = "center">
    <form name = "mc" action = "5-18.asp" method = "post">
        <table align = "center" width = "500">
```

153

```
                <tr><td class = "td1">用户名：</td>
                    <td><input type = "text" size = "50" maxlength = "50" name
= "user_name"></td>
                </tr>
                <tr><td class = "td1">邮  箱：</td>
                    <td><input type = "text" size = "50" maxlength = "50" name
= "user_mail"></td>
                </tr>
                <tr><td class = "td1">主  题：</td>
                    <td><input type = "text" size = "50" maxlength = "50" name
= "message_subject"></td>
                </tr>
                <tr><td class = "td1">留  言：</td>
                    <td><textarea rows = "6" cols = "49" name = "message">
</textarea></td>
                </tr>
                <tr height = "40" valign = "middle" align = "center" ><td colspan
= "2" >
                    <input type = "submit" name = "msg_sub" value = "留言提交
">   
                    <input type = "reset" value = "重新填写"></td>
                </tr>
            </table>
        </form>
    </body>
    </html>
```

在输入页面中，包含了用户名、邮箱、主题和留言 4 个元素，运行结果如图 5-14 所示。

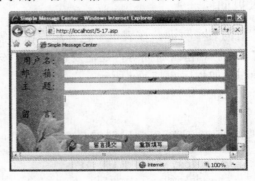

图 5-14　简易留言板输入页面

5.2.2　留言板处理保存页面

用户留言输入完成后，单击"留言提交"按钮，则调用留言处理保存页面，这是整个简易留言板的核心部分，如程序 5-18.asp 所示。

```
<%
'读取各输入框的数据
user_name = request("user_name")
user_mail = request("user_mail")
message_subject = request("message_subject")
message = request("message")
```

```
      '检查各输入框是否输入有数据
     if user_name = "" or user_mail = "" or message_subject = "" or message
= "" then
         response.write "输入框不能为空白!点击<a href = '5-17.asp'>此处</a>重新输入!
"
         response.end  '不再处理以下的程序
     end if
     ' 包含"user_name"与"user_mail"
     message_l1 = "<tr class = 'tr1'><td class = 'td1'>用户: </td><td class = 'td2'>"
& user_name &"</td>"
     message_l1 = message_l1 &"<td class = 'tdm'>-</td>"  ' 插入连字符并隐藏显示
     user_mail = "<a href = mailto:" & user_mail & ">" & user_mail & "</a>"
     message_l1 = message_l1 & "<td class = 'td1'>邮箱: </td><td class = 'td2'>"
& user_mail & "</td></tr>"
     '包含"主题"
     message_l2 = "<tr class = 'tr2'><td class = 'td1'>主题: </td><td colspan =
'4' class = 'td2'>"
                                                    &    message_subject    &
"</td></tr>"
     '包含"留言",先将留言中的换行符 vbCrLf 换成<br>
     message = replace( message, vbCrLf, "<br>" )
     message_l3 = "<tr class = 'tr2'><td colspan = '5' style =
'padding-left:40px;padding-top:5px;'>"
     message_l3 = message_l3 & message & "</td></tr>"
     '包含留言"时间"
     message_l4 = "<tr class = 'tr3'><td colspan = '5' style = 'padding-
left:30px;'>时间: " & Now() &"</td></tr>"
     on error resume next  ' 忽略所有的错误
     '建立 FileSystemObject 对象
     set fso = Server.CreateObject("Scripting.FileSystemObject")
     Application.Lock
     '取得 message.txt 及 messageold.txt 的完整路径
     messagePath = Server.MapPath("./message.txt")
     messageoldPath = Server.MapPath("./messageold.txt")
     '将 message.txt 更名为 messageold.txt
     fso.MoveFile messagePath, messageoldPath
     '打开 messageold.txt
     set finput = fso.OpenTextFile(messageoldPath, , true)
     '建立 message.txt
     set foutput = fso.CreateTextFile(messagePath)
     '写入访问者留言
     foutput.Write message_l1
     foutput.Write message_l2
     foutput.Write message_l3
     foutput.Write message_l4
     foutput.Write "<tr height = '2px'><td colspan = '5'><hr></td>
</tr>"
     '一次读取整个 messageold.txt,然后写入 message.txt
     foutput.Write finput.ReadAll
     '关闭 messageold.txt
     finput.Close
     '删除 messageold.txt
     fso.DeleteFile messageoldPath, True
```

|155

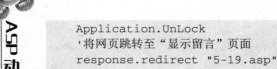

```
Application.UnLock
'将网页跳转至"显示留言"页面
response.redirect "5-19.asp"
%>
```

在程序 5-18.asp 中，对留言信息的处理保存首先使用 Request 对象获取用户填写表单的内容，并对用户填写进行验证，如果用户填写不符合规范，则给出提示信息、提供重新填写链接并停止 5-18.asp 的执行；如果用户信息填写符合规范，则将用户填写信息进行格式设置，用户名、邮箱、主题及留言 4 部分内容分别保存到字符串中；在保存留言信息时，将最近的留言保存到 message.txt 文件的最上端，首先使用 FSO 对象的 MoveFile 方法，将 message.txt 文件改名为 messageOld.txt，然后创建新的 message.txt 文件，将最近的用户留言写入新的 message.txt 文件中，随后读取 messageOld.txt 文件中的所用内容，并追加到 message.txt 中，完成全部留言的保存，并删除 messageOld.txt 文件。将留言处理保存完成后，跳转到留言显示页面。

5.2.3 留言板显示页面

ASP 中用于包含文件的命令#include，用于在多重页面上需重复使用的函数、页眉、页脚或其他元素等，通过#include 命令，可以在服务器执行 ASP 文件之前，把另一个文件插入到这个文件中，所以显示页面的创建比较简单，使用 ASP 的#include 命令将 message.txt 文件包含到页面中即可。如程序 5-19.asp 所示。

```
<html>
<head>
    <title>Simple Message Center</title>
    <style type = "text/css">
        .body{background-image:url('./images/displayback.jpg'); }
        .title{font-family:黑体; font-size:22px; text-align:center;
 color:#000000;}
        .tr1{font-family:  黑  体 ;   font-size:14px;   height:30px;
background-color:#f0f0f0;}
        .tr2{font-size:12px; border-color:gray; height:25px;}
        .tr3{font-size:12px;      padding-left:20px;      height:30px;
background-color:#efefef;}
        .td1{width:60px;      text-align:right;      padding-right:0px;
border-width:1px;
            border-bottom-style:dashed;}
        .td2{width:150px;      text-align:left;      padding-left:0px;
border-width:1px; border-bottom-style:dashed;}
        .tdm{width:190px;      color:#ffffff;      border-width:1px;
border-bottom-style:dashed;}
    </style>
</head>
<body class = "body">
    <strong><p class = "title">简易留言板</p></strong>
    <hr width = "604" size = "3" color = "red" align = "center">
    <table bgcolor = "#ffffff" width = "600" align = "center" cellspacing
= "0" cellpadding = "0" >
        <!-- #include file = "message.txt"-->
        <tr style = "font-size:12px; text-align:center;">
```

```
                <td colspan = "5"><a href = "5-17.asp">继续留言 / 返回输入页面
</a></td>
            </tr>
        </table>
    </body>
    </html>
```

在保存到 message.txt 中的文本中，表格标记使用了样式表，所以在 5-19.asp 中定义相应的样式表，通过#include 命令包含留言文本文件并完成留言内容的显示，运行结果如图 5-15所示。

图 5-15　简易留言板显示页面

任务 5.3　小结

在项目 5 中，主要介绍 ASP 常用的内置组件，通过本任务的学习，能够理解常用组件的相关知识，并在网页设计中熟练应用各组件。

广告轮显组件提供了内容轮换显示的功能，应能够了解广告组建的概念及其广告配置文件的含义，会使用广告组件。

浏览器组件能够测试客户端浏览器支持的网页技术，使页面设计能够更好地兼容客户端浏览器。能够理解 Browscap.ini 文件的作用，并能够使用浏览器组件对客户端浏览器进行测试。

内容链接组件能够管理网页或网址间的超链接，可以自动创建每个相关页面的导航链接和目录链接，这样可以减少超链接维护工作量，使用内容链接组件的方法还可以实现链接分页显示效果。

页面计数组件可以记录和显示页面被访问的次数，其功能比较单一，如果要实现更为复杂的计数统计，如每一个页面的访问情况、广告点击数，或者投票活动的票数等可使用 Counter 组件。

文件访问组件可以实现对服务器端的文件夹与文件的各种操作，其对应的对象有 FSO、TextStream、Drive、File、Folder 等，使用这些对象的属性和方法，能够操作文件和文件夹，

还可以完成对文件内容的操作。由于 ASP 没有设置专用于读写服务器端文件夹和文件的内置对象，所以文件访问组件是 ASP 重要的内置组件之一。

任务 5.4　项目实训与习题

5.4.1　实训指导 5-1　幸运数字

ASP 的 Page Counter 组件可以跟踪页面的点击次数，如果点击次数达到特定的值，可以发送信息给用户。使用这个特性，还可以制作参与有奖页面。指定获奖值的规则：点击次数为两位数时，最后一位为 7；点击次数为三位数时，最后两位为 77；点击次数为四位数时，最后三位为 777；并且要求其他位的数字不能为 7。如程序 luckyNumber.asp 所示。

```
<html>
<head>
    <title>Lucky Numbers</title>
    <style type = "text/css">
        body{text-align:center; background-color:#cccccc;}
        .dis{font-size:15px; font-family:"arial black"; background-
color:#cccccc;
        text-align:center; color:#ff0000; border:0px;}
        .dis2{font-size:14px; font-family:黑体;}
    </style>
<%
dim prizePage,tempStr
set prizePage = Server.CreateObject("MSWC.PageCounter")
dim hitNum,pName
pName = request("username")
prizePage.PageHit
hitNum = CStr(prizePage.Hits)
if len(hitNum)>1 then
    if strcomp(string(len(hitnum)-1,"7"),mid(hitnum,2,Len(hitnum)-1))
= 0 _
                              and CInt(Left(hitNum,1))<>7 then
        tempStr = "Congratulations! " &pName&" has got the lucky number:
"&hitNum
    end if
end if
prizepage.reset
set prizepage = nothing
%>
</head>
<body>
<blockquote class = "dis2" >
单击按钮参加活动，如果您参加活动的序号符合规则，将获得一定的奖励! <br>
规则：参加活动的顺序号除去第 1 位之外其余位数均为 7，如*7 *77（*位表示1-6，8，9）
</blockquote>
<form name = "userHit" action = "luckyNumber.asp" method = "post">
    <input type = "text" class = "dis" name = "comment"
                      value = "<% = tempStr%>" size = "70"><br><br>
```

```
                <input class = "dis2" type = "text" name = "userName" value =
"Your_Name"
                            size   =   "20"  maxlength  =  "20"  style  =
"width:200px;height:29px;">
            <input class = "dis2" type = "submit" name = "join" value = "参与
活动"
                          style = "width:90px;height:32px;"><br>
        </form>
    </body>
    </html>
```

页面中有 3 个表单元素，通过 CSS 设置，将第一个文本框在页面中隐藏，有符合规则的序号时用以显示提示信息。表单处理程序在页面的头部，创建 Page Counters 组件对象实例，使页面点击次数加 1，将总点击数转换为字符串。

使用字符串函数将总点击数进行拆解并判断，string(len(hitnum)-1,"7")得到由 7 组成的字符串，字符串长度为总点击数字符串长度减去 1，使用 mid(hitnum,2,Len(hitnum)-1)得到总点击数字符串中从第 2 个字符开始到最后的字符组成的字符串，然后使用 strcomp 函数进行比较，得到总点击数是否除去第 1 位其他位数均为 7。使用 left(hitNum,1)得到总点击数字符串的第 1 个字符，用 cint 函数将其转换为数字，判断第 1 位是不是等于 7。如果条件满足，给提示信息字符串赋值。运行结果如图 5-16 所示。

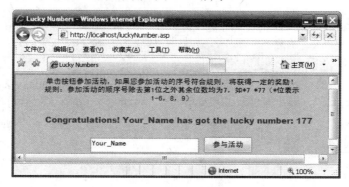

图 5-16　幸运数字

5.4.2　实训指导 5-2　文件计数器

FSO 对象能够从文件读取或向文件写入内容，使用读取和写入的方法，可以将对页面的访问次数放到一个文件中，当页面点击次数增加时，读取文件，次数增加后建立新的计数文件并覆盖旧文件，也可以实现次数统计功能。在实训指导 5-1 实例的页面中，单击按钮和使用刷新具有同样的功能，都能够使页面点击次数加 1，使用 Session 对象可以使页面具有防刷新功能，通过 Session 对象变量进行用户标记并判断用户是否改变。如程序 fileCounter.asp 所示。

```
<html>
<head>
    <title>Norefresh File Counter Page</title>
    <style type = "text/css">
        body{text-align:center; background-color:#cccccc;}
        .dis{font-size:15px; font-family:"arial black"; background-
```

```
color:#cccccc;
                text-align:center; color:#ff0000; border:0px;}
        .dis2{font-size:14px; font-family:黑体;}
    </style>
    <%
    dim fileCounter
    set fso = Server.CreateObject("Scripting.FileSystemObject")
    numFile = Server.MapPath("./counters.txt")
    set txt = fso.OpenTextFile(numFile)
    pageCounter = txt.ReadLine
    txt.close
    if isempty(Session("UserHitted")) then
        pageCounter = pageCounter + 1
        set newtxt = fso.CreateTextFile(numFile)
        newtxt.write(pageCounter)
        newtxt.close
    end if
    Session("UserHitted") = 1
    set fso = nothing
    tempStr = "you are the "& pageCounter & " visiters!"
    %>
</head>
<body>
    <blockquote class = "dis2" >防刷新页面-文件计数器<br>
    单击"点击页面"按钮或刷新不会增加页面访问量</blockquote>
    <form name = "userHit" action = "fileCounter.asp" method = "post">
        <input type = "text" class = "dis" name = "comment"
                            value = "<% = tempStr%>" size = "70"><br><br>
        <input class = "dis2" type = "submit" name = "join" value = "点击
页面"
                                            style                        =
"width:90px;height:32px;"><br>
    </form>
</body>
</html>
```

创建 FSO 对象实例，使用 OpenTextFile 方法打开 counters.txt 文件，使用 TextStream 对象的 ReadLine 方法读取文件内容并复制给变量 pageCounter。防止页面刷新，设置 Session 对象变量 UserHitted 作为判断标记。如果用户改变则次数加 1，并设置 UserHitted 的值为 1 来表示用户已访问过页面；次数增加后，创建新的 counters.txt 文件同时覆盖旧文件，使用 TextStream 对象的 Write 方法向新文件中写入页面访问次数。程序运行时需要首先在程序文件所在目录创建 counters.txt 文件，并输入计数初始值 0。

5.4.3　实训指导 5-3　指定文件夹的子文件夹和文件遍历

在程序 5-16.asp 中，通过 Fold 对象完成了文件夹中子文件夹的遍历，使用 Fold 对象还可以实现文件夹中文件的遍历。如程序 folder_file_ergo.asp 所示。

```
<html>
<head>
    <title>使用 Folder 对象的集合遍历子文件夹及文件</title>
```

```
</head>
<body style = "font-size:14px;">
    <%
    dim fso,fol,sfol
    set fso = Server.CreateObject("Scripting.FileSystemObject")
    set fol = fso.GetFolder("c:\inetpub")
    set sfolder = fol.SubFolders
    response.write("<h4 style = 'font-family:arial;font-size:15px;
color:#ff0000;'>目录-"
                                    & sfolder.count & "</h4><blockquote>
<font color = '#666666'>")
    for each key in sfolder
        response.write( key.name & ":" & key.datecreated & "<br>")
    next
    response.write("</blockquote><hr width = '300' align = 'left'>")
    set sfile = fol.files
    response.write("<h4 style = 'font-family:arial;font-size:15px;
color:#00ff00;'>文件-"
                                    & sfile.count & "</h4><blockquote>
<font color = '#666666'>")
    for each key in sfile
        response.write(key.name & ":" & key.type & "<br>")
    next
    response.write("</blockquote>")
    %>
</body>
</html>
```

在页面中显示出 C:\inetpub 目录下的子文件夹的个数、子文件夹名称及创建日期、文件个数、名称及文件类型,运行结果如图 5-17 所示。

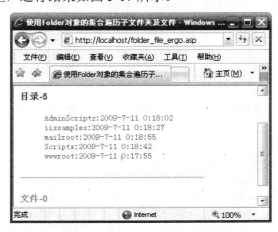

图 5-17　用 Folder 对象集合遍历指定文件夹的子文件夹和文件

5.4.4　实训指导 5-4　内容编辑器

文件访问组件的功能非常强大,使用对文件读写操作的方法可以实现简单的内容编辑器。内容编辑器可以实现内容的输入、保存和编辑功能,对应 3 个页面文件,输入、保存和编辑页面。输入页面可以使用表单来实现,如程序 inputContent.asp 所示。

```
    <html>
    <head>
        <title>内容编辑器-输入页面</title>
        <style type = "text/css">
            body{background-color:#cccccc;text-align:center;}
            .td1{background-color:#999999; font-family:黑体; font-size:
14px; height:50px;}
            .td2{background-color:#aaaaaa; font-family:黑体; font-size:
14px;}
            .area{background-color:#cccccc;}
        </style>
    </head>
    <body>
        <form method = "post" name = "inputForm" action = "saveContent.
asp">
            <table border = "0"cellspacing = "0" cellpadding = "0">
                <tr><td class = "td1" style = "text-align:center;width:
60px;">标题</td>
                    <td class = "td1"><Input name = "title" Type = "text" Value
= "" Size = "60"></td>
                </tr>
                <tr><td class = "td2" style = "text-align:center">内容</td>
                    <td class = "td2" style = "border:2px;">
                    <textarea name = "contentarea" cols = "60" rows = "20" class
= "area"></textarea>
                </td></tr>
                <tr><td colspan = "2" class = "td1" style = "text-align:
center">
                    <input type = "submit" name = "submitB" value = "内容提交"/>
                    <input type = "reset" name = "resetB" value = "清除重填"/></td>
                </tr>
            </table>
        </form>
    </body>
    </html>
```

单击"内容提交"按钮后，转到 saveContent.asp 页面进行处理。

```
    <html>
    <head>
        <title>内容编辑器-保存页面</title>
        <style type = "text/css">
            body{background-color:#cccccc;text-align:center;}
            .output{font-family:黑体; font-size:14px; }
            .td{background-color:#4970b0; font-family:Arial; font-size:
14px;
                height:30px; width:120px; text-align:center;}
            .link{color:#ffffff; text-decoration:none;}
        </style>
    </head>
    <body>
        <%
    set fso = Server.CreateObject ("Scripting.FileSystemObject")
```

```
       htmlFile    =    Request.form  ("title")  &  "<hr/>"  &  Request.form
("contentArea") & ""
       cth = Server.MapPath ("./contentToHtml.html")
       set txt = fso.OpenTextFile (cth, 2, True)
       txt.Write htmlFile
       txt.close
       set txt = Nothing
       set fso = nothing
       response.write "<p class = 'output'>提交内容转换为 HTML 文件: "& cth &"</p>"
       response.write  "<table><tr><td   class  =  'td'   onmouseover  =
this.style.backgroundColor = 'red'
               onmouseout = this.style.backgroundColor = ''>
               <a href = './contentToHtml.html' class = 'link'>查看 HTML 文
件</a></td>"
       response.write "<td class = 'td' onmouseover = this.style.
backgroundColor = 'red'
               onmouseout = this.style.backgroundColor = ''>
               <a href = 'editContent.asp' class = 'link'>编辑提交内容
</a></td></tr></table>"
       %>
   </body>
   </html>
```

　　saveContent.asp 程序中建立 FSO 对象实例，使用 OpenTextFile 方法来建立内容保存文件 contentToHtml。参数 2 表示打开文件用于写数据，true 表示创建新文件；将 inputContent.asp 页面中表单的内容获取，并写入到 contentToHtml 文件中；最后用 response.write 语句完成输出。页面显示有两个超链接，一个链接到内容保存的文件，可用于查看输入内容的 HTML 形式显示，一个用于链接到 editContent.asp 页面，对提交的内容进行修改，运行结果如图 5-18 所示。

图 5-18　内容编辑器保存页面

　　在保存页面中单击"编辑提交内容"超链接时，跳转到 editContent.asp 对提交的内容进行添加、修改、删除等编辑操作。在 inputContent.asp 代码中添加读取文件的 ASP 代码：

```
<%
set fso = Server.CreateObject ("Scripting.FileSystemObject")
set txt = fso.OpenTextFile(Server.MapPath ("./contentToHTML.html"), 1)
if not txt.atEndOfStream then
temp = txt.ReadAll
```

```
        end if
        txt.close
        set txt  = nothing
        set fso  =  Nothing
        result = split(temp,"<hr/>")   '通过<hr/>分隔获取标题和内容
        %>
```

建立 FSO 对象实例，使用 OpenTextFile 方法打开 contentToHTML.html 文件，使用 TextStream 对象的 ReadAll 方法读取文件中的所有内容，提交内容在保存时，标题和内容之间使用 "<hr/>" 来分隔的，用数组函数 Split 将文件内容分割并得到字符串数组，将页面中的表单项作如下修改：

```
<input name = "title" type = "text" value = <% = result(0)%> size = "60">
<textarea name = "contentArea" cols = "60" rows = "13" class = "area"><% =
result(1)%></textarea>
```

在页面的标题和内容表单项中显示出字符串数组内容，对内容进行编辑操作，可再次提交。

5.4.5 习题

一、选择题

1. FSO 是 IIS 自带的一个组件，该组件的功能是（   ）。

    A．操作数据库系统   B．操作文件系统

    C．操作浏览器   D．操作登录系统

2. Ad Rotator 组件的 getAdvertisment()方法功能是（   ）。

    A．读取配置文件   B．创建该组件

    C．创建广告   D．读取图片

3. 使用语句：

```
    Set Bc = Server.CreateObject("MSWC.BrowserType")
    Response.Write  Bc.Browser & "<br>"
```

将输出（   ）。

    A．浏览器的版本号   B．浏览器的名称

    C．服务器的名称   D．服务器的类型

4. 同一页上自动轮换显示广告的组件是（   ）。

    A．Ad Rotator   B．Browser Capabilities

    C．Content Linking   D．File Access

5. 下列能输出服务器端时间的语句是（   ）。

    A．Response.Write now( )   B．Document.Write now( )

    C．Request.Write now( )   D．Document.Write date ( )

6. 下面可以创建一个名称为 fso 的 File Access 组件的语句是（   ）。

    A．<% Set fso=Server.CreateObject("Scripting.FileSystemObject")%>

    B．<% Set fso=Server.CreateObject("MSWC.AdRotator ")%>

    C．<% Set fso=Application.CreateObject("Scripting.FileSystemObject")%>

D. <% Set fso=Application.CreateObject("MSWC.AdRotator ")%>

7. 下面不能创建或打开一个文本文件并返回 TextStream 对象的方法是（　　　）。

   A．CreatTextFile
            B．WriteBlankLines

   C．OpenAsTextStream
        D．OpenTextFile

8. FileSystemObject 对象的 OpenTextFile 方法打开指定的文件并返回一个（　　　）。

   A．Folder
              B．FileSystemObject

   C．TextStream
           D．Drive

9. 文件存储组件的常用对象 Folder 用于（　　　）。

   A．存储文本文件
          B．读取文本文件

   C．处理文件
             D．处理文件夹

10. TextStream 对象 Close 方法表示（　　　）。

   A．关闭一个打开的 TextStream 文件

   B．读取 TextStream 文件中的所有数据

   C．从光标当前位置开始，读取一定的字符数目

   D．创建文本文件夹

11. 广告轮显组件的属性 Clickable 用于（　　　）。

   A．设置广告图片的边框宽度
      B．设置超链接的页面

   C．设置图片是否有超链接功能
   D．指定链接将被装入的目标框架

12. 广告放置到网站后，用户对广告条进行单击操作后，ASP 就会打开（　　　）。

   A．轮显计划文件
         B．链接处理文件

   C．显示广告图像的链接
     D．内容链接列表

13. 数据集合 Files 的含义（　　　）。

   A．一个 Folder 对象中所有 File 对象集合

   B．一个 Folder 对象中所有下属 Folder 对象集合

   C．包含用来创建、删除或移动文件的方法

   D．所有驱动的集合

二、填空题

1. ReadLine()的功能是＿＿＿＿＿＿＿＿＿＿＿＿。

2. 浏览器组件的 Frames 属性功能是＿＿＿＿＿＿＿＿＿＿＿。

3. 显示用户浏览器的类型。

```
<%
set bc = server.createobject ( ＿＿＿＿＿＿＿＿＿＿＿ )
response.write("<br>名称是："& bc.( ＿＿＿＿＿＿＿＿＿＿ ))
response.write("<br>版本是："& bc.version)
response.write("<br>运行平台是："& ＿＿＿＿＿＿＿＿＿＿.platform)
set bc = nothing
%>
```

4. 以下代码实现在 D 盘根目录中的日志文件 browseTime.log 追加客户浏览页面的时间，并将文件内容显示到页面中。

```
<%
'创建一个 FilSystemOBject 对象的实例
```

```
set logFso = _____
'追加方式打开要进行操作的文件
Set logFile = logFso. _____
'在文件中追加字符串
logFile. _____ ("你是在_____浏览该页面的！")
logFile.Close
set logFile = nothing
Set textFile = logFso. _____
'判断是否到了该文件的结尾，输出文件内容
do While not textFile. _____
response.write ( _____ )
loop
textFile.Close
set textFile = nothing
set logFso = nothing
%>
```

三、简答与程序设计

1. 告组件的配置文件的功能是什么？

2. 如何使用文件组件？文件组件提供哪些功能？

3. 如何向已经存在的文件中追加内容？

4. 打开文件有哪几种方式？有哪些参数？各是什么意义？

5. 在个人主页上添加广告轮显效果。

6. 下载图片文件，使用 Content Linking 组件完成类似于在线小说的图片链接系统。

7. 查找资料学习 Counters 组件的使用，完成一个简单投票统计系统。

8. 使用文件访问组件将用户注册信息保存到文本文件，并在页面中显示最近注册用户的信息。

项目 6

邮件服务器的
配置与开发

在 ASP 程序开发中，除了使用 ASP 的内置组件来增强脚本语言功能以外，还可以使用 VB、VC++、VFP 等支持组件对象模型技术的语言去编写 ASP 组件，应用这种方法可以无限扩展 ASP 的功能，这些组件称为第三方组件或者外置组件。外置组件用户自己可以开发，也可到网站下载免费或共享的源代码。项目 6 主要介绍外置组件的基础知识及其应用。

项目要点

➢ 了解 ASP 文件上传和邮件发送的相关组件
➢ 理解 ASP 文件上传的一般步骤
➢ 掌握邮件组件中邮件发送和收取的步骤
➢ 能够使用 AspUpload、LyfUpload 组件完成文件上传
➢ 掌握 AspEMail 和 JMail 组件发送邮件的操作
➢ 使用 JMail 组件收取邮件
➢ 综合应用文件上传和邮件发送组件完成邮件发送和附件上传

任务 6.1   ASP 外置组件

ASP 最强大的功能还是使用外置组件，比如使用外置组件实现文件上传，发送 E-mail 等。

6.1.1 文件上传组件

文件上传是将任意的文件从客户机发送到服务器的过程。最简单、最方便的上传方法是使用支持 RFC1867 的浏览器，如微软的 Internet Explorer 4.0 以上版本，Netscape 3.0 以上版本等。基于浏览器的文件上传是通过带有属性 enctype="multipart/form-data" 的 HTML Form 实现的。这个 Form 也必须包含一个或多个 \<input type=file>项，以让用户指定要上传的本地文件。

带有 enctype="multipart/form-data"属性的 Form 所发送的数据必须被一个服务器端过程解析，以展开上传的文件和其他非文件项。在 ASP 环境中，这种任务用编译好的 Active Server 组件能很好地完成，比如 Persits 公司的 AspUpload。

1. AspUpload 简介

AspUpload 是一个 COM+服务器组件。使用 AspUpload 组件，使网络服务器应用程序能够获取通过浏览器上传的文件，可以有将上传的文件保存到磁盘、内存或数据库等多种选择。AspUpload 组件还可以在页面中添加上传文件功能，也可以通过基于 HTML 语言的进度条让用户可以检测上传进度、获取上传剩余时间等信息。

除了上传功能以外，AspUpload 组件提供了强大的文件管理功能，包括文件安全下载，保存文件到数据库、权限和属性的管理、图像尺寸压缩、文件加密等。

AspUpload 组件具有卓越的鲁棒性和可扩展性，使其得到了广泛的应用。

2. AspUpload 组件安装

AspUpload 是个功能非常强大的文件上传组件，可以从 http://www.aspupload.com 处下载其最新版本。将文件下载完成后，双击可执行文件进行安装，安装程序同时将组件（aspupload.dll）和相关文件安装到机器上，默认安装路径为 C:\Program Files\Persits Software\AspUpload，用户也可以指定任何其他路径。安装过程如图 6-1 和 6-2 所示。安装程序将自动进行组件 DLL 注册，安装过程中，IIS 相关服务将关闭并重新启动。

除使用安装文件进行安装以外，还可以使用注册 DLL 的方式来安装 AspUpload 组件。可以在安装路径的 Bin 文件夹中，找到 aspupload.dll 文件，可以将其复制或移动到其他的文件夹，如 C:\Windows\System32，然后在命令提示符中使用 regsvr32 来注册 aspupload.dll：c:\>regsvr32 c:\windows\system32\aspupload.dll。

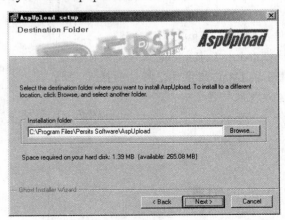

图 6-1　选择安装路径

安装完成后就可以使用 AspUpload 组件进行文件上传了。

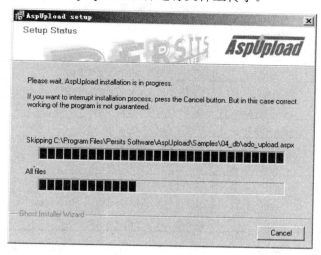

图 6-2 安装过程

3. AspUpload 组件对象的属性和方法

在使用 AspUpload 组件之前，需要了解 AspUpload 组件的对象，以及对象的属性和方法。

（1）UploadManager 对象。UploadManager 对象是 AspUpload 组件顶层对象，它提供了主要的文件上传功能。UploadManager 对象的方法见表 6-1。

表 6-1 UploadManager 对象的方法

方法名称	功能描述
CreateDirectory(Path,IgnoreAlreadyExists)	根据给出的路径和选项值创建一个文件夹
CreateFile (path)	根据给出的路径创建一个空文件
FileExists (Path As String)	判断指定路径的文件是否存在
Save (Path,Key, Ext)	保存文件并返回成功上传文件的个数
SaveVirtual (VirtualPath, Key,Ext)	使用虚拟路径保存文件并返回成功上传文件的个数
SetMaxSize (MaxSize,Reject)	设置上传文件的最大容量

UploadManage 对象的属性见表 6-2。

表 6-2 UploadManager 对象的属性

属性名称	功能描述
Files	返回一个由上传文件组成的 UploadedFile 对象集合
Form	返回一个由非文件表单项组成的 FormItem 对象集合
ProgressID	返回一个进度条使用的上传表单过程 ID

（2）UploadedFile 对象。UploadedFile 对象包含在 UploadManager.Files 集合中，代表已成功上传的文件。UploadedFile 对象的属性见表 6-3。

表 6-3   UploadedFile 对象的属性

属性名称	功能描述
FileName	返回上传并保存文件的名称
ImageHeight	返回一个图像文件的高度像素值
ImageWidth	返回一个图像文件的宽度像素值
ImageType	返回图像文件的类型
OriginalFileName	返回已上传文件的原始文件名
OriginalFolder	返回已上传文件的原始文件夹
OriginalPath	返回已上传文件的完整原始路径
OriginalSize	返回已上传文件的原始大小
Path	返回已上传文件在服务器端的完整路径
Size	返回已上传文件在服务器端的大小

其中 ImageHeight、ImageWidth 属性仅支持 BMP、JPG、GIF 和 PNG 格式的图像文件。ImageType 的返回值可能为 BMP、GIF、JPG、PNG、TIF，如果文件为其他的图像文件类型或者是非图像文件，则返回 UNKNOWN。

（3）FormItem 对象。FormItem 对象保存在 UploadManager.Form 集合中，代表通过 POST 方法上传的非文件表单项。FormItem 对象有 Name 和 Value 两个属性，没有方法。

Name 属性返回表单项 Input 标记中的 Name 属性值。

Value 属性返回表单项中对应的 Value 值。

（4）ProgressManager 对象。ProgressManager 对象是一个顶层对象，负责管理进度条中的进度标志。ProgressManager 对象

有 CreateProgressID 和 FormatProgress 两种方法，没有属性。

CreateProgressID 方法为进度条窗口返回一个唯一的 ProgressID。

FormatProgress 返回包括进度条和所有上传相关数值参数的 HTML 代码。

4. AspUpload 组件应用实例

了解了 AspUpload 组件的相关对象及对象的属性和方法后，用实例的方式来介绍 AspUpload 组件的具体应用。

（1）简单文件上传。在网页中，上传文件使用 Input 标记，其 Type 属性值为 file。页面代码如下：

```
<html>
<body bgcolor="#efefef">
    <form method="post" enctype="multipart/form-data" action=
"simpleUpload.asp">
        <input type="file" size="40" name="file1"><br>
        <input type="file" size="40" name="file2"><br>
    <input type=submit value="上传文件">
    </form>
</body>
</html>
```

该文件中 Form 标记中使用了 enctype="multipart/form-data"属性，该属性设置浏览器将所有的文件数据上传到服务器，而不是只上传文件框中输入或指定的文件路径。如果要进

行文件上传操作，Form 标记中必须包含该属性，且属性值为 multipart/form-data。另外，Name 属性也是必须要包含的。

在页面中选择文件，单击"上传文件"按钮后，由 simpleUpload.asp 进行数据处理，最简单的处理程序如下：

```
<%
set upload = Server.CreateObject("Persits.Upload")
count = upload.Save("c:\upload")
response.write count & " file(s) uploaded to c:\upload"
%>
```

首先使用 Server 对象的 CreateObject 方法创建 AspUpload 对象，然后使用 Save 方法来处理由表单提交的数据，文件使用原始文件名称保存到 C:\upload 文件夹，并返回上传成功的文件数量。在执行 Save 方法时可能会发生错误，如文件不能正常保存、或文件类型不符合要求等。

当程序执行发生错误时，可以使用 VBScript 的 Err 对象来捕捉，并使用 Err 对象的 Description 属性返回错误的描述信息；同时使用 On Error Resume Next 语句来关闭默认的错误处理。错误处理代码如下：

```
<% if err <> 0 then %>
    <font size=3 face="arial" color="#0020a0"> <h3> 上传文件发生错误:</h3></font>
    <font size=3 face="arial" color="#ff2020"><h4>"<% = err.
Description %>"</h4></font>
    <font size=2 face="arial" color="#0020a0">
<a href="demo1.asp">请重新上传! </a>
    </font>
<% else %>
<font size=3 face="arial" color=#0020a0>
<h2>上传成功! <% = Count %> file(s) have been uploaded.</h2>
</font>
```

文件成功上传后，除了显示"上传成功"的提示信息和文件数量外，还可以通过 UploadedFile 对象来得到上传文件的相关信息，通过表格的形式显示出来，显示代码如下：

```
<table border="1" cellpadding="3" cellspacing="0">
<th bgcolor="#ffff00">上传文件</th>
<th bgcolor="#ffff00">文件大小</th>
<th bgcolor="#ffff00">原始大小</th>
<tr>
<% for each file in upload.Files %>
<% if file.ImageType = "GIF" or File.ImageType = "JPG" or File.ImageType = "PNG"
  Then %>
        <td align="center">
            <img src="/uploaddir/<% = File.FileName%>">
            <br><b><% =file.OriginalPath%></b><br>
            (<% = file.ImageWidth %> x <% = file.ImageHeight %>)
        </td>
    <% else %>
        <td><b><% = file.OriginalPath %></b></td>
    <% end if %>
<td align=right valign="top"><% =file.Size %> bytes</td>
<td align=right valign="top"><% =file.OriginalSize %> bytes</td><tr>
```

```
<% next %>
</table>
```

程序首先判断上传成功文件的类型是否为 GIF、JPG 或者 PNG，然后使用 FileName 和 Originalpath 属性得到文件的原始名称和原始路径，使用 ImageWidth 和 ImageHeight 属性获得图像文件的宽度和高度。上传文件的信息使用表格来显示。

在上传处理文件中，还可以通过 SetMaxSize 方法限制上传文件的大小，如果上传文件大小超过限制则会产生错误信息，同样使用 Err 对象进行捕捉，代码显示如下：

```
if err.Number = 8 Then
    response.write "上传文件大小超过限制，请重新上传！"
```

代码中 8 为文件超限的错误代码，完整文件代码如程序 6-01.html 和 6-02.asp 所示。

```
<html>
<head>
<title>AspUpload 组件简单上传</title>
</head>
<body bgcolor="#efefef">
<font color="#0000ff" size="4"><h2>简单上传</h2><hr width="100%" size="3"
 color="red"></font>
<form method="post" enctype="multipart/form-data" action="6-02.
asp">
    <input type="file" size="40" name="file1"><br>
    <input type="file" size="40" name="file2"><br>
    <input type="file" size="40" name="file3"><br>
    <input type="submit" value="上传文件">
</form>
</body>
</html>
<%
    set upload = Server.CreateObject("Persits.Upload.1")
    upload.OverwriteFiles = False
    on error resume next
    upload.SetMaxSize 1048576    ' 限制文件大小 1MB
    count = upload.Save("c:\upload")
%>
<html>
<head>
<title>文件上传信息</title>
<style type="text/css">
body{background-color:#efefef;
    text-align:
    center;}
p{font-family:arial;
  font-size:13px;
  color:#0020a0;
  font-weight:bold;}
.tc{font-family:arial;font-size:12px;
  background-color:#cccccc; height:35px;}
.tc1{font-family:黑体;font-size:15px;height:40px;
    width:200px;text-align:center;background-color:#ffff00}
</style>
</head>
<body>
<% if err <> 0 then
```

```
      if err.number = 8 then
        response.write "上传文件大小超过限制，<a href='6-01.html'>请重新上传! </a>"
        response.end
      else
        response.write "上传文件发生错误: " & err.description & _
                  "<a href='6-01.html'>请重新上传! </a>"
        response.end
      end if
    else
    %>
    <p>上传成功! <% = Count %> file(s) have been uploaded.</p>
    <table border="1" cellpadding="3" cellspacing="0">
    <th class="tc1">上传文件</th>
    <th style="width:100px;" class="tc1">保存大小</th>
    <th style="width:100px;" class="tc1">原始大小</th>
    <tr>
    <% for each file in upload.Files %>
      <% if file.ImageType = "GIF" or file.ImageType = "JPG" or file.ImageType
 = "PNG"
     then %>
          <td align="left" class="tc"><% = file.OriginalPath%><br>
              (<% = file.ImageWidth %> x <% = file.ImageHeight %> pixels)</td>
      <% else %>
          <td align="left" class="tc"><% = file.OriginalPath %></td>
      <% end if %>
          <td align="right" valign="middle" class="tc"><% =file.
Size %> bytes</td>
          <td align="right" valign="middle" class="tc"><% =file.
OriginalSize %>
     bytes</td><tr>
    <% next %>
    </table>
    <p><font size="2" face="arial" color="#0020a0">
    <a href="6-01.html">继续上传</a>
    </font></p>
    <% end if %>
    </body>
    </html>
```

运行结果如图 6-3 所示。

图 6-3 使用 AspUpload 组件上传文件

在程序 6-02.asp 中，输出内容的格式使用 CSS 样式来控制，首先创建 AspUpload 组件的对象，并设置文件大小为 1MB，从图 6-3 中可以看出，第一个文件的保存大小和实际大小不同；在程序中对上传文件的类型进行判断，如果上传的是图像文件，则显示出文件的分辨率大小。

（2）非文件表单项。在表单中，除了输入域以外，还有其他类型的表单项，如下拉列表、文本域等，这些非文件表单可以用来存放要上传文件的相关信息，但在使用文件上传功能时，Form 中使用 enctype="multipart/form-data"属性，在 ASP 脚本中不能再使用 Form集合来获取其他非文件表单项。AspUpload 组件提供了 Upload.Files 对象和 Upload.Form 对象来分别获取文件表单项和文本表单项的值，解决了文件和文件描述信息同时上传的问题，如程序 6-03.html 所示页面。

```
<html>
<head>
<title>AspUpload组件获取文件描述</title>
<style type="text/css">
body{background-color:#bfbfbf; text-align:center;}
.td{background-color:#efefef;font-family:黑体;font-size:14px;width:
40px;}
</style></head>
<body bgcolor="#bfbfbf">
<font face="arial" size="2"><font style="color:#000000;font-
family:黑体;font-size:14px;">
<h4>上传文件及文件描述</h4><hr width="100%" size="3" color="red">
<b>选择文件，并添加文件描述信息和选择文件分类</b></font>
<form method="post" enctype="multipart/form-data" action="6-04.
asp">
<table cellspacing="0" cellpadding="3" border="1">
<tr><td align="center" class="td"><strong>文件</strong></td>
<td class="td"><input type="file" size="30" name="thefile"></td>
</tr>
<tr><td align="center" class="td"><strong>描述</strong></td>
<td class="td"><input type="text" size="30" name="description">
</td></tr>
<tr><td align="center" class="td"><strong>分类</strong></td>
<td class="td" valign="top">
    <select name="category" multiple>
        <option selected>图形图像
        <option>文本文件
        <option>程序源码
        <option>压缩文件
        </select>
</td></tr>
<tr><td colspan="2" bgcolor="#efefef" align="center">
<input type="submit" value="上传文件"></td></tr>
</table>
</form>
</body>
</html>
```

在表单中加入非文件表单项来描述文件信息，在表单提交时，使用 Upload.Files 对象和Upload.Form 来分别获取文件表单项和文本表单项的值，如程序 6-04.asp 所示。

```
<%
    set upload = Server.CreateObject("Persits.Upload.1")
```

```
        upload.OverwriteFiles = False
        on error resume next
        upload.SetMaxSize 1048576   ' 限制文件大小 1MB
        count = Upload.Save("c:\upload")
    %>
    <html><head><title>文件及描述信息上传</title>
    <style type="text/css">
    body{background-color:#efefef;text-align:center;}
    p{font-family:arial;font-size:13px;color:#0020a0;}
    .tc{font-family:arial;font-size:12px;background-color:#cccccc;
width:300px;}
    .tc1{font-family:arial;font-size:13px;height:40px;width:100px;
        text-align:center;height:40px;background-color:#ffff00}
    </style></head>
    <body>
    <% if err <> 0 then
      if err.Number = 8 then
        response.write "上传文件大小超过限制, <a href='6-03.html'>请重新上传! </a>"
        response.end
      else
        response.write _
    "上传文件发生错误: " & err.description &"<a href='6-03.html'>请重新上传! </a>"
        response.end
      end if
    else %>
    <strong><p>上传成功! <% = Count %> file(s) have been uploaded.
</p><strong>
    <table border="1" cellpadding="3" cellspacing="0">
    <tr><td class="tc1"><b>图形图像</b></td>
    <% if count > 0 then %>
        <%
        set file = upload.Files(1)
        if file.ImageType = "GIF" or file.ImageType = "JPG" or file.ImageType
= "PNG" then %>
            <tD class="tc"><strong><% = file.OriginalPath%><br>
            (<% = file.ImageWidth %> x <% = file.ImageHeight %>)
            </strong></td>
        <% else %>
            <td align="left" valign="middle" class="tc">
            <strong><% = file.OriginalPath %></strong></td>
        <% end if %>
    <% else %>
        <td class="tc">没有选择文件!</td></tr>
    <% End if %>
    <tr><td class="tc1"><b>描述信息</b></td>
    <td align="left" valign="middle" class="tc">
    <strong><% = upload.Form("Description") %></strong></td></tr>
    <tr><td class="tc1"><b>文件分类</b></td>
    <td align="left" valign="middle" class="tc"><strong>
    <%
        for each item in upload.Form
            if item.Name = "Category" then response.write Item.Value
        next
    %>
    </strong></td></tr>
    </table>
    <p><a href="6-03.html">继续上传</a></p>
```

```
<% end if %>
</body>
</html>
```

在程序 6-04.asp 中，用 AspUpload 组件提供的 Form 对象来获取文件的描述信息和分类信息、Files 对象来获取上传文件的信息，然后完成文件上传，运行结果如图 6-4 所示。

图 6-4　使用 AspUpload 组件上传文件和文件描述

AspUpload 组件可以将文件上传到数据库中，File.ToDatabase 方法可以将文件上传到数据库，Upload.FromDatabase 可以从数据库中取出文件，在此关于文件上传到数据库的知识不做详细介绍。

6.1.2　E-Mail 组件

电子邮件具有传输信息费用低、传输速度快的特点；并且具有可以传递文字到图片、声音、影片等各种信息的功能，因此，得到了广泛的应用。

AspEmail 组件与 AspUpload 组件都是 Persits 公司的产品，是 ASP 中使用外部 SMTP服务器完成发送电子邮件功能的组件。AspEMail 支持多个接收者、多个文件附件、HTML格式邮件，可以在电子邮件中嵌入图像和声音，而且还具有消息队列、高安全性等特点。

1. AspEMail 组件安装

可以从 http://www.aspemail.com 下载最新版本的 AspEMail 组件。AspEMail 组件的安装与 AspUpload 安装方法相同，可以使用双击可执行文件的方式，也可以在命令行中使用regsvr32 命令注册 aspemail.dll 的方式。同样，可以使用如下的命令来卸载 AspEMail 组件。

```
c:\AspEmail>regsvr32 /u aspemail.dll
```

2. AspEMail 组件对象的属性和方法

AspEmail 组件有 MailSender、MailLogger 和 LogEntry 三个对象。MaiLogger 对象负责日志文件的管理和操作，如日志文件的打开、清除、关闭及刷新等。LogEntry 对象只返回日志文件的相关属性，如日志文件的时间信息、日志文件的名称等。MailSender 是 AspEMail最重要的对象，它负责邮件的发送。MailSender 对象有很多的方法和属性，对其中的重要方法和属性只做简单介绍，MailSender 对象的方法见表 6-4。

表 6-4　MailSender 对象的方法

方法名称	功能描述
AddAddress(Address)	将一个邮箱地址添加到收件人列表中
AddAttachment(Path)	将一个文件添加到附件列表中
AddBcc(Address)	将一个邮箱地址添加到密送列表中
AddCC(Address)	将一个邮箱地址添加到抄送列表中
Send( )	返回表示邮件发送成功与否的逻辑值

其中，Send()方法执行时可能有异常发生，在程序中需要有异常捕获代码。

MailSender 对象的属性见表 6-5。

表 6-5　MailSender 对象的属性

属性名称	功能描述
From	指定邮件发件人
FromName	指定邮件发件人名字
Subject	指定邮件主题
Body	指定邮件内容
Host	指定发送邮件的 SMTP 服务器的地址
Port	指定 SMTP 服务的端口，默认为 25
IsHTML	指定邮件是否允许 HTML 格式
Username	指定 SMTP 服务器的用户名
Password	指定 SMTP 服务器的密码

3. AspEmail 组件使用实例

（1）简单邮件发送。首先制作邮件发送页面，如程序 6-05.html 所示。

```
<html>
<head>
<title>aspemail 组件发送简单邮件</title>
</head>
<body bgcolor="#bfbfbf"><center>
<font color="#0000ff" size="4"><h2>发送简单邮件</h2><hr width="100%"
size="3" color="red">
<form method="post" action="6-06.asp">
<table cellspacing="0" cellpadding=2 bgcolor="#efefef" style=
"font-size:14px;">
<tr height="50" valign="middle"><td width="130" align="right">发件人邮箱：
</td>
    <td width="300" align="left"><input type="text" name="from"
size="35"></td></tr>
    <tr height="50" valign="middle"><td width="130" align="right">发件人姓名：
</td>
    <td width="300" align="left"><input type="text" name="fromname"
size="35"></td></tr>
    <tr height="50" valign="middle"><td width="130" align="right">收件人邮箱：
</td>
    <td width="300" align="left"><input type="text" name="to" size=
"35"></td></tr>
    <tr height="50" valign="middle"><td width="130" align="right">邮件标题：</td>
```

```
        <td width="300" align="left"><input type="text" name="subject"
size="35"></td></tr>
    <tr height="50" valign="top"><td width="130" align="right">邮件内容: </td>
    <td    width="300"    align="left"><textarea    name="body"    cols="35"
rows="5"></textarea></td></tr>
    <tr height="50" valign="middle">
    <td colspan="2" align="center"><input type="submit" name="send"
value="发送邮件"></td></tr>
    </table></form>
    </center>
    </body>
    </html>
```

单击"发送邮件"按钮后，由程序 6-06.asp 来对邮件信息进行处理，并完成邮件发送。

```
<%
strHost = "smtp.163.com"  'SMTP 服务器地址
if request("Send") <> "" then
   set mail = Server.CreateObject("Persits.MailSender")
   mail.Host = strHost
   mail.username="your_mail_name"
   mail.password="your_mail_password"
   mail.From = request("from") ' 发件人地址
   mail.FromName = request("fromname") ' 发件人姓名
   mail.AddAddress request("to") '收件人地址
   mail.Subject = request("subject") ' 邮件主题
   mail.Body = request("body") ' 邮件内容
   on error resume next
   mail.Send ' 发送邮件信息
end if
%>
<html><title>发送邮件提示信息</title></head>
<body bgcolor="#efefef"><center>
<% if err <> 0 then %>
    <font size="3" face="arial" color="#0020a0">
    <h3>发送邮件发生错误: </h3></font>
    <font size="3" face="arial" color="#ff2020">
    <h2>"<% = err.Description %>"</h2></font>
    <font size="2" face="arial" color="#0020a0">
    <a href="6-05.html">请重新发送! </a></font>
<% else %>
    <font style="font-family:arial;font-size:14px;color:#0020a0;">
    <strong> 发 送 成 功 ！ 邮 件 已 发 送 到 邮 箱 : <% = request("to")
%></strong></font>
    <p><font                                       color="#0020a0"
style="font-family:arial;font-size:14px;color:#0020a0;">
    <a href="6-05.html">继续发送</a></font></p>
<% end if %>
</center>
</body>
</html>
```

邮件发送时，Mail.Send 方法有可能会发生异常，如果有异常发生则与 AspUpload 组件的处理方法相同，使用 Err 对象来进行捕捉，并使用 Description 属性返回异常的描述信息，如果发送过程正确完成，则返回发送成功提示信息。

在程序 6-06.asp 中，首先需要设置 SMTP 服务器的地址，在本实例中设定的地址 163
信箱的 SMTP 服务器，如果服务器不提供 SMTP 服务或者没有开启 SMTP 服务或者在服务
器端开启了"禁止邮件中继服务"选项（不在其允许的 IP 段或指定范围内的空间里的程序
无法使用其 SMTP 服务），则邮件发送会出现错误，解决方法是使用支持 SMTP 的邮件服务
器最好：使用自己带有 SMTP 功能的邮件服务器。如果 SMTP 服务器需要身份验证，还需
要设置 mail.username 和 mail.password 即邮箱用户名和密码，然后获取表单提取的邮件内容，
完成邮件的发送。运行结果如图 6-5 所示。

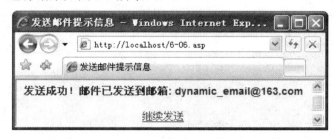

图 6-5　使用 AspEMail 完成邮件发送

（2）发送邮件及附件。在发送邮件的时候，如果需要在邮件中添加附件，可以使用
AspEMail 组件的 AddAttachment 来实现，并且往往需要将附件文件上传到服务器，这就需
要配合 AspUpload 组件来完成，如程序 6-07.html 所示。

```
<html>
<head>
<title>aspemail 组件发送邮件及附件</title>
</head>
<body bgcolor="#bfbfbf"><center>
<font color="#0000ff" size="4"><h2>发送邮件及附件</h2><hr width="100%"
size="3"
 color="red">
<form method="post" enctype="multipart/form-data" action="6-08.
asp">
<table cellspacing="0" cellpadding=2 bgcolor="#efefef" style=
"font-size:14px;">
<tr height="50" valign="middle"><td width="130" align="right">发件人邮箱:
</td>
    <td width="300" align="left"><input type="text" name="from"
size="35"></td></tr>
    <tr height="50" valign="middle"><td width="130" align="right">发件人姓名:
</td>
    <td width="300" align="left"><input type="text" name="fromname"
 size="35"></td></tr>
    <tr height="50" valign="middle"><td width="130" align="right">收件人邮箱:
</td>
    <td width="300" align="left"><input type="text" name="to"
size="35"></td></tr>
    <tr height="50" valign="middle"><td width="130" align="right">邮件标题:</td>
    <td width="300" align="left"><input type="text" name="subject"
size="35"></td></tr>
    <tr height="50" valign="middle"><td width="130" align="right">添加附件:</td>
    <td width="300" align="left"><input type="text" name="subject"
size="30"></td></tr>
    <tr height="50" valign="top"><td width="130" align="right">邮件内容: </td>
```

```
    <td width="300" align="left"><textarea name="body" cols="35"
rows="5"></textarea></td></tr>
<tr height="50" valign="middle">
    <td colspan="2" align="center"><input type="submit" name="send"
value="发送邮件"></td></tr>
</table></form></center>
</body>
</html>
```

单击"发送邮件"按钮后，邮件信息的处理使用 AspEMail 组件方法，而附件文件的提交需要使用 AspUpload 组件，如程序 6-08.asp 所示。

```
<%
strHost = "smtp.163.com"
set upload = Server.CreateObject("Persits.Upload")
upload.IgnoreNoPost = true
on error resume next
upload.Save "c:\upload" ' 将文件保存
if upload.Form("Send") <> "" then
    set mail = Server.CreateObject("Persits.MailSender")
    mail.From = upload.Form("from")
    mail.username="your_mail_name"
    mail.password="your_mail_password"
    mail.FromName = upload.Form("fromname")
    mail.Host = strHost
    mail.Subject = upload.Form("subject")
    mail.Body = upload.Form("body")
    mail.AddAddress upload.Form("to")
    ' 使用 Upload.Files 处理上传文件
    '使用 If 语句判断是否有文件需要上传
    if not upload.Files("Attachment") is nothing then
    mail.AddAttachment upload.Files("Attachment").Path
    end if
    mail.Send ' 发送邮件信息
end if
%>
<html><title>发送邮件及附件提示信息</title></head>
<body bgcolor="#efefef"><center>
<% if err <> 0 then %>
    <font size="3" face="arial" color="#0020a0">
    <h3>发送邮件发生错误: </h3></font>
    <font size="3" face="arial" color="#ff2020">
    <h2>"<% = err.Description %>"</h2></font>
    <font size="2" face="arial" color="#0020a0">
    <a href="6-07.html">请重新发送! </a></font>
<% else %>
    <font
style="font-family:arial;font-size:14px;color:#0020a0;"><strong>
    发送成功! 邮件已发送到邮箱: <% = upload.Form("To") %></strong></font>
    <p><font style="font-family:arial;font-size:14px;color:#0020a0;">
    <a href="6-07.html">继续发送</a></font></p>
<% end if %>
</center>
</body>
</html>
```

在 6-08.asp 中，首先创建 AspUpload 对象，通过 IgnorNoPost 属性设置允许附件为空，然后执行 Save 操作。只有执行 Upload.Save，才能用 Upload.Form 来获取邮件发送页面中非文件表单的内容，使用 Upload.File 来获取页面中上传的文件。Upload.Save 方法和 Mail.Send 方法都可能有异常发生，在代码中加入了异常捕获代码来对可能出现的异常进行处理。

任务 6.2　典例案例分析——邮件服务器的配置与开发

ASP 使用组件完成邮件收发，除去介绍的 AspEMail 组件外，还有 CDONTS、IISMail、JMail 等，其中 CDONTS 为微软服务器版操作系统自带的电子邮件发送组件。这些组件中，JMail 组件是应用较为广泛的，JMail 组件的调用也较为简单，只需要注册 DLL 即可，而其他组件则需要在 IIS 中设置发布 SMTP 服务器。

W3 JMail 邮件组件是 Dimac 公司开发的用来完成邮件的发送、接收、加密和集群传输等工作的，是国际最为流行的邮件组件之一。因为 W3 JMail 组件使用了新的内核技术，使其更加可靠和稳定。

W3 JMail 组件具有支持 HTML、多收件人、抄送、暗送等特点。具备发信 SMTP 服务器认证、将信件加入 SMTP 发信队列、在 HTML 邮件中嵌入附件中的图片、POP3 收信、PGP 加密邮件及邮件合并功能。

JMail 组件的安装和卸载与其他组件类似，使用安装程序或注册 DLL 完成安装，使用"添加/删除程序"或 regsvr32 /u jmial.dll 完成卸载。

1. 使用 JMail 组件发送邮件

要是用 JMail 发送邮件，首先创建 JMail.Message 对象实例：

```
set msg=Server.CreateObject("JMail.Message")
```

对象创建完成之后创建一个新的邮件，邮件的组成部分与 AspEMail 组件邮件的组成部分类似，使用 From 添加发件人邮箱地址，FromName 添加发件人名称，AddRecipient 添加收件人邮箱地址，可以多次使用 AddRecipient 方法添加多个收件人，AddRecipientCC 添加抄送人邮箱地址等。

```
msg.From="jmail@dimac.net"
msg.FromName="W3 JMail"
msg.AddRecipient("test@dimac.net")
```

收发邮件地址和信息设置完成后，创建邮件内容。使用 Sbuject 添加邮件主题，Body 添加邮件体。

```
msg.Subjec="hi"
msg.Body="This is a test mail!"
```

然后，用 Send 发送邮件，如果 SMTP 服务器需要发信验证，可以在 SMTP 服务器地址前加上用户名和密码，使用格式为用户名：密码@邮件服务器；或者在邮件发送之前使用 MailServerUserName、MailServerUserPassword 来指定用户名和密码。

```
msg.Send("username:password@smtp.dimac.net")
```

或

```
msg.MailServerUserName="username"
msg.MailServerPassword="password"
msg.Send("smtp.dimac.net")
```

在发送邮件时，可能用到的其他方法和属性及其功能如下：

msg.Logging，设置是否打开 JMail 的日志功能，对程序调试比较有用。

msg.Silent，当设置为 True 时，Send 方法会忽略所有错误，将错误代码保存到 ErrorCode 函数中，并返回一个布尔变量，如果邮件发送成功，返回 True，如果发送失败，返回 False。

msg.CharSet，设置邮件标题和内容的编码，如果邮件标题中有中文，需设定编码为 gb2312，默认编码为 USA-ASCII。

msg.ContentType，设置邮件体的内容格式。

msg.AddAttachment，为邮件添加一个文件行的附件，附件可以设置为嵌入式。

msg.AddCustomAttachment，为邮件添加一个自定义型附件。

msg.AppendBodyFromFile，清除邮件正文，使用指定的文件内容作为邮件正文。

msg.AppendText，将指定的文本内容追加到邮件正文中。

msg.Clear，清除所有邮件信息，msg 对象成为一个空对象。

msg.ClearRecipients，清空收件人列表

msg.ClearAttachments，清空附件列表。

msg.Close，关闭 JMail 与邮件服务器的连接。

2．使用 JMail 组件接收邮件

JMail 组件具备收取邮件功能，从 POP3 服务器中收取邮件，首先创建 JMail.POP3 对象实例，并建立与 POP3 服务器的连接。

```
set mail=Server.CreateObject("JMail.POP3")
mail.Connect "username","password","pop3.dimac.net"
```

使用 Count 属性获取邮箱中邮件个数，并使用 Messages 集合返回邮件，Message 集合不像多数的集合或数组一样，是从 1 开始编号的。

```
if mail.Count>0 then set msg=mail.Messages.item(1)
```

将 Message 集合中的第一项赋给 JMail.Message 对象，可以使用 Message 对象的属性和方法得到邮件的各个部分，并在页面中显示出邮件内容。

3．使用 JMail 组件建立收发邮件程序

学习了 JMail 组件的收发邮件功能及步骤，可以使用 JMail 组件来建立收发邮件程序，并可以将其放入到网站中，配置邮件服务器。

要进行邮件的收发，首先要建立邮箱登录界面，如程序 loginEMail.html 所示。

```
<html>
<head>
<title>邮箱登录</title>
<style type="text/css">
body{background-color:#dddddd;text-align:center;}
p{font-family:黑体;font-size:18px;color:#0020a0;}
.span{font-family:宋体;font-size:12px;color:#ff0000;font-weight:
bold;}
.td1{background-color:#ffff00;text-align:center;            height:30px;
```

```
width:100px;
                                            font-family:黑体;font-size:
14px;}
    .td2{background-color:#cccccc;text-align:left;
width:252px;font-family:arial;font-size:12px;}
    .input{font-family:arial;font-size:22px;border:0px;height:30px;}
    .input2{font-family:宋体;font-size:16px;font-weight:bold;height:
30px;
    width:90px;background-color:#e3e8dc;}
    </style>
    <script type="text/vbscript">
    sub checkInfo
    dim tempStr,except
    tempStr="<table broder='3'><tr><td><image src='./images/wrong.
gif'/></td>
                                <td        valign='middle'        align='left'
class='span'>"
    except=0
    if loginEmail.mailAddress.value="@163.com" then
        tempStr= tempStr & " 邮箱地址为空  "
        except=except+1
    end if
    if loginEmail.username.value="" then
        tempStr= tempStr & "  用户名称为空   "
        except=except+1
    end if
    if loginEmail.userpassword.value="" then
        tempStr= tempStr & "  登录密码为空   "
        except=except+1
    end if
    tempStr = tempStr&"</td></tr></table>"
    if except<>0 then
        infoDisplay.innerhtml=tempStr
    else
        loginEmail.submit
    end if
    end sub
    </script>
    </head>
    <body style="font-size:14px;">
    <p><strong>登录邮箱</strong></p>
    <form name="loginEMail" method="post" action="mailMain.asp">
    <table border="1" cellspacing="0" cellpadding="0">
    <tr><td class="td1">邮箱地址</td><td class="td2">
    <input  class="input"  type="text"  name="mailAddress"  value="@163.com"
size="20"></td></tr>
    <tr><td class="td1">登录用户</td><td class="td2">
    <input    class="input"    type="text"    name="username"    size="20"
value=""></td></tr>
    <tr><td class="td1">登录密码</td><td class="td2">
    <input class="input" type="password" name="userpassword" size=
"20" value=""></td></tr>
    </table><br>
    <input  class="input2"  type="button"  onclick="checkInfo"  value=" 登    录
"><br><br>
    <span id="infoDisplay"></span>
    </body>
```

```
    </html>
```

loginEMail.html 页面中包含了邮箱地址、用户名、密码 3 项，并设置按钮的事件，在相应代码中对用户的输入内容进行验证，任何一项内容填写有误，都会在当前页面中给出提示信息，如果填写正确，则转到 mailMain.asp 进行信息处理。

```
    <%
    '定义 Session 变量存储用户信息
    session("mailAddress")=trim(request("mailAddress"))
    session("username")=trim(request("username"))
    session("userpasswrod")=trim(request("userpassword"))
    %>
    <html>
    <head>
    <title>邮箱页面</title>
    <style type="text/css">
    body{background-color:#dddddd;text-align:center;}
    .mailname{font-family:Arial;font-size:26px;color:#0020a0;}
    .td1{font-family:宋体;font-size:16px;font-weight:bold;height:30px;
width:110px;
                                            background-color:#6787c5;
text-align:center;}
    a:link,a:hover,a.visited{color:#000000;text-decoration:none;}
    .td2{font-family:黑体;font-size:15px; text-align:left;font-weight:
bold;}
    </style>
    </head>
    <body>
    <table border="0" cellspacing="0" cellpadding="0">
    <tr height="90"><td valign="bottom" align="left" class="mailname">
   <%=trim(request("mailAddress"))%></td>
    <td valign="bottom" align="left">
    <table border="0" cellspacing="3" cellpadding="0">
    <tr><td class="td1" onmouseover="this.style.backgroundColor=
'#ff0000'"

onmouseout="this.style.backgroundColor=''">
    <a href="./sendMail.asp" target="_blank">发 信</a></td>
    <td class="td1" onmouseover="this.style.backgroundColor='#ff0000'"

onmouseout="this.style.backgroundColor=''">
    <a href="./receiveMail.asp" target="_blank">收 信</a></td>
    </tr></table>
    </td>
    <tr><td colspan="2" height="15" valign="top"><hr width="100%">
</td></tr>
    <tr><td colspan="2" class="td2">
    <p>   欢迎 <%=trim(request("username"))%>
 
    使 用 邮 箱 </p><p>    单 击 " <a href="./sendMail.asp"
target="_blank">发信</a>"
    和 "<a href="./receiveMail.asp" target="_blank">收信</a>"按钮，完成邮件发送和
接收。</p>
    </td></tr>
    </table>
```

```
</body>
</html>
```

在 mailMain.asp 页面中，设置发送邮件和收取邮件的链接，用户可以点击链接进行收发邮件操作，而且使用 Session 对象变量把用户提交的信息保存，以提供给发送邮件和接收邮件程序使用。发送邮件的页面 sendMail.asp 跟 6-07.html 类似，在 6-07.html 的基础上，通过 Session 对象变量获取用户邮箱地址和用户名称，代码如下所示：

```
<%
mailAddr=session("mailAddress")
user=session("username")
%>
```

在创建邮件页面中，使发件人邮箱地址的值为 mailAddr，发件人姓名的值为 user，代码如下所示：

```
<input type="text" name="from" value=<%=mailaddr%> readonly>
```

在 senMail.asp 中单击"发送邮件"按钮，则提交信息到 sendHandler.asp，在 sendHandler.asp 中对表单项的值进行处理，使用 JMail 组件创建邮件并完成邮件发送。

```
<%
set msg = Server.CreateObject("JMail.Message")
msg.Logging=true
msg.Silent = true
'设置标题和内容编码，如果标题有中文，必须设定编码为 gb2312
msg.Charset = "gb2312"
msg.From = session("mailAddress") ' 发送者地址
msg.FromName = session("username") ' 发送者姓名
msg.MailServerUserName = session("username") ' 身份验证的用户名
msg.MailServerPassword = session("userpassword") ' 身份验证的密码
'加入新的收件人
msg.AddRecipient(request("mailto"))
msg.Subject = request("mailsubject")
msg.Body = request("mailbody")
'增加一个嵌入式附件
contentId = msg.AddAttachment(Server.MapPath("./images/wrong.
gif"))
%>
<html><title>发送邮件及附件提示信息</title></head>
<body bgcolor="#efefef">
<center>
<% if not msg.Send("smtp.163.com") then %>
    <font size="3" face="arial" color="#0020a0">
    <h3>邮件发送发生错误：</h3>
    </font>
    <font size="3" face="arial" color="#ff2020">
    <h4>"<%=msg.ErrorCode.ToString()+ "<br/>" + mail.ErrorMessage.
ToString()
    +"<br/>" + mail.ErrorSource.ToString() +"<br/>"%>"</h4>
    </font>
    <font size="2" face="arial" color="#0020a0">
    <a href="./sendMail.asp">请重新发送！</a>
    </font>
<% else %>
    <font
```

```
style="font-family:arial;font-size:14px;color:#0020a0;"><strong>
        发送成功！邮件已发送到邮箱: <% =request("mailto") %></strong>
      </font>
      <p><font style="font-family:arial;font-size:14px;color:#0020a0;">
      <a href="./sendMail.asp">继续发送</a>
      </font></p>
<% end if
msg.close()
set msg=nothing
%>
</center>
</body>
</html>
```

在发送处理程序 sendHandler.asp 中，按照 JMail 发送邮件的步骤，创建 JMail.Message 对象实例，设置编码格式为 gb2312，然后设置邮件的发送者邮件地址。由于大多数的 POP3 服务器均需要发信验证，所以设置发信用户名和密码，随后添加收件人，设置邮件主题和内容，使用 Send 方法发送邮件。Send 方法返回 True 或 False，可以使用 Send 方法作为条件来进行判断发送是否成功。如果发送成功，则返回成功提示信息；如果发送失败，则通过 ErrorCode、ErrorMessage、ErrorSource 返回错误信息。如果在 sendMail.asp 页面中包含 type="file"的表单项，即文件框，则 Form 标记中需要设置 enctype="multipart/form-data"。在 sendHandler.asp 中，首先通过文件上传组件获取 File 表单项的内容并上传，同时使用文件上传组件的方法获取表单中其他表单项的值，同程序 6-08.asp 类似，因为如果表单设置 enctype="multipart/form-data"，则无法通过 Request 方法获取表单项的值。在 sendHandler.asp 程序中，直接使用 AddAttachment 方法添加了一个附件。程序运行结果与图 6-3 相同，给出发送成功的提示信息或发送失败的错误信息。

在 mailMain.asp 页面中，单击"收信"按钮，则进入 receiveHandler.asp 程序，进行邮箱邮件的收取。

```
<%
set pop3 = Server.CreateObject( "JMail.POP3" )
pop3.connect        session("mailAddress"),        session("userpassword"),
"pop.163.com"
if pop3.count > 0 then
set msg = pop3.Messages.item(1) ' 邮件数组从 1 开始
sendTo = ""
sendCC = "" '定义收件人和抄送人变量
set receivers = msg.Recipients
separator = ", " ' 得到收件人和抄送人列表字符串
for i = 0 to receivers.Count - 1
  if i = receivers.Count - 1 Then
    separator = ""
  end if
  set re = receivers.item(i)
  if re.ReType = 0 then
   sendTo = sendTo & re.Name & " (" & re.EMail & ")" & separator
  else
   sendCC = sendTo & re.Name & " (" & re.EMail & ")" & separator
  end if
next
'获取邮件附件信息
function getAttachments()
```

```
      set attachFiles = msg.Attachments
      separator = ", "
      for i = 0 to attachFiles.Count - 1
        if i = attachFiles.Count - 1 then
          separator = ""
        end if
      set attach = attachFiles(i)
      attach.SaveToFile( "c:\attachments\" & attach.Name )
      getAttachments = getAttachments & attach.Name & "(" & attach.Size & " bytes)" &_
    separator
      next
    end function
    %>
    <html>
    <head>
    <title>接收邮件页面</title>
    <style type="text/css">
    body{background-color:#dddddd;text-align:center;}
    .mailname{font-family:Arial;font-size:26px;color:#0020a0;}
    .td1{font-family:宋体;font-size:16px;font-weight:bold;

height:30px;width:110px;background-color:#6787c5;text-align:center;}
    a:link,a:hover,a.visited{color:#000000;text-decoration:none;}
    .td2{font-family:黑体;font-size:15px;text-align:left;font-weight:
bold;}
    .td3{font-family:黑体;font-size:14px;text-align:center;

font-weight:bold;background-color:#ffff00;width:100px;height:30px;}
    .td4{font-family:arial;font-size:14px;text-align:left;background-color:#
dddddd;width:300px
    ;}
    </style>
    </head>
    <body>
    <table border="0" cellspacing="0" cellpadding="0">
    <tr height="90"><td valign="middle" align="left" class="mailname">
           <%=session("mailAddress")%></td>
    <td valign="bottom" align="left">
    <table border="0" cellspacing="3" cellpadding="0">
    <tr><td class="td1" onmouseover="this.style.backgroundColor=
'#ff0000'"

onmouseout="this.style.backgroundColor=''">
    <a href="./sendMail.asp" target="_blank">发 信</a></td>
    <td class="td1" onmouseover="this.style.backgroundColor='#ff0000'"
                              onmouseout="this.style.backgroundColor=''">
    <a href="./receiveHandler.asp" target="_blank">收 信</a></td>
    </tr></table>
    </td></tr>
    <tr><td colspan="2" height="15" valign="top"><hr width="100%">
</td></tr>
    <tr><td colspan="2" style="font-family:arial;text-align:center;"
height="30" valign="top"
    class="td2">
    <%=pop3.count%> emails in your mailbox!</td></tr>
    <tr><td colspan="2" align="center">
```

```
<table border="1" cellspacing="0" cellpadding="0">
  <tr><td  class="td3"> 主 题 </td><td  class="td4"> <%=  msg.Subject
%></td></tr>
  <tr><td class="td3">发送人</td><td class="td4"> <%= msg.FromName
  %></td></tr>
  <tr><td  class="td3"> 收 件 人 </td><td  class="td4"> <%=  sendTO
%></td></tr>
  <tr><td  class="td3"> 抄 送 人 </td><td  class="td4"> <%=  sendCC
%></td></tr>
  <tr><td class="td3">内容</td><td class="td4"><pre><%= msg.Body
  %></pre></td></tr>
  <tr><td class="td3">附件</td><td class="td4"> <%= getAttachments
  %></td></tr>
</table>
</td></tr>
</table>
</body>
</html>
<%
end if
pop3.Disconnect
msg.close()
set msg=nothing
set pop3=nothing
%>
```

创建 JMail.POP3 实例对象，并建立到 POP3 服务器的连接，使用 Count 获得当前邮箱中的邮件个数，使用 Messages.item 获得邮箱中的每个邮件。在本例中，获得邮箱中的第一个邮件。使用 Recipients 获取收件人和抄送人的字符串列表，并通过 getAttachments 过程获得邮件的附件信息，并使用 SaveToFile 方法将附件保存。在本例中，将附件内容保存在 C:\attachments 目录中，运行程序前，需要创建该目录，否则出现路径错误的提示信息。通过 Subject、Body 获取邮件的主题和内容，然后在页面中完成邮件信息的显示，运行结果如图 6-6 所示。

图 6-6　JMail 组件收取邮件

JMail 组件能够使用第三方 SMTP 服务器和 POP3 服务器完成邮件的发送和收取，所以在网站中，可以整合支持 SMT、POP3 的邮件服务器，如 163.com、263.net 等，使用 JMail 组件让网站拥有发送邮件和接收邮件的功能。

任务 6.3　小结

在本项目中，主要介绍 ASP 的两类外置：文件上传组件和邮件组件。文件上传组件介绍 AspUpload 和 LyfUpload（实训），邮件组件介绍了 AspEmail 和 JMail。

如果要实现文件上传，在页面中需设置 Form 的 Enctype 属性值为 multipart/form-data，表单提交时同时交完整的文件，而不是输入或选择的文件路径。表单提交后，创建文件上传组件对象实例，使用文件上传组件的方法获取表单项的值并完成文件的上传，执行上传操作时可能发生错误，在代码中需要包含异常捕捉代码来对异常或错误进行处理。

使用邮件组件完成邮件发送，步骤大致为：创建邮件组件对象实例，由于一般的 SMTP 服务器需要进行发信验证，所以需要设置 SMTP 服务器的用户名和密码，然后设置邮件的各个组成部分，如发件人邮箱地址、收件人邮箱、邮件主题及内容等，然后使用邮件组件的发送方法完成邮件发送。在发送过程中发生的错误信息使用代码进行捕获并处理。邮件组件中的 AspMail 和 JMail 组件均可完成邮件的发送，JMail 组件还可以从 POP3 服务器完成邮件的收取。

如果在发送邮件的同时需要发送附件，则需要将邮件组件和文件上传组件来结合使用，一般首先创建文件上传组件的对象实例，执行文件上传操作，然后使用文件上传组件的方法来获取表单中非文件表单项的值。因为有附件发送时，Form 的 Enctype 属性值为 multipart/form-data，无法使用 Asp 的 Request 方法获取一般表单的值；最后使用邮件组件对象创建邮件并完成发送。

任务 6.4　项目实训与习题

AspUpload 组件的功能齐全，而且功能强大，但是该组件只有 30 天的免费试用期限。ASP 的文件上传组件很多，其中 LyfUpload 是一个国产免费的 ASP 文件上传组件，可以在 ASP 页面中接收客户端浏览器使用 encType= "multipart/form-data"的 Form 上载的文件。该组件具备单文件上载、多文件上载、限制文件大小上载、限制某一类型文件上载、文件上载到数据库、数据库中读取文件及文件上载重命名等功能。在本任务实训中，对 LyfUpload 的使用做简单介绍。

6.4.1　实训指导　LyfUpload 组件应用

LyfUpload 是一个 DLL 文件，名称为 LyfUpload.dll，可以将 dll 文件复制到%windir%\system32 目录下，使用 regsvr32 完成组件的注册。

LyfUpload 组件提供了 4 个方法和 3 个属性。

1. LyfUpload 组件的方法及参数说明

（1）Request 方法。Request 方法获取提交的表单元素的值，语法格式为：

```
luName.Request（itemName）
```

其中 luName 是 LyfUpload 组件对象的名称，itemName 为提交的表单项的 Name 属性指定的名称。该方法以字符串类型返回表单项的值。

（2）FileType 方法。FileType 方法得到上传文件的 Content-Type，其参数为表单中文件元素 Name 属性指定的名称。文件上传成功，返回文件的 Content-Type 类型，否则返回空字符串。

（3）SavaFile 方法。SavaFile 方法上传客户端选择的文件，其语法格式为：

```
luName.SavaFile(strTag, strPath, strWay, DestFileName )
```

其中，strTag 为表单中文件元素的名字，如 upfile；strPath 为文件保存在服务器的路径；strWay 为上传文件方式，覆盖方式上传为 True，不覆盖上传为 False；DestFileName 是可选参数，代表文件上传后重命名保存的名字。

SaveFile 方法有多个返回值。如果文件上传成功，返回上传的文件的名字；如果文件上传失败，返回为空字符串；如果上传文件后缀不符合规则，返回为 0（当设置了 extName 属性时有效）；如果上传文件大小太大，返回 1（当前设置了 MaxSize 属性时有效）；如果上传文件同服务器文件名称相同，返回 2（当设置了参数 strWay 为 false 时有效）。可以判断 SaveFile 方法的返回值，给出文件上传错误的确切原因。

（4）About 方法。About 方法显示 LyfUpload 组件的作者及版本号等信息调用。

2. LyfUpload 组件的属性说明

（1）ExtName 属性。ExtName 属性可以设置上传文件的类型，设置方法如下所示：

```
luName.extname="txt" '限制上传文件类型为 txt 文件
luName.extname="gif,jpg,bmp" '多个文件类型请用逗号隔开
```

（2）MaxSize 属性。MaxSize 属性设置上传文件的最大大小，设置方法如下所示：

```
luName.maxsize=1024768
```

（3）FileSize 属性。FileSize 属性得到上传文件的大小。

3. 使用 LyfUpload 组件完成文件上传

首先建立类似 6-01.html 的上传表单，其中包含两个文件元素和两个文本域元素，如程序 upFileLyf.html 主要代码所示。

```
<form method="post" enctype="multipart/form-data" action="./upFileHandle.asp">
    文件名称<input type="file" size="40" name="firstFile"><br>
    文 件 描 述 <textarea name="firstDescirption" cols="39" rows="2"></textarea><br>
    文件名称<input type="file" size="40" name="secondFile"><br>
    文 件 描 述 <textarea name="secondDescirption" cols="39" rows="2"></textarea><br>
    <input type="submit" value="上传文件">
</form>
```

单击"上传文件"按钮后，提交给 upFileHandle.asp 来进行处理。

```
<%
set lyfu=Server.CreateObject("LyfUpload.UploadFile") '创建 LyfUpload 组件对象
lyfu.extname="txt,jpg,gif" '限制上传的文件类型
```

```
    lyfu.maxsize=1048576      '限制上传文件的大小为 1M
    '获取文件描述信息
    f1Descrip=lyfu.request("firstDescirption")
    f2Descrip=lyfu.request("secondDescirption")
    '获取文件路径信息
    f1Name=split(lyfu.request("firstFile"),"""")(1)
    f2Name=split(lyfu.request("secondFile"),"""")(1)
    '统计文件成功上传个数
    number=0
    %>
    <html>
    <head><title>文件上传处理页面</title>
    <style type="text/css">
    body{background-color:#dddddd;text-align:center;}
    p{font-family:arial;font-size:14px;color:#0020a0;}
    .td1{background-color:#ffff00;text-align:center;                   height:30px;
width:100px;
           font-family:黑体;font-size:14px;}
    .td2{background-color:#cccccc;text-align:left;
    width:300px;font-family:arial;font-size:12px;}
    .td3{background-color:#cccccc;text-align:left; width:300px;font-family:黑
体;
           font-size:13px;color:#ff0000;border-bottom-style:double;}
    </style>
    </head><body>
    <p style="font-size:15px;"><strong>LyfUpload 组件上传文件信息</strong></p>
    <%
    '使用原文件名保存文件，上传方式为不覆盖上传，保存文件夹为 UploadFiles
    f1=lyfu.SaveFile("firstFile",Server.MapPath("./UploadFiles"),false)
    response.write("<table border='1' cellspacing='0'><tr><td class=
'td1'>文件路径
    <td class='td2'>" & f1name & "</td></tr>")
      '根据 SaveFile 方法返回值的不同，向页面输出不同内容
    if f1="" then
       response.write("<tr><td               style='border-bottom-style:double;'
class='td1'>错误提示</td>
        <td class='td3'>上传失败</td></tr>")
    elseif f1="0" then
       response.write("<tr><td               style='border-bottom-style:double;'
class='td1'>错误提示</td>         <td class='td3'>上传文件类型不符合要求</td></tr>")
    elseif f1="1" then
       response.write("<tr><td               style='border-bottom-style:double;'
class='td1'>错误提示</td>
    <td class='td3'>上传文大小超过最大限制(1048576 Bytes)</td></tr>")
    elseif f1="2" then
       response.write("<tr><td               style='border-bottom-style:double;'
class='td1'>错误提示</td>
        <td class='td3'>文件已上传，不能重复上传</td></tr>")
    else
       '上传成功，个数加 1
       number=number+1
       f1size=lyfu.FileSize
       response.write("<tr><td class='td1'>文件类型<td class='td2'>" & _
         lyfu.FileType("firstFile") & "</td></tr>")
       response.write("<tr><td class='td1'>文件大小<td class='td2'>" & f1size
& "
```

```
           Bytes</td></tr>")
        response.write("<tr><td          style='border-bottom-style:double;'
class='td1'>文件描述
        <td style='border-bottom-style:double;' class='td2'>" & f1Descrip &
"</td></tr>")
    end if
    f2=lyfu.SaveFile("secondFile",Server.MapPath("./UploadFiles"),false)
    response.write("<tr><td class='td1'>文件路径<td class='td2'>" & f2name &
"</td></tr>")
    if f2="" then
        response.write("<tr><td class='td1'>错误提示</td><td class=
'td3'>上传失败</td></tr>")
    elseif f2="0" then
        response.write("<tr><td class='td1'>错误提示</td>
        <td class='td3'>上传文件类型不符合要求(txt/jpg)</td></tr>")
    elseif f2="1" then
        response.write("<tr><td class='td1'>错误提示</td>
        <td class='td3'>上传文件大小超过最大限制(1048576 Bytes)</td>
</tr>")
    elseif f2="2" then
        response.write("<tr><td class='td1'>错误提示</td>
        <td class='td3'>文件已上传，不能重复上传</td></tr>")
    else
        number=number+1
        f2size=lyfu.Filesize
        response.write("<tr><td class='td1'>文件类型<td class='td2'>" & _
            lyfu.FileType("secondFile") & "</td></tr>")
        response.write("<tr><td class='td1'>文件大小<td class='td2'>" & f2size
& "
        Bytes</td></tr>")
        response.write("<tr><td  class='td1'> 文 件 描 述 <td  class='td2'>" &
f2Descrip &
    "</td></tr>")
    end if
    set lyfu=nothing
    response.write("</table>")
    '根据 number 的值，输出提示信息
    if number<>0 then
        response.write("<p
style='font-family:arial;font-size:14px;color:#0020a0;'>
        <strong>" & number & " file(s) have been uploaded!</strong>
</p>")
    else
        response.write("<p
style='font-family:arial;font-size:14px;color:#0020a0;'>
        <strong>No file(s) have been uploaded!</strong></p>")
    end if
    %>
    <p style="font-size:15px;"><a href="./upFileLyf.html">继续上传</a></p>
    </body>
    </html>
```

在 upFileHandle.asp 中，首先创建 LyfUpload 组件对象，使用其属性设置上传文件的类型和最大容量，使用 Request("firstDescirption")获取表单项的值得到文件的描述信息。Request("firstFile")的返回值是包含文件路径、文件类型等信息的字符串，其中文件路径是

使用"""包含的，所以可以使用 Split 函数分离出文件路径。

执行文件保存操作，并根据 SaveFile 方法返回值来确定页面输出内容，如果文件上传成功，则将上传成功文件个数统计变量 Number 的值加 1。最后根据 Number 的值输出文件上传提示信息，运行结果如图 6-7 所示。

图 6-7　使用 LyfUpload 组件上传文件

6.4.2　习题

一、填空题

1．当进行文件上传时，Form 表单 Enctype 属性的值应设置为＿＿＿＿＿＿＿＿＿＿＿＿＿＿＿＿。

2．除使用安装文件以外，还可以使用注册 DLL 的方式来安装组件，具体步骤为：在安装路径的文件夹中或下载文件中，找到组件对应的 DLL 文件，可以将其复制或移动到其他的文件夹，然后在命令提示符中使用＿＿＿＿＿＿＿＿＿＿＿＿＿＿＿命令来注册组件。

3．组件的卸载可以通过程序组自带的卸载文件，也可以通过控制面板中的"添加/删除程序"或者使用＿＿＿＿＿＿＿＿＿＿＿＿＿＿＿命令来卸载组件 DLL 文件。

二、程序设计

1．在个人主页中，添加文件上传页面，并使用 AspUpload 或 LyfUpload 组件完成文件上传。

2．完善 loginEMail.html 页面，使用户可以选择登录的邮箱服务器，如@163.com、@263.net 等。

3．完善 receiveHandler.asp 程序，使程序完成在页面中显示邮箱中所有邮件的发送人、接收者、邮件主题、发送时间，并完成分页，每页显示 10 个邮件，单击邮件主题可以阅读邮件内容，单击发送人链接可以给他发送邮件。

4．使用 JMail 组件整合支持 SMTP 和 POP3 服务的邮件服务器，完成使用第三方邮件服务器的邮件发送接收系统。

项目 7

简易论坛开发

论坛也是互联网上应用非常广泛的应用系统，几乎所有网站都提供了自己的网上论坛。网上论坛都需要后台数据库的支持，本项目将介绍一个由 ASP+SQL Server 开发的论坛系统，通过对网上论坛统学习，使读者掌握并正确使用动态数据对象（ADO）。

项目要点

- ➤ ADO 的基本概念及如何在 ASP 程序中使用 ADO 的对象
- ➤ ADO 的对象 Connection、RecordSet 和 Command 的使用
- ➤ SQL 语句的基本概念及如何利用 SQL 语句操作数据库
- ➤ 综合应用 ADO 对象实现简易论坛系统

任务 7.1 动态数据对象（ADO）

ADO（ActiveX Data Object，ActiveX 数据对象）是微软公司推出的成熟的数据库访问技术，利用 ADO 对象，通过 ODBC 驱动程序或 OLE DB 链接字符串，可实现对任意数据库的存取和访问。使用 ADO 几乎可以对所有数据库进行读取和写入操作。可以使用 ADO 来访问 Microsoft Access、Microsoft SQL Server 和 Oracle 等数据库。下面是 ADO 对象模型中主要对象和集合，其功能如下：

- 连接对象（Connection） 用来建立与数据库的连接，应用程序在访问一个数据库之前，首先需要与数据库建立正确的连接，然后才能读写该数据库中内容。

- 记录集对象（RecordSet）　用来保存查询语句返回的结果。使用 RecordSet 对象可以对数据进行操作，所有 RecordSet 对象都是由记录和字段组成的。
- 命令对象（Command）　用来执行 SQL 语句或者 SQL Server 的存储过程。
- 参数对象（Parameter）　用来为存储过程或查询提供参数。
- Filed 对象　代表 RecordSet 对象的一列数据，可以使用 Filed 对象的 Value 属性设置或返回当前记录的数据。
- Error 对象　记录连接过程中所发生的错误信息，每当产生一个错误，都会有一个或多个 Error 对象被放到 Connection 对象的 Errors 集合中。
- Fileds 集合　每一个 RecordSet 对象都包含由 Filed 对象组成的 Filed 集合，一个 Filed 对象代表 RecordSet 集中的一列。
- Errors 集合　列举 Errors 集合中指定的错误，可使错误处理程序更精确地确定产生错误的原因及错误来源，并采取适当的措施。

下面介绍常用的连接对象 Connection、记录集对象 RecordSet 和命令对象 Command。

7.1.1　Connection 对象

与数据库的所有通信都通过一个打开的 Connection 对象进行，对一个数据库进行数据的插入和读取之前必须先打开数据库链接。Connection 对象代表与数据源进行的唯一会话。

如果是客户机服务器模式的数据库系统，该对象可等价到服务器的实际网络连接，Connection 对象除了与数据源连接外，还可通过事务（Transaction）来确保在事务中所有对数据源的变更成功。可以使用 ASP 内置对象中的 Server 对象的 CreateObject 方法来创建 Connection 对象，例如：

```
Set conn= Server.CreateObject("ADODB.Connection")
```

数据库表是由行和列组成的一个二维表，当使用 ADO 打开数据库的时候，会有一个指针指向某一行记录。默认的情况下，该指针指向数据库的第一行，假定该指针为 rs，如果要访问数据库表中的字段，可以使用如图 7-1 所示写法。

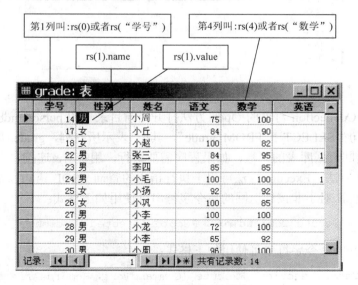

图 7-1　关系数据库表与指针

其中，写法 rs(0)、rs("学号")、rs.field(0)和 rs.field("学号")是相同的，写法 rs(3)、rs("语文")、rs.field(3)和 rs.field("语文")是相同的。其余类推，根据上表和注释，rs(1).name 等价于 rs.field(1).name 等价于性别，rs(4).name 等价于 rs.field(4).name 等价于数学。假设当前的指针指向第二行记录，那么：rs(2).value 等价于 rs(2)等价于 rs("姓名")等价于小张，rs(4).value 等价于 rs(4)等价于 rs("数学")等价于 60。

1. Connection 对象的方法

Connection 对象提供了很多方法、属性和集合，其中提供的方法有 Open 方法、Execute 方法、Close 方法、BeginTrans 方法、CommitTrans 方法、RollbackTrans 方法等。下面分别对其介绍。

（1）Open 方法。要建立与一个数据库的连接，首先创建 Connection 对象的一个实例，然后调用 Connection 对象的 Open 方法打开一个连接，然后才能发出命令对数据源产生作用。并通过程序 7-01.asp 输出数据库的表头。

```
<%
set conn = Server.CreateObject("ADODB.Connection")
    conn.Open("driver={Microsoft Access Driver (*.mdb)};dbq=" &_
    Server.MapPath("person.mdb"))
set rs = conn.Execute( "SELECT * FROM grade" )
For I = 0 to rs.Fields.Count - 1
    Response.Write("<li>" & rs(I).Name)
Next
 conn.close()
%>
```

程序运行的结果如图 7-2 所示。

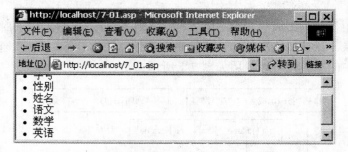

图 7-2　输出数据表的表头

程序中利用 Connection 对象的 Open 方法打开当前目录下的 person.mdb 文件，然后执行一个 SQL 语句"SELECT * FROM grade"，其中*表示所有列，grade 是数据库表名。rs.Fields.Count 返回数据库表的列数，如果程序需要折行，用符号&连接。

（2）Execute 方法。Execute 方法可用于执行指定的查询、SQL 语句以及存储过程等。其一般格式有两种，对于非按行返回的命令字符串可使用如下格式：

```
Connection. Execute CommandText, RecordsAffected, Options
```

对于按行返回的命令字符串可使用如下格式：

```
Set RecordSet=Connection. Execute (CommandText, RecordsAffected,
Options)
```

该方法返回一个 Recordset 对象。参数 CommandText 是字符串类型，可以是要执行的 SQL 语句、表名、存储过程或特定提供器的文本；RecordsAffcted 是长整型变量，数据提供器将让它返回操作的记录数，例如，如果想知道在执行一个 SQL 语句后到底删除了多少条记录，可把一个变量传递给 RecordsAffevted，这样，提供检查该变量的值就可知道删除了多少记录；Options 参数表示请求类型，它可以告诉数据源 CommandText 所代表的是一个 SQL 命令、存储过程还是一个表名，它不是必须的。该参数的值及相应的含义见表 7-1。

表 7-1　Options 参数的值及含义

常　量	说　明
adCmdText	指示执行的是一个 SQL 命令
adCmdTable	指示 CommandText 所代表的是一个表名
adCmdStorproc	表明 Execute 方法将要执行的是一个数据源知道的存储过程
adCmdUnknown	此参数表明 CommandText 中的命令类型不清楚

Execute 方法可以执行标准的 SQL 语句命令，如 Select（查询提取数据）、Insert（插入数据）、Delete（删除数据）、Update（修改数据）、CreateTable（创建表）等操作。例如，在当前目录中有一个 person.mdb 数据库，该数据库中具有如图 7-3 所示的 grade 表，程序 7-02.asp 将使用 Execute 方法检索该表中的数据并将其显示在网页上。

```
<HTML>
<BODY>  <UL>
<%
    Set conn = Server.CreateObject("ADODB.Connection")
    conn.Open("driver={Microsoft Access Driver (*.mdb)};dbq=" &_
        Server.MapPath("person.mdb"))
    Set rs = conn.Execute( "SELECT * FROM grade" )
    For I = 0  to  rs.Fields.Count - 1
        Response.Write("<LI>" & rs(I).Name & " = " & rs(I))
    Next
    conn.close()
%>
</UL>
</BODY> </HTML>
```

grade: 表

学号	性别	姓名	语文	数学	英语
14	男	小周	75	100	80
15	女	小刘	85	100	90
17	女	小丘	84	90	82
18	女	小赵	100	82	80
20	男	小刘	82	100	82
22	男	张三	84	95	100
23	男	李四	85	85	85
24	男	小毛	100	100	100
25	女	小扬	92	92	92
26	女	小巩	100	85	91
27	男	小李	100	100	91
28	男	小龙	72	100	84
29	男	小李	65	92	92

记录: 1 共有记录数: 16

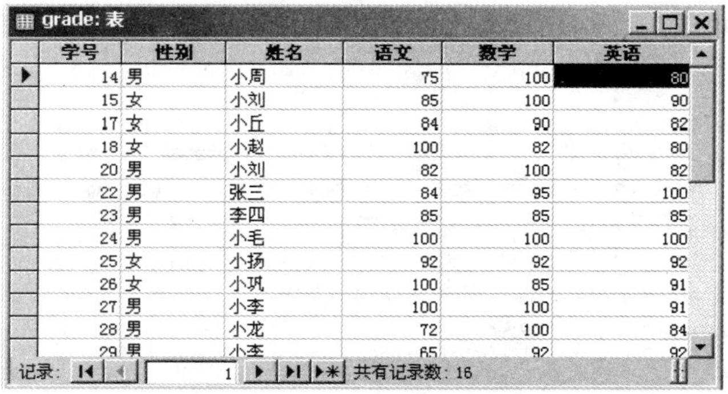

图 7-3　数据库表的结构

程序的运行结果如图 7-4 所示。

图 7-4 使用 Execute 方法

程序中使用 Connection 对象的 Execute 方法检索数据库中的数据，在此只将 SQL 查询语句作为 Execute 方法的参数，使用执行 Execute 方法返回的结果显示到网页上，用此方法显示数据库中的数据。

（3）Close 方法。创建一个 Connection 对象后，如果不再需要，可以关闭该对象，并最终释放该对象，否则会长期占用系统资源。使用 Close 方法可以关闭 Connection 对象，如下所示（假设 Conn 是一个 Connection 对象实例）：

```
Conn.close
```

但使用 Close 方法只是将 Connection 对象关闭，并没有将其从内存中彻底清除。要将对象从内存中彻底清除，可使用下列语句：

```
Set Conn=Nothing
```

如果仅仅调用了 Close 方法，再次使用该对象时不需要重新创建。但在将对象设置为 Nothing 后，就只有重新创建该对象后才能使用。

在 7-02.asp 中只是输出了数据库中的一行数据，要想输出所有数据可用一个循环输出数据库中所有的数据。当数据库打开时，对象定位在数据库表的第一条记录上，输出第一条记录的内容；要想输出第二条记录，必须执行 rs.MoveNext()指令，让它移动到下一条记录。

其次还要介绍的语句是：rs.Bof(Begin Of File 文件开头)和 rs.Eof(End Of File 文件结尾)，这两条语句判断记录指针是否移动最前面和最后面，理解它的关键在于 Bof 的位置是在第一条记录之前，Eof 是在最后一条记录之后。如果 rs 指针在最后一条记录上，再执行一次 rs.MoveNext()时，则 rs.Eof 为真；如果 rs.Bof 或者 rs.Eof 为真，这时读取数据会出错。其结构如图 7-3 所示。

使用程序 7-03.asp 以表格的形式输出表的全部内容。

```
<HTML><BODY>
<%
    Set conn = Server.CreateObject("ADODB.Connection")
    conn.Open("driver={Microsoft Access Driver (*.mdb)};dbq=" &_
        Server.MapPath("person.mdb"))
    Set rs = conn.Execute( "SELECT * FROM grade" )
      Response.write ("<TABLE BORDER=1>")
      Response.write ("<TR>")
    ' Part I  输出"表头名称"
    For i=0 to rs.Fields.Count-1
Response.Write("<TD><B>" & rs(i).Name & "</B></FONT></TD>")
    Next
    Response.write ("</TR>")
%>
```

```
<%
' Part II  输出数据表的"内容"
rs.MoveFirst()              ' 将目前的数据记录移到第一项
While Not rs.EOF            ' 判断是否过了最后一项
    Row = "<TR ALIGN=MIDDLE>"
        For i=0 to rs.Fields.Count-1
          Row = Row & "<TD>" & rs(i) & "</TD>"
        Next
    Response.Write(Row & "</TR>")
    rs.MoveNext()              ' 移到下一项
 Wend
   conn.close()
%>
</BODY> </HTML>
```

执行上面的程序，程序以表格的形式输出到浏览器上，程序实现一个循环，将所有的数据都显示出来，每次循环让 RecordSet 对象向下移动一次，直到移动到最后一条记录为止，所以显示出来的是全部数据，而且以表格的形式输出到浏览器上，如图 7-5 所示。

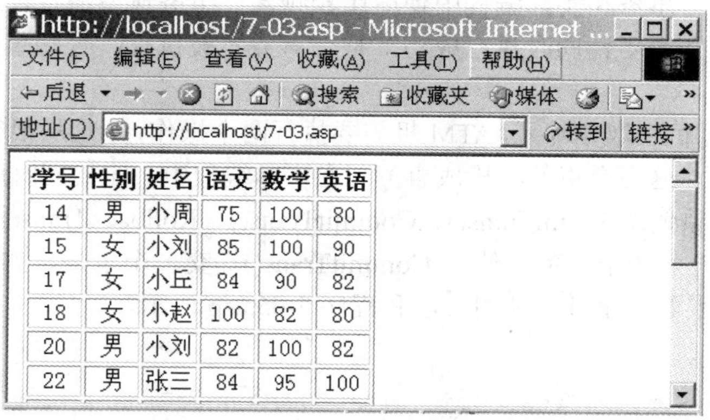

学号	性别	姓名	语文	数学	英语
14	男	小周	75	100	80
15	女	小刘	85	100	90
17	女	小丘	84	90	82
18	女	小赵	100	82	80
20	男	小刘	82	100	82
22	男	张三	84	95	100

图 7-5　表格的形式输出

可以将输出的程序改写成一个子过程的形式，便于以后的调用，如程序 7-04.asp 所示。

```
<HTML><BODY>
<%
    Set conn = Server.CreateObject("ADODB.Connection")
    conn.Open("driver={Microsoft Access Driver (*.mdb)};dbq=" &_
    Server.MapPath("person.mdb"))
set  rs = conn.Execute( "SELECT * FROM grade" )
        rstotab(rs)
    conn.close()
%>
<%
Function rstotab(rs)
    Response.write ("<TABLE BORDER=1>")
    Response.write ("<TR>")
    ' Part I  输出"表头名称"
    For i=0 to rs.Fields.Count-1
```

```
        Response.Write("<TD><B>" & rs(i).Name & "</B></FONT></TD>")
    Next
    Response.write ("</TR>")
' Part II    输出数据表的"内容"
    rs.MoveFirst()              '将目前的数据记录移到第一项
    While Not rs.EOF            '判断是否过了最后一项
        Row = "<TR ALIGN=MIDDLE>"
        For i=0 to rs.Fields.Count-1
            Row = Row & "<TD>" & rs(i) & "</TD>"
        Next
    Response.Write(Row & "</TR>")
    rs.MoveNext()               '移到下一项
  Wend
 End Function
%></BODY> </HTML>
```

显示的结果依然将所有记录输出来，当要向浏览器输出信息时，只要包含这个函数，并调用函数就即可。此方法可以提高编程效率。

（4）使用事务。事务在实际编程中使用比较频繁。事务典型的特征是：事务中一般包含几个事件，只有几个事件同时执行成功，整个事务才被执行，否则事务中的事件将不被执行。

比如：在 ATM 机上取 400 元，ATM 机需要执行两个操作，一是从银行账户上减去 400；二是将钱返给用户。这两个事件将构成事务。在实际编程中，需要同时成功，同时失败。

Connection 对象使用 BeginTrans()、CommitTrans()、RollbackTrans()方法来处理事务。使用 BeginTrans()开始一个事务，使用 CommitTrans()提交一个事务，如果有错误发生，利用 RollbackTrans()来取消事务。使用方法和程序 7-05.asp 所示。

```
<%
  Set conn = Server.CreateObject("ADODB.Connection")
    conn.Open ("driver={Microsoft Access Driver (*.mdb)};dbq=" &_
        Server.MapPath("person.mdb"))
    conn.BeginTrans()              '开始事务处理
    strSql="DELETE FROM grade WHERE 姓名='小张'" '删除记录
    conn.Execute(strSql)
    '删除记录
strSql="DELETE FROM grade WHERE 姓名='小刘'"
    conn.Execute(strSql)
    If  conn.Errors.Count = 0 Then    '如果无错误，就执行
        conn.CommitTrans()            '提交事务处理结果
        Response.Write("成功执行")
    Else
        conn.RollbackTrans()          '如果有错误，则取消事务处理结果
        Response.Write("有错误发生，取消处理结果")
End If
%>
```

程序执行的结果如图 7-6 所示。

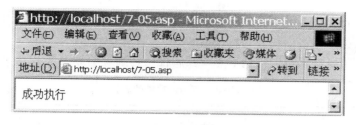

图 7-6 使用事务

2. Connection 对象的属性

前面已使用 Connection 对象建立数据库的连接时已经用到了该对象的 ConnectionString 属性，除此之外，Connection 对象的属性还包括 CommandTimeout、ConnectionTimeout、Attributes、Mode、Provider 等。下面分别介绍。

（1）CommandTimeout 属性与 ConnectionTimeout 属性。ConnectionTimeout 属性用来设置 Connection 对象的 Open 方法与数据库连接时的最长等待时间，默认值为 15 秒。如果设置为 0，系统一直等待，直到连接成功。

CommandTimeout 属性用于设置 Connection 对象的 Execute 方法运行时系统等待的最长时间上，默认值为 30 秒。如果设置为 0，系统一直等待，直到该方法运行结束。

（2）ConnectionString 属性。ConnectionString 属性是 Connection 对象中最常见的属性，包含用于建立数据源连接的信息，由包含 Provider、Data Source、User ID、Password，以及 FileName 等参数。

（3）Provider 属性。该属性用来返回或设置 Connection 对象的提供器（内置数据库管理程序的名称），默认值为 MSDASQL（Microsoft OLE DB Provider for ODBC），它负责管理所有以 ODBC 连接的数据库。

（4）Mode 属性。该属性用来设置操作数据库的权限，它只能在 Connection 对象没有被打开的情况下进行设置，具体可采用的值见表 7-2。

表 7-2 Mode 属性可取值

属 性 值	说　　明
AdModeUnknown	默认值，表示权限尚未设置或无法确定
AdModeRead	设置权限为只读
AdModeWrite	设置权限为只写
AdModeReadWrite	设置权限为可读 / 写
AdModeShareDenyRead	防止其他用户使用读权限打开连接
AdModeShareDenyWrite	防止其他用户使用写权限打开连接
AdModeShareExclusive	防止其他用户打开连接
AdModeShareDenyNone	防止其他用户使用任何权限打开连接

3. Connection 对象的数据集合

Connection 对象具有两种数据集合，分别是 Errors 集合和 Properties 集合。前者包含 Connection 对象最近一次的错误或警告信息，后者包含 Connection 对象所定义的相关属性。

Error 对象是 Connection 对象的子对象。数据库程序运行时，一个错误就是一个 Error 对象，所有的 Error 对象就组成了 Errors 集合，又称为错误集合。

可以利用 Errors 集合的 Count 属性来判断是否有错误发生，还可以提取出错误的描述，最后根据错误的类型，给出相应的解决措施。

对象提供一些属性来得到错误信息，其属性及详细说明见表 7-3。

表 7-3　Error 对象的属性

参　数	说　明	用　法
Number	错误编号	Err. Number
Description	错误描述	Err. Description
Source	发生错误的原因	Err. Source
HelpContext	错误的提示文字	Err. HelpContext
HelpFile	错误的提示文件	Err. HelpFile
NativeError	数据库服务器产生的错误	Err. NativeError

Error 对象的使用方法如程序 7-06.asp 所示。

```
<%
On Error Resume Next         '发生错误后，继续执行下一句
    Set conn = Server.CreateObject("ADODB.Connection")
    conn.Open("driver={Microsoft Access Driver (*.mdb)};dbq=" &_
        Server.MapPath("person1.mdb"))  '该数据库不存在
    Dim I,err
    For I =0 To conn.Errors.Count-1       '循环输出所有的错误对象
        Set err=conn.Errors.Item(I)       '建立 Error 对象 err
        Response.Write "错误编号: " & err.Number & "<br>"
        Response.Write "错误描述: " & err.Description & "<br>"
        Response.Write "错误原因: " & err.Source & "<br>"
Response.Write "提示文字: " & err.HelpContext & "<br>"
        Response.Write "帮助文件: " & err.HelpFile & "<br>"
        Response.Write "原始错误: " & err.NativeError & "<br>"
Next
%>
```

程序执行的结果如图 7-7 所示。

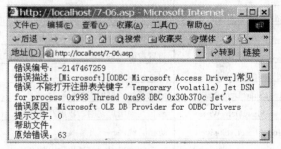

图 7-7　使用 Error 对象

程序中，给出了错误的数据库连接地址，因此出现了错误。Error 对象将所有的信息全部取出。

7.1.2　RecordSet 数据对象

记录集（RecordSet）可以用来表示表中的记录。一个记录集包含一条或多条记录（行），

每一条记录包括一个或多个域（字段）。在任何时刻，只有一条记录是当前记录。

创建记录集对象的一个实例，可以使用 Connection 对象的 Execute 方法，用 Execute 创建的记录集指针只能向下，而不能向上移动，即不能执行 MoveFirst 和 MovePrevious 命令。

1．RecordSet 对象的方法

（1）RecordSet 的 Open 方法。RecordSet 对象的使用，必须首先使用 Server.CreateObject 方法来创建一个实例方可使用，创建 RecordSet 对象的实例的语法格式为：

```
Set rs = Server.CreateObject("ADODB. RecordSet ")
```

RecordSet 对象的 Open 方法用来打开指定的数据源，从中提取 RecordSet 记录集中的数据内容，其语法格式如下：

```
'第一步：建立 Connection 对象
Set conn = Server.CreateObject("ADODB.Connection")
'第二步：使用 Connection 对象的 Open 方法建立数据库的连接
conn.Open("driver={Microsoft Access Driver (*.mdb)};dbq=" &_
Server.MapPath("Access 数据库"))
'第三步：建立 RecordSet 对象
Set rs = Server.CreateObject("ADODB. RecordSet ")
'第四步：利用 RecordSet 对象的 Open 方法打开数据库
rs. Open "SQL 语句", conn, 打开方式, 锁定类型
```

首先建立一个 RecordSet 对象，然后利用 rs.Open 方法打开数据库表。rs.Open 方法有 4 个参数，后面的两个参数，即打开方式和锁定类型，可以省略。第一个参数是 SQL 语句。第二个参数是前面建立的 Connection 对象。下面介绍后面两种参数。

打开类型的 4 个参数如下，这些参数定义在 ADOVBS.INC 文件中。

AdOpenFowardOnly：对应的数字是 0（默认值），记录集只能向前移动。

AdOpenKeyset：对应的数字是 1，记录集可以向前或向后移动。如果另一个用户删除或改变一条记录，记录集中将反应这个变化。但是，如果另一个用户添加一条新记录，新记录不会出现在记录集中。

AdOpenDynamic：对应的数字是 2，使用动态游标，可以在记录集中向前或向后移动，其他用户造成的任何记录变化都将在记录集中有所反应。

AdOpenStatic：对应的数字是 3，使用静态游标，可以在记录集中向前或向后移动。但是静态游标不会对其他用户造成的记录有所反应。

锁定类型的参数如下。

adLockReadOnly：只读锁定，对应的数字是 1（默认值），不能修改记录集中的记录。

adLockPessimistic：悲观锁定，对应的数字是 2，制定在编辑一个记录时，立即锁定它。例如：

```
进入锁定------->        rs("数学")= rs("数学")+100
                       rs("英语")= rs("英语")+100
                       rs.Update()                         ------->解除锁定
```

adLockOptimistic：乐观锁定，对应的数字是 3，制定只有调用记录集的 Update()方法时，才能锁定记录。

例如：

```
                rs("数学")= rs("数学")+100
                rs("英语")= rs("英语")+100
进入锁定------->    rs.Update()        ------->解除锁定
```

adLockBatchOptimistic：批次乐观锁定，对应的数字是 4，指定记录只能成批更新。

例如：

```
        For I=1 to 10
            rs("数学")= rs("数学")+100
            rs("英语")= rs("英语")+100
            rs.MoveNext
        Next
进入锁定------->   rs.UpdateBatch ()                    ------->解除锁定
```

（2）RecordSet 的其他方法。RecordSet 对象的方法很多，除了 Open 方法之外，还有很多常用的方法，见表 7-4。

表 7-4　RecordSet 对象常用的方法

方　　法	说　　明	用　　法
Close()	关闭记录集	Rs. Close()
Requery()	重新打开记录集	Rs. Requery()
Move()	当前记录前后移动的条数	Rs. Move()
MoveFirst()	移动到第一条记录	Rs. MoveFirst()
MoveNext()	移动到下一条记录	Rs. MoveNext()
MovePrevious()	移动到记录集中的上一条记录	Rs. MovePrevious()
MoveLast()	移动到记录集中的最后一条记录	Rs. MoveLast()
AddNew()	向记录集中添加一条新记录	Rs. AddNew()
Delete()	从记录集中删除当前记录	Rs. Delete()
Update()	保存对当前记录所做的修改	Rs. Update()
UpdateBatch()	保存一个或多个记录的修改	Rs. UpdateBatch()
CancelBatch()	取消一批更新	Rs. CancelBatch()

2．RecordSet 对象的属性

在进行数据库操作时，RecordSet 对象使用频繁，它的诸多属性也会经常被用到。下面介绍 RecordSet 对象的常用属性。RecordSet 对象常用的属性见表 7-5。

表 7-5　RecordSet 对象常用的属性

属　　性	说　　明	用　　法
ActiveConnection	当前记录采用的数据连接	Rs.ActiveConnection
RecordCounts	记录集的总数	Rs. RecordCounts
BOF	记录集的开头	Rs.BOF
EOF	记录集的结尾	Rs.EOF

属　性	说　明	用　法
PageCount	返回记录集中的逻辑页数	Rs.PageCount
PageSize	返回逻辑页中的记录个数	Rs.PageSize
AbsolutePage	指定当前页	Rs.AbsolutePage
AbsolutePosition	指定当前的记录	Rs.AbsolutePosition

（1）AbsolutePosition 属性。AbsolutePosition 属性存储当前数据游标在 RecordSet 对象中的位置。这两个属性的返回值一般时介于 1 和 RecordCount 属性值之间的整数，但也可以给它赋值，当给 AbsolutePosition 赋值时，记录指针就会定位到相应的记录位置上。

当数据库第一次打开时，RecordSet 指针定位在第一条记录上，可以利用 AbsolutePosition 直接定位到某条记录上，基本语法是：AbsolutePosition=N。程序文件如 7-07.asp 所示。

```
<%
    set conn = Server.CreateObject("ADODB.Connection")
    conn.Open("driver={Microsoft Access Driver (*.mdb)};dbq=" &_
        Server.MapPath("person.mdb"))
    set rs = Server.CreateObject("ADODB.Recordset")
    sql = "SELECT * FROM grade"
    rs.Open sql, conn, 3 ,1
    rs.AbsolutePosition = 2
    Response.Write(rs(2))
%>
```

程序执行完毕后，直接定位到数据库中第二条记录上，读取第三个字段的值，显示的结果如图 7-8 所示。

图 7-8　使用 AbsolutePosition 属性

（2）AbsolutePage 属性。AbsolutePage 属性存储当前数据游标在 RecordSet 对象中的绝对页数，当调用 AbsolutePage 时，系统将对数据记录进行分页，默认每页为 10 条记录，AbsolutePage 为几，记录指针就自动定位到第几页的第一条记录上。比如说，AbsolutePage=3，则指针就自动定位到第 21 条记录上去了，此时 AbsolutePosition=21。计算公式为：AbsolutePosition=（AbsolutePage-1）* PageSize+1，此时 PageSize 默认值为 10，也可以制定为其他的值。使用方法如程序 7-08.asp 所示。

```
<%
    set conn = Server.CreateObject("ADODB.Connection")
    conn.Open("driver={Microsoft Access Driver (*.mdb)};dbq=" &_
        Server.MapPath("person.mdb"))
    set rs = Server.CreateObject("ADODB.Recordset")
    sql = "Select * from grade"
```

```
        rs.Open sql, conn, 3, 1
        rs.PageSize = 4
        rs.AbsolutePage =2
        Response.Write(rs(1))
    %>
```

程序执行后，就把数据库中的第五条记录的第二个字段的内容输出到浏览器上，如图 7-9 所示。

图 7-9 使用 AbsolutePage 属性

（3）BOF、EOF 属性。BOF 属性可指示当前记录位置是否位于 RecordSet 对象的第一条记录之前，如果 BOF 属性值为"真"，则表示当前记录已位于第一条记录之前；否则，其值为"假"。

EOF 属性可指示当前记录位置是否位于 RecordSet 对象的最后一条记录之后。如果当前记录位于 RecordSet 对象的最后一条记录之后，EOF 属性将返回"真"，否则，EOF 属性将返回"假"。

当这两个属性的值都为"真"时，表示没有记录，因而常常利用这两个属性判断 RecordSet 对象里是否存在数据。同时与 AbsolutePosition、PageSize 等属性结合实现分页显示。如程序 Fpage1.asp 所示。

```
    <%
        set conn = Server.CreateObject("ADODB.Connection")
        conn.Open("driver={Microsoft Access Driver (*.mdb)};dbq=" &_
            Server.MapPath("person.mdb"))
        set rs = Server.CreateObject("ADODB.Recordset")
        sql = "SELECT * FROM grade"
        rs.Open sql, conn, 3
        rs.AbsolutePage = 1
    %>
    <TABLE border="1"><TR>
        <TD>学号</TD><TD>性别</TD><TD>姓名</TD><TD>数学</TD><TD>语文</TD><TD>英
语</TD></TR>
    <%
    For I = 0 To rs.PageSize-1
        If  rs.EOF OR rs.BOF Then Exit For
        Response.Write("<TR>")
        Response.Write("<TD>" & rs("学号") & "</TD>")
        Response.Write("<TD>" & rs("性别") & "</TD>")
        Response.Write("<TD>" & rs("姓名") & "</TD>")
        Response.Write("<TD>" & rs("数学") & "</TD>")
        Response.Write("<TD>" & rs("语文") & "</TD>")
        Response.Write("<TD>" & rs("英语") & "</TD>")
        Response.Write("</TR>")
```

```
        rs.movenext()
Next
conn.close()
%>
</table>
```

程序利用循环将该页的所有记录输出，如图 7-10 所示。

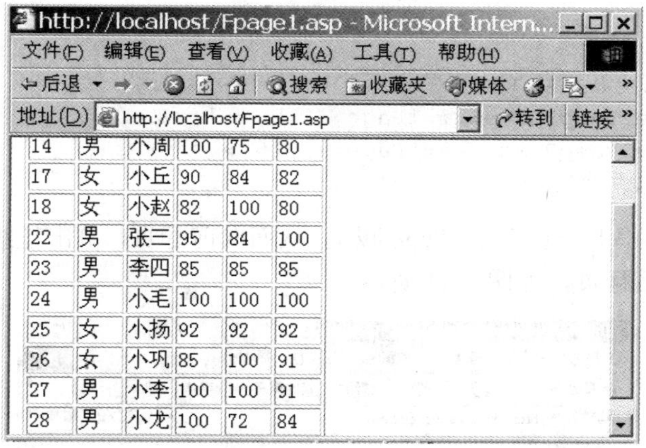

图 7-10　使用 BOF、EOF 属性

（4）PageSize 属性。PageSize 属性用来设置 RecordSet 对象内每一页的记录数。在上面的程序中，可以设置 PageSize 属性的值为 4，利用循环将该页的所有记录输出。同时也可以加上超级链接就可以实现翻页，如程序 Fpage2.asp 所示。

```
<%
Set conn = Server.CreateObject("ADODB.Connection")
conn.Open("driver={Microsoft Access Driver (*.mdb)};dbq=" &_
     Server.MapPath("person.mdb"))
Set rs = Server.CreateObject("ADODB.Recordset")
sql = "SELECT * FROM grade"
rs.Open sql, conn, 3
rs.PageSize = 4
If Request("page") <> "" Then     '第一次显示没有页码，默认显示第一页
     iPage = Cint(Request("page"))
Else
     iPage = 1
End If
Response.Write("当前第" & iPage & "页")
     rs.AbsolutePage = iPage
% >
     <TABLE border="1"><TR><TD>学号</TD><TD>性别</TD><TD>姓名</TD>
<TD>数学</TD><TD>语文</TD><TD>英语</TD></TR>
<%
    For I = 0 To rs.PageSize-1
    If rs.EOF OR rs.BOF Then Exit For
       Response.Write("<TR>")
       Response.Write("<TD>" & rs("学号") & "</TD>")
     Response.Write("<TD>" & rs("性别") & "</TD>")
       Response.Write("<TD>" & rs("姓名") & "</TD>")
```

```
        Response.Write("<TD>" & rs("数学") & "</TD>")
Response.Write("<TD>" & rs("语文") & "</TD>")
Response.Write("<TD>" & rs("英语") & "</TD>")
Response.Write("</TR>")
        rs.movenext()
Next
    conn.close()
%>
</TABLE><BR>
<A HREF="#">第一页</A>
<A HREF="Fpage2.asp?page=<%=iPage - 1%>">上一页</A>
<A HREF="Fpage2.asp?page=<%=iPage + 1%>"> 下一页</A>
<A HREF="#"> 最后页</A>
```

当单击超级链接"上一页"时 iPage 减 1，从而向前翻页，单击超级链接"下一页"时，iPage 加 1，从而向后翻页，如图 7-11 所示。

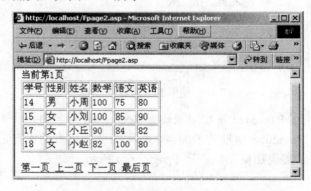

图 7-11 使用 PageSize 属性

（5）PageCount 属性。PageCount 属性存储 RecordSet 对象的页数。上面例子中数据库总共只有 4 页，但是文件中的的 iPage 值可以无限增加，也可以等于零，这时程序出错。可以利用 PageCount 属性得到总页数，修正以上程序中的 Bug。如程序 Fpage3.asp 所示。

```
<%
Set conn = Server.CreateObject("ADODB.Connection")
 conn.Open("driver={Microsoft Access Driver (*.mdb)};dbq=" &_
        Server.MapPath("person.mdb"))
Set rs = Server.CreateObject("ADODB.Recordset")
sql = "SELECT * FROM grade"
rs.Open sql, conn, 3
rs.PageSize = 4
If Request("page") <> "" Then '第一次显示没有页码，默认显示第一页
iPage = Cint(Request("page"))
    If iPage < 1 Then   iPage = 1  '页码小于1，则显示第一页
'当大于总页数的时候，显示最后一页
If  iPage > rs.PageCount Then iPage = rs.PageCount
Else
    iPage = 1
End If
    Response.Write("当前第" & iPage & "页，共" & rs.PageCount & "页")
```

```
            rs.AbsolutePage = iPage
%>
<TABLE border="1"><TR><TD>学号</TD><TD>性别</TD><TD>姓名</TD>
<TD>数学</TD><TD>语文</TD><TD>英语</TD></TR>
<%
For I = 0 To rs.PageSize-1
    If rs.EOF OR rs.BOF Then Exit For
        Response.Write("<TR>")
        Response.Write("<TD>" & rs("学号") & "</TD>")
        Response.Write("<TD>" & rs("性别") & "</TD>")
        Response.Write("<TD>" & rs("姓名") & "</TD>")
Response.Write("<TD>" & rs("数学") & "</TD>")
Response.Write("<TD>" & rs("语文") & "</TD>")
Response.Write("<TD>" & rs("英语") & "</TD>")
        Response.Write("</TR>")
        rs.movenext()
Next
%>
</TABLE><BR>
<%   '当前是第一页的时候，不显示"第一页"
If iPage <> 1 Then  %>
    <A HREF="Fpage3.asp?page=1">第一页</A>
    <A HREF=" Fpage3.asp?page=<%=iPage - 1 %>">上一页</A>
<% End If   '当前是最后一页的时候，不显示"最后页"
    IF iPage <> rs.PageCount Then  %>
<A HREF=" Fpage3.asp?page=<%=iPage+1%>">下一页</A>
<A HREF=" Fpage3.asp?page=<%=rs.pageCount%>">最后页</A>
<% End If
conn.close()
%>
```

至此，实现分页的基本功能。在实际应用时，当单击该超级链接时，显示该行的详细信息。加入超级链接的如程序 **Fpage4.asp** 所示，将姓名一列加上超级链接。

```
<%
    Set conn = Server.CreateObject("ADODB.Connection")
    conn.Open("driver={Microsoft Access Driver (*.mdb)};dbq=" &_
        Server.MapPath("person.mdb"))
    Set rs = Server.CreateObject("ADODB.Recordset")
    sql = "SELECT * FROM grade"
    rs.Open sql, conn, 3
    rs.PageSize = 4
    If Request("page") <> "" Then   '第一次显示没有页码，默认显示第一页
iPage = Cint(Request("page"))
If iPage < 1 Then   iPage = 1 '页码小于1，则显示第一页
        '当大于总页数的时候，显示最后一页
        If iPage > rs.PageCount Then iPage = rs.PageCount
    Else
        iPage = 1
    End If
Response.Write("当前第" & iPage & "页，共" & rs.PageCount & "页")
    rs.AbsolutePage = iPage
%>
```

```
<TABLE border="1"><TR><TD>学号</TD><TD>性别</TD><TD>姓名</TD>
<TD>数学</TD><TD>语文</TD><TD>英语</TD></TR>
<%
For I = 0 To rs.PageSize-1
     If rs.EOF OR rs.BOF Then Exit For
     Response.Write("<TR>")
     Response.Write("<TD>" & rs("学号") & "</TD>")
     Response.Write("<TD>" & rs("性别") & "</TD>")
%>
<TD><A HREF='detail.asp?xuehao=<%=rs("学号")%>' TARGET='_blank'>
      <%=rs("姓名")%></A></TD>
<%
   Response.Write("<TD>" & rs("数学") & "</TD>")
   Response.Write("<TD>" & rs("语文") & "</TD>")
   Response.Write("<TD>" & rs("英语") & "</TD>")
   Response.Write("</TR>")
   rs.movenext()
Next
%>
</TABLE><BR>
<%         '当前是第一页的时候，不显示"第一页"
If iPage <> 1 Then %>
   <A HREF="Fpage4.asp?page=1">第一页</A>
   <A HREF="Fpage4.asp?page=<%=iPage - 1 %>">上一页</A>
<% End If
'当前是最后一页的时候，不显示"最后页"
  IF  iPage <> rs.PageCount Then  %>
<A HREF="Fpage4.asp?page=<%=iPage+1%>">下一页</A>
<A HREF="Fpage4.asp?page=<%=rs.pageCount%>">最后页</A>
<% End If
conn.close()
%>
```

版本 4 只在版本 3 的基础上做了简单的修改，在输出时给姓名字段加上了超级链接，如图 7-12 所示。

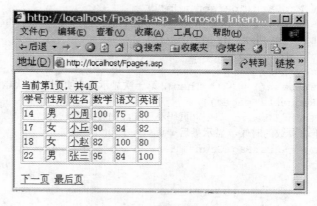

图 7-12　加上超级链接

当单击该超级链接时，调用另外一个文件 detail.asp 并将该学员的学号传递过去。detail.asp 文件的功能是显示该行的详细信息，如程序 detail.asp 所示。

```
<%
strNo = Request("xuehao")
Set conn = Server.CreateObject("ADODB.Connection")
    conn.Open("driver={Microsoft Access Driver (*.mdb)};dbq=" &_
        Server.MapPath("person.mdb"))
    strSQL = "select * from grade where 学号=" & strNo
    Set  rs = conn.Execute(strSQL)
%>
<HTML> <BODY>
<h1>姓名: <%=rs("姓名")%></h1>
成绩为: <br>
数学= <%=rs("数学")%><br>
英语=<%=rs("英语")%><br>
语文=<%=rs("语文")%><br>
</BODY> </HTML>
```

程序利用上页传递过来的学号作为查询条件查询数据库，显示该记录的详细信息，显示结果如图 7-13 所示。

图 7-13 显示详细信息

有时只加上表格的网页显示起来还不美观，一般在显示成表格时会加上一些样式，而且偶数行和奇数行可显示不同的背景颜色。下面程序将实现这些功能，如程序 Fpage5.asp 所示。

```
<%
    Set conn = Server.CreateObject("ADODB.Connection")
conn.Open("driver={Microsoft Access Driver (*.mdb)};dbq=" &_
        Server.MapPath("person.mdb"))
    Set rs = Server.CreateObject("ADODB.Recordset")
    sql = "SELECT * FROM grade"
    rs.Open sql, conn, 3
    rs.PageSize = 4
If  Request("page") <> "" Then    '第一次显示没有页码，默认显示第一页
iPage = Cint(Request("page"))
If iPage < 1 Then    iPage = 1    '页码小于1，则显示第一页
                '当大于总页数的时候，显示最后一页
If iPage > rs.PageCount Then iPage = rs.PageCount
Else
    iPage = 1
```

```
End If
    Response.Write("当前第" & iPage & "页，共" & rs.PageCount & "页")
    rs.AbsolutePage = iPage
%>
<TABLE CELLPADDING="2" BORDERCOLOR="Black" BORDER="1">
<TR STYLE="BACKGROUND-COLOR:#AAAADD;"><TD>学号</TD>
<TD>性别</TD><TD>姓名</TD><TD>数学</TD><TD>语文</TD>
<TD>英语</TD></TR>
<%
For I = 0 To rs.PageSize-1
    If rs.EOF OR rs.BOF Then Exit For
    If  I Mod 2 = 1 Then    '设置奇数和偶数行显示不同的背景颜色
    Response.Write("<TR
STYLE='BACKGROUND-COLOR:#FFFFCD;'>")
    Else
Response.Write("<TR>")
    End if
    Response.Write("<TD>" & rs("学号") & "</TD>")
    Response.Write("<TD>" & rs("性别") & "</TD>")
%>
<TD><A HREF='detail.asp?xuehao=<%=rs("学号")%>' TARGET='_blank'>
    <%=rs("姓名")%></A></TD>
<%
    Response.Write("<TD>" & rs("数学") & "</TD>")
Response.Write("<TD>" & rs("语文") & "</TD>")
Response.Write("<TD>" & rs("英语") & "</TD>")
Response.Write("</TR>")
    rs.movenext()
Next
%>
</TABLE><BR>
<%
'当前是第一页的时候，不显示"第一页"
If iPage <> 1 Then %>
    <A HREF="Fpage5.asp?page=1">第一页</A>
    <A HREF="Fpage5.asp?page=<%=iPage - 1 %>">上一页</A>
<% End If
'当前是最后一页的时候，不显示"最后页"
IF iPage <> rs.PageCount Then  %>
<A HREF="Fpage5.asp?page=<%=iPage+1%>">下一页</A>
<A HREF="Fpage5.asp?page=<%=rs.pageCount%>">最后页</A>
<% End If
    conn.close()
%>
```

语句 If I Mod 2 = 1 Then 判断当前行是否是奇数行，实现奇数行和偶数行显示不同的样式。程序执行的结果如图 7-14 所示。

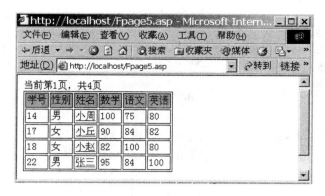

图 7-14 程序执行结果

7.1.3 Command 数据对象

Command 对象又称为命令对象，可以执行 SQL 语句和调用 SQL 语句的存储过程。通过传递语句指令，对数据库提出操作要求，把得到的结果返回给 RecordSet 对象。Command 对象提供了 SQL 语句的参数查询。

1. Command 对象的属性

Command 对象提供了一些属性用于指定数据库的连接对象、数据的查询信息。其常见属性见表 7-6。

表 7-6 Command 对象的常见属性

属　　性	说　　明	用　　法
ActiveConnection	指定 Command 用的连接对象	cmd.ActiveConnection=conn
CommandText	指定数据库查询信息	cmd.CommandText =表或 SQL
CommandType	指定查询类型	cmd.CommandType=1,2,4
CommandTimeout	执行 SQL 语句的最长时间	默认值为 30 秒
PrePared	是否预编译，可以加快速度	cmd. PrePared=true/false

Command 对象可以执行 SQL 语句、表名或者存储过程，CommandType 可以选择的值为 1、2 和 4，分别对应 SQL 语句、表名和存储过程。CommandType 默认是 0，表示在执行时，由程序自动检测命令类型，这样会减慢程序的执行。

利用 Command 对象的属性，可以对数据库进行操作，其基本格式如下所示。

```
'第一步：建立 Connection 对象
Set conn = Server.CreateObject("ADODB.Connection")
'第二步：使用 Connection 对象的 Open 方法建立数据库的连接
conn.Open("driver={Microsoft Access Driver (*.mdb)};dbq=" &_
Server.MapPath("Access 数据库"))
'第三步：建立 Command 对象
Set cmd = Server.CreateObject("ADODB. Command ")
cmd. ActiveConnection = conn
cmd.CommandText=sql
'第四步：利用 Command 对象的 Execute 方法执行 SQL 语句
执行查询语句
rs= cmd. Execute
```

执行数据操纵语句
cmd. Execute

2. Command 对象的方法

Command 对象的常用方法包括 CreateParameter 方法和 Execute 方法，下面对 Execute 进行介绍。

Execute 方法是 Command 对象的最常用的方法，使用该方法，可以执行指定的 SQL 语句或存储过程。执行该方法可以返回记录集对象，也可以不返回记录集对象，使用该方法如程序 7-09.asp。

```
<HTML> <BODY>
<%
     Set conn = Server.CreateObject("ADODB.Connection")
conn.Open("driver={Microsoft Access Driver (*.mdb)};dbq=" &_
        Server.MapPath("person.mdb"))
Set cmd = Server.CreateObject("ADODB.Command")
    cmd.ActiveConnection = conn
    sql = "SELECT * FROM grade WHERE 数学 < 200"
    cmd.CommandText = sql
    Set  rs = cmd.Execute()
    rstotab(rs)
%>
<%
Function rstotab(rs)
    Response.write ("<TABLE BORDER=1>")
    Response.write ("<TR>")
    ' Part I  输出"表头名称"
    For i=0 to rs.Fields.Count-1
    Response.Write("<TD><B>" & rs(i).Name & "</B></FONT></TD>")
    Next
Response.write ("</TR>")
rs.MoveFirst()              ' 将目前的数据记录移到第一项
 While Not rs.EOF           ' 判断是否过了最后一项
        Row = "<TR ALIGN=MIDDLE>"
        For i=0 to rs.Fields.Count-1
        Row = Row & "<TD>" & rs(i) & "</TD>"
     Next
     Response.Write(Row & "</TR>")
     rs.MoveNext()               ' 移到下一项
     Wend
    End Function
%>
</BODY></HTML>
```

首先建立一个 Command 对象名为 cmd，然后再将和数据库已经建立连接 conn 对象赋值给 cmd 的 ActiveConnection 属性。执行 SQL 语句将查询的结果赋值给 rs 对象，当 Command 对象执行 SELECT 语句时，自动返回一个 rs 对象，然后调用 rstotab(rs)函数将返回的数据显示到浏览器上，结果如图 7-15 所示。

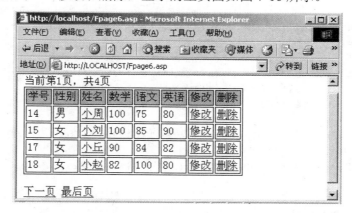

图 7-15　使用 Command 对象的方法

3．利用 Command 对象操作数据库

利用 Command 对象除了执行 SELECT 语句之外，同样可以执行 INSERT 语句、UPDATE 语句和 DELETE 语句，只是执行时不返回 RecordSet 对象。使用 Command 对象可以执行的存储过程。而且还可以为存储过程传递参数。

（1）执行删除修改语句。在程序 Fpage6.asp 页面显示表格中添加删除和修改的功能。首先为列表添加两列——修改和删除，显示的主页面如图 7-16 所示。

图 7-16　删除和修改功能

修改后的程序如 Fpage6.asp 所示。

```
<%
    Set conn = Server.CreateObject("ADODB.Connection")
    conn.Open("driver={Microsoft Access Driver (*.mdb)};dbq=" &_
        Server.MapPath("person.mdb"))
Set rs = Server.CreateObject("ADODB.Recordset")
sql = "SELECT * FROM grade"
rs.Open sql, conn, 3
rs.PageSize = 4
If  Request("page") <> "" Then     '第一次显示没有页码，默认显示第一页
    iPage = Cint(Request("page"))
    If iPage < 1 Then   iPage = 1 '页码小于 1，则显示第一页
    '当大于总页数的时候，显示最后一页
    If iPage > rs.PageCount Then iPage = rs.PageCount
Else
iPage = 1
```

```
End If
    Response.Write("当前第" & iPage & "页，共" & rs.PageCount & "页")
    rs.AbsolutePage = iPage
%>
<TABLE CELLPADDING="2" BORDERCOLOR="Black" BORDER="1">
<TR STYLE="BACKGROUND-COLOR:#AAAADD;">
<TD>学号</TD><TD>性别</TD><TD>姓名</TD><TD>数学</TD>
        <TD>语文</TD><TD>英语</TD><TD>修改</TD><TD>删除</TD>
</TR>
<%
For I = 0 To rs.PageSize-1
    If rs.EOF OR rs.BOF Then Exit For
        '设置奇数和偶数行显示不同的背景颜色
If I Mod 2 = 1 Then
        Response.Write("<TR STYLE='BACKGROUND-COLOR:#FFFFCD;'>")
        Else
        Response.Write("<TR>")
        End if
        Response.Write("<TD>" & rs("学号") & "</TD>")
        Response.Write("<TD>" & rs("性别") & "</TD>")
%>
<TD><A HREF='detail.asp?xuehao=<%=rs("学号")%>' TARGET='_blank'>
        <%=rs("姓名")%></A></TD>
<%
    Response.Write("<TD>" & rs("数学") & "</TD>")
    Response.Write("<TD>" & rs("语文") & "</TD>")
    Response.Write("<TD>" & rs("英语") & "</TD>")
%>
<TD><A HREF="modify.asp?xuehao=<%=rs("学号")%>">修改     </A></TD>

<TD><A HREF="del.asp?xuehao=<%=rs("学号")%>">删除</A></TD>
<%
 Response.Write("</TR>")
    rs.movenext()
 Next
%>
</TABLE>
```

程序添加了两列，并将两列做成超级链接形式，将学号作为参数传递到链接的页面。当单击"修改"按钮后，打开 modify.asp 文件。

```
<HTML> <BODY>
<%
    str = Request("xuehao")
    set conn = Server.CreateObject("ADODB.Connection")
conn.Open("driver={Microsoft Access Driver (*.mdb)};dbq=" &_
        Server.MapPath("person.mdb"))
    set cmd = Server.CreateObject("ADODB.Command")
    cmd.ActiveConnection = conn
    sql = "SELECT * FROM grade WHERE 学号 = " & str
    cmd.CommandText = sql
    set rs = cmd.Execute()
%>
```

```
<%=rs("姓名")%>>的成绩为:<br>
<FORM ACTION="do_mdysmt.asp" METHOD="post">
<%
'输出表内容
If not rs.EOF Then
%>
<INPUT TYPE="HIDDEN" NAME="xuehao" VALUE="<%=rs("学号")%>">
<BR>
语文:<INPUT TYPE="TEXT" NAME="yuwen" value="<%=rs("语文")%>">
<BR>
数学:<INPUT TYPE="TEXT" NAME="shuxue" value="<%=rs("数学")%>">
<BR>
英语:<INPUT TYPE="TEXT" NAME="yingyu" value="<%=rs("英语")%>">}
<BR>
<INPUT TYPE="SUBMIT" VALUE="修改">
<%
End If
%>
</FORM> </BODY></HTML>
```

程序将该学号人员的成绩读到文本框中,这样就可以修改了。程序显示的结果如图 7-17 所示。

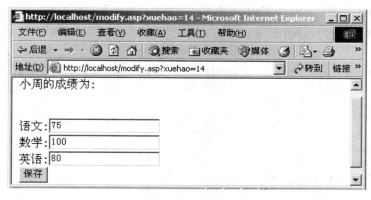

图 7-17　修改数据

修改某一门成绩,修改完成后单击"保存"按钮,调用 upsmt.asp 文件,将修改的结果保存到数据库中,程序文件如 upsmt.asp 所示。

```
<HTML> <BODY><%str = Request("xuehao")
     yuwen = Request("yuwen")
     shuxue = Request("shuxue")
<%
yingyu = Request("yingyu")
     Set conn = Server.CreateObject("ADODB.Connection")
     conn.Open("driver={Microsoft Access Driver (*.mdb)};dbq=" &_
        Server.MapPath("person.mdb"))
     Set cmd = Server.CreateObject("ADODB.Command")
cmd.ActiveConnection = conn
  sql = "UPDATE grade SET 数学 = " & shuxue & ",英语=" &_
        yingyu & ",语文=" & yuwen & " where 学号=" & str
```

```
 Response.Write(sql)
 cmd.CommandText = sql
 cmd.Execute()
Response.Redirect("Fpage6.asp")
%> </BODY> </HTML>
```

程序利用 UPDATE 语句更新数据库的内容。当单击"删除"超级链接时，程序自动调用 del.asp 文件将该记录删除，程序 del.asp 文件如下。

```
<HTML> <BODY>
<%
 str = Request("xuehao")
 set conn = Server.CreateObject("ADODB.Connection")
 conn.Open("driver={Microsoft Access Driver (*.mdb)};dbq=" &_
     Server.MapPath("person.mdb"))
 set cmd = Server.CreateObject("ADODB.Command")
 cmd.ActiveConnection = conn
 sql = "DELETE FROM grade WHERE 学号=" & str
 Response.Write(sql)
 cmd.CommandText = sql
 cmd.Execute()
 Response.Redirect("Fpage6.asp")
%></BODY> </HTML>
```

（2）留言簿的分页。对前面的留言簿进行一次升级，加入分页功能，只要更改 display.asp 文件即可，程序如 display.asp 所示。

```
<%
    Set conn = Server.CreateObject("ADODB.Connection")
    conn.Open("driver={Microsoft Access Driver (*.mdb)};dbq=" &_
        Server.MapPath("lyb.mdb"))
    Set rs = Server.CreateObject("ADODB.Recordset")
    sql = "SELECT * FROM lyb ORDER BY 时间 DESC"
    rs.Open sql, conn, 3
    rs.PageSize = 1
    '第一次显示没有页码，默认显示第一页
    If Request("page") <> "" Then
    iPage = Cint(Request("page"))
    If iPage < 1 Then    iPage = 1 '页码小于1，则显示第一页
    '当大于总页数的时候，显示最后一页
    If  iPage > rs.PageCount Then iPage = rs.PageCount
    Else
      iPage = 1
    End If
      Response.Write("当前第" & iPage & "页，共" & rs.PageCount & "页")
rs.AbsolutePage = iPage
%>
<%
    For  i = 0 to rs.PageSize - 1
    If  rs.EOF or rs.BOF Then Exit For
%>
    <TABLE BORDER="0" BORDERCOLOR="#111111">
     <TR><TD><B><FONT SIZE="4" COLOR="#008080">姓名: </FONT></B></TD>
```

```
<TD><%=rs("姓名")%></TD> </TR>
<TR> <TD><B><FONT SIZE="4" COLOR="#008080">Email:</FONT></B>
</TD>
    <TD><A HREF="MAILTO:<%=rs("email")%>"><%=rs("email")%>
    </A></TD>
</TR>
<TR>
<TD><B><FONT SIZE="4"COLOR="#008080">主题: </FONT></B></TD>
<TD WIDTH="542" HEIGHT="17"><%=rs("主题")%></TD>
</TR>
<TR>
<TD><B><FONT SIZE="4" COLOR="#008080">时间: </FONT></B></TD>
<TD><%=rs("时间")%></TD>
</TR>
<TR>
<TD><B><FONT SIZE="4" COLOR="#008080">内容</FONT></B></TD>
    <TD><%=rs("内容")%></TD>
</TR></TABLE> <HR>
<%
rs.movenext()
Next
%><BR>
<%'当前是第一页的时候，不显示"第一页"
If iPage <> 1 Then %>
    <A HREF="display.asp?page=1">第一页</A>
  <A HREF="display.asp?page=<%=iPage - 1 %>">上一页</A>
<% End If
'当前是最后一页的时候，不显示"最后页"
IF iPage <> rs.PageCount Then %>
<A HREF="display.asp?page=<%=iPage+1%>">下一页</A>
<A HREF="display.asp?page=<%=rs.pageCount%>">最后页</A>
<% End If
conn.close()
%>
```

7.1.4 Field 对象和 Fields 集合

ADO 的功能很强大，使用它不仅可以对记录进行编程，也可以对字段进行编程。Field 对象代表 RecordSet 对象中的一列数据，使用 Field 对象的 Value 属性可设置或返回当前记录中的数据。每一个 RecordSet 对象实例都具有由 Field 对象组成的 Fields 集合，通过该集合能够获取字段的相关信息。

1. Fields 集合

Fields 集合也具有一些方法和属性，因此有时也称其为 Fields 集合对象。Fields 集合的属性和方法包括 Count 属性、Item 属性和 Refresh 方法。其中，Count 属性可用来获取记录集中字段的个数，也即 Fields 集合中所包括的 Field 对象的个数。例如，如图 7-18 所示的表格。

图 7-18 记录表

假定该表所对应的记录集对象实例为 rs，则该记录集具有"学号"、"性别"、"姓名"、"语文"、"数学"、"英语" 6 个属性列，它们分别可用 rs(0).Name、rs(1).Name、rs(2).Name、rs(3).Name、rs(4).Name、rs(5).Name 来表示，该记录集对象的集合中具有 6 个 Field 对象，可表示为 rs,Fields.Count=6；图中的第一条为当前记录，该记录中的"小周"可表示为 rs(2).value 或者 rs(2)。

Item 属性可以用来访问记录集中的指定字段，该属性是 Fields 集合的默认属性；访问一个字段可以有很多方法，如要访问当前记录中的"姓名"字段可使用下列多种方法：

```
Rs.Fields.Item(2)
rs.Fields.Item(2).value
rs.Fields.Item("姓名")
rs.Fields.Item("姓名").value
rs.Fields(2)
rs.Fields(2).value
rs.Fields("姓名")
rs.Fields("姓名").value
rs (2)
rs(2) .value
rs("姓名")
rs("姓名").value
```

Refresh 方法用来刷新记录集，使用该方法可重新取得 Fields 集合中所包含的 Field 对象。

2. Field 对象的属性

Field 对象的主要属性如下：

- Name 属性　代表记录集中字段的名称。
- Value 属性　代表记录集中字段的值。
- Type 属性　代表记录集中字段的数据类型。
- Attribute 属性　代表记录集对象的特性。
- NumericScale 属性　用于指定数据字段允许存储的数字个数。
- Precision 属性　用于指定数据字段允许的最大数字值。
- ActualSize 属性　用于指定数据字段的数据长度。
- DefinedSize 属性　存储了数据字段在数据库中所定义的长度。
- UnderlyingValue 属性　代表数据库中 Field 对象的当前值。

例子 7-11.asp 演示了如何取得 Field 对象的各个属性值。

```
</html><head>< /head><body>
<%
Set conn = Server.CreateObject("ADODB.Connection")
      conn.Open("driver={Microsoft Access Driver (*.mdb)};dbq=" &_
        Server.MapPath("person.mdb"))
Set rs = Server.CreateObject("ADODB.Recordset")
sql = "SELECT * FROM grade"
rs.Open sql, conn, 3
   Response.Write("<center>当前的 Recordset 对象有" & rs.fields.
count & "个字段<br>")
  Response.Write("<table border=1>")
  Response.Write("<tr><td>Name 属性</td>")
  Response.Write("<td>Value 属性</td>")
Response.Write("<td>Type 属性</td>")
  Response.Write("<td>Attribute 属性</td>")
  Response.Write("<td>DefinedSize 属性</td>")
Response.Write ("<td>ActualSize 属性</td></tr>")
for i=0 to rs.fields.count-1
Response.Write("<tr><td>"& rs(i).name &"</td>")
Response.Write("<td>"& rs(i).value & "</td>")
Response.Write("<td>"& rs(i).Type &"</td>")
Response.Write("<td>"& rs(i).attributes&"</td>")
Response.Write("<td>"& rs(i).DefinedSize& "</td>")
Response.Write("<td>"& rs(i).ActualSize&"</td></tr>")
 Next
  Response.Write("</table>")
%></body></html>
```

该程序的运行结果如图 7-19 所示。

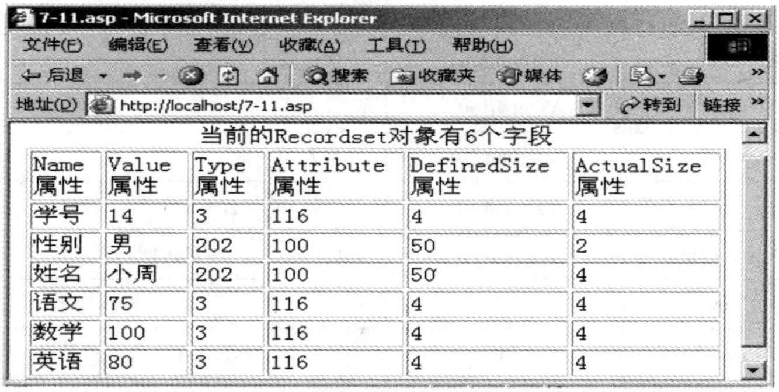

Name 属性	Value 属性	Type 属性	Attribute 属性	DefinedSize 属性	ActualSize 属性
学号	14	3	116	4	4
性别	男	202	100	50	2
姓名	小周	202	100	50	4
语文	75	3	116	4	4
数学	100	3	116	4	4
英语	80	3	116	4	4

图 7-19　Field 对象的属性

任务 7.2　典例案例分析——简易论坛开发

网上论坛是互联网中应用非常广泛的应用系统，几乎所有稍具规模的网站都提供自己的网上论坛。网上论坛都需要有后台数据库的支持，任务 7.2 介绍一个由 ASP+SQL Server 开发的网上论坛。

7.2.1 系统功能分析及数据设计

1. 系统功能

本案例中系统功能较简单，主要包括对用户的信息管理及对留言信息管理。

（1）用户信息管理。用户信息管理的功能是创建用户、修改用户信息以及删除用户，这些功能都由管理员来完成。在系统初始化时，有一个默认的"系统管理员"用户 Admin，它是由程序设计人员手动添加到数据库中。而普通用户则只能修改自己的用户名和密码。无论管理员用户还是普通用户只有在登录后，才能够实现用户管理的功能。

（2）留言信息管理。留言信息管理的功能是注册用户可以发表新话题，也可以在其他话题中跟帖留言。Admin 用户可以对留言信息进行管理，包括删除和置顶等。

（3）数据库的创建。在设计数据库表结构之前，首先要创建一个数据库。本系统使用的数据库名为 Discuss。用户可以在 SQL Server 企业管理器中创建数据库，也可以在查询分析器中执行以下 Transact-SQL 语句：

```
CREATE DATABASE Discuss
GO
```

以上的 Transact-SQL 语句保存在"项目 7\Discuss\Database\CreateDB.aql"文件中。

（4）数据库的逻辑结构设计。本系统定义数据库中包含两个表：论坛留言表（Content）和用户表（Users）。下面分别介绍两个表功能。

① 论坛留言表（Content）：用来保存论坛留言的标题、留言的内容。结构见表 7-7。

表 7-7 论坛留言表（Content）结构

编　号	字段名称	数据结构	说　　明
1	Contid	Int	留言 ID 号
2	Subject	Varchar(50)	留言标题
3	Words	Varchar(50)	留言内容
4	UserName	Varchar(50)	留言人用户名
5	CreateTime	Varchar(30)	创建日期和时间
6	LastAnswerTime	Varchar(30)	最后回复的日期和时间
7	HitCount	Int	点击数
8	IsTop	Int	置顶标记，IsTop=1，表示置顶；IsTop=0，表示不置顶
9	UpperId	Int	上级留言 ID，如果不是回帖，则 upperid=0

创建论坛留言表（Content）的脚本文件为 Content.aql，程序代码如 Content.aql 所示。

```
USE Discuss
GO
CREATE TABLE Content
( ContId    Int Primary Key IDENTITY,
 Subject            Varchar(50) NOT NULL,
 Words      Varchar(1000),
 UserName    Varchar(50),
 CreateTime        Char(30),
 LastAnswerTime  Char(30),
```

```
    HitCount          Int,
    IsTop             bit,
    UpperId           Int
)
GO
```

小技巧

在设计表结构时，使用最多的是文本类型的数据。绝大多数情况下，建议使用 Varchar 数据类型，因为采用 Varchar 数据类型的字段会按照文本的实际长度动态定义存储空间，从而节省存储空间。当然，对于固定长度的文本，采用 char 数据类型会适当地提高效率。例如，日期字段 CreateTime 只能按照固定的格式输入，即 yyyy-mm-dd hh: mm，所以使用 char（20）就可以了。

② 用户表（Users）：用来保存系统用户信息。表（Users）的结构见表 7-8。

表 7-8　用户表（Users）

编　号	字段名称	数据结构	说　明
1	UserId	int	用户 ID 号
2	UserName	Varchar(50)	用户名
3	Userpwd	Varchar(50)	密码
4	Ename	Varchar(50)	用户姓名
5	Email	Varchar(50)	电子邮箱
6	Logo	Char(10)	头像文件名

用户表（Users）中 Logo 字段，用于存放用户头像的文件名。本案例支持用户选择头像，所有头像图片保存在应用程序目录的 Images 目录下，Logo 字段中只保存文件名，不包含路径信息。

创建用户表（Users）的脚本文件为 Users.aql，程序代码如下。

```
USE Discuss
GO
CREATE TABLE Users
( UserId     Int Primary Key IDENTITY,
 UserName         Varchar(50) NOT NULL,
 UserPwd          Varchar(50) NOT NULL,
 Ename            Varchar(50),
 Email            Varchar(50),
 Logo             Char(10)
)
GO
INSERT INTO Users (UserName, UserPwd, Ename, Email, Logo)&_
 VALUES('Admin', 'Admin', '', '', '1.gif')
GO
```

Content.aql 和 Users.sql 保存在"项目 7\Discuss\database"目录下。在 SQL Server 查询分析器中可以打开并执行它们，如果表已经存在，则会出现错误。在创建户表（Users）后，将执行 INSERT INTO 命令插入默认的系统管理员用户 Admin，默认密码也是 Admin。

7.2.2　主页中的用户管理

简易论坛的主页是 index.asp，保存在"项目 7\Discuss"目录下。本案例没有专门的登录页面，只是在首页程序中包含了用户管理的代码，程序代码如下：

```
<% If Session("UserName") = "" Then %>
   <form method="POST" action="ChkPwd.asp" name="myform">
     <p align="left" class="main"><font size="2"> 
     <font color="#FF0000"><% If Session("Errmsg")="" Then %>游客您好，请您登录或注册
       <% Else
          Response.Write(Session("Errmsg"))
          Session("Errmsg")=""
       End If
       %> </font>
     <img border="0" src="images/arrow.gif">
     用户名: </font><input type="text" name="UserName" size="12">
  
     密码: <input type="password" name="UserPwd" size="12">
<input type="submit" value="登录" name="B1"> 
     <a href="UserAdd.asp" onclick="return newwin(this.href)">注册新用户</a>
   </form>
<% Else %>
   <table width=720> <tr> <td align="left" width=630><p class="main">
欢迎光临，<%=Session("UserName")%> ,
   <% If Session("UserName") = "Admin" Then %>
     <a href=UserList.asp>用户管理</a> 
     <a href=UserEdit.asp?UserId=<%=Session("UserId")%>
onclick="return newwin(this.href)">修改用户信息</a> 
     <a href=logout.asp>退出登录</a>
   <% Else %>
     <a href=UserEdit.asp?UserId=<%=Session("UserId")%>
onclick="return newwin(this.href)">修改用户信息</a> 
     <a href=logout.asp>退出登录</a>
   <% End If %>
       </p> </td>
   <td    align="left">    <a    href="newArt.ASP"    onclick="return
newwin(this.href)">
   <font color="#0000FF"><img border="0" src="images/new.gif">
</font></a>
   </td> </tr> </table>
   <% End If %>
```

如果用户已经登录，则在 Session("UserName")中保存了当前的用户名；如果没有登录，则 Session("UserName")=""，所以可以使用 Session 变量判断用户是否登录。

小技巧

为了让网页中的文字格式统一，这里定义了样式 main，代码如下：

```
<!--
.main        { font-size: 10pt }
-->
```

样式 main 的字体大小为 10pt。在文字上套用样式的代码如下：

```
class="main"
```

如果用户没有登录，则程序中定义了表单 myform，用于接收用户的登录信息。提交的数据由 ChkPwd.asp 处理。同时在后面显示"注册新用户"的链接，以方便新用户注册。注册新用户的页面为 AddUser.asp。Session("errmsg") 用于保存登录后的错误信息，如"用户不存在"或"密码不正确"等，在 ChkPwd.asp 中将根据身份验证的情况对 Session("errmsg") 赋值。如果 Session("errmsg")=" "，则显示"游客您好，请您登录或注册"。

如果用户已经登录，则程序显示问候信息，并根据用户类型显示用户管理的链接。Admin 用户的链接包括"用户管理"、"修改密码"和"退出登录"，普通用户只包括"修改密码"和"退出登录"。

登录用户可以发新帖，此功能通过图片链接实现，图片为 images\new.gif，链接地址为 newArt.asp。

在 index.asp 中，定义了 JavaScript 函数 newwin()，用于定义新窗口的模式，代码如下：

```
<script language="JavaScript">
function newwin(url) {
  var newwin=window.open(url,"newwin","toolbar=no,location=no,
&_
directories=no,status=no,menubar=no,scrollbars=yes,resizable=yes,&_
width=400,height=380");
  newwin.focus();
  return false;
}
</script>
```

用户没有登录时，论坛首页的界面如图 7-19 所示。

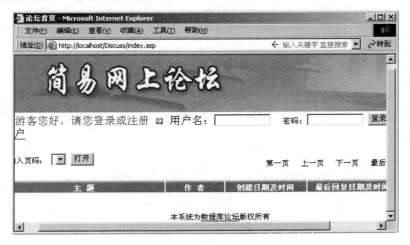

图 7-19　未登录论坛首页

Admin 登录后，论坛首页的界面如图 7-20 所示。

可以看出，无论用户是否登录，他都能看到论坛中的留言。但是，没有登录的用户不能发新帖。

图 7-20　登录论坛首页

7.2.3　用户身份验证

简易论坛的主页（index.asp）设置了登录系统，ChkPwd.asp 的功能只是访问数据库，进行身份验证。如果没有通过身份验证，则将错误信息保存在 Session("Errmsg")中。程序代码如下：

```
<%
 '如果尚未定义 Passed 对象，则将其定义为 False，表示没有通过身份认证
 If IsEmpty(Session("Passed")) Then
   Session("Passed") = False
 End If
 If Session("Passed")=False  Then
   '读取从表单传递过来的身份数据
   UserName = Request.Form("UserName")
   UserPwd = Request.Form("UserPwd")

   If UserName = "" Then
     Errmsg = "请输入用户名和密码"
   Else
     '=============连接数据库===============
     'Server 对象的 CreateObject 方法建立 Connection 对象
     Set Conn=Server.CreateObject("ADODB.Connection")
     'Driver 表示 ODBC 驱动程序
     'Server 表示数据库服务器名称
     'UID 表示用户账号
     'PWD 表示用户密码
     'Database 表示在数据库服务器上的一个 Database 名称
     Conn.ConnectionString="driver={SQL Server};server=Ntserver;&_
UID=sa;PWD=3691359;Database=Discuss"
     '连接数据库
     Conn.Open
     '============从表 Users 中读取用户数据=============
     '定义 Recordset 对象
     Set rs=Server.CreateObject("ADODB.Recordset")
     '设置 Connection 对象的 ConnectionString
     '设置 rs 的 ActiveConnection 属性，绑定到连接
     Set rs.ActiveConnection = Conn
```

```
      '设置游标类型
      rs.CursorType = 3
      '打开记录集
      rs.Open "SELECT * FROM Users WHERE UserName='" & Trim(UserName) & "'"
      '============身份验证==========================
      If rs.EOF Then
        Session("Errmsg") = "用户不存在"
      Else
        If UserPwd <> rs.Fields("UserPwd") Then
          Session("Errmsg") = "密码不正确"
        Else    '登录成功
          Errmsg = ""
          Session("Passed") = True
          Session("UserName") = rs.Fields("UserName")
          Session("UserId") = rs.Fields("UserId")
          Session("Errmsg") = ""
        End If
      End If
    End If
    '转向首页
   Response.Redirect("index.asp")
  End If
%>
```

在 ChkPwd.asp 中，如果用户已经登录（Session("Passed")=true），程序不执行任何操作；否则将访问数据库，进行身份验证。无论是否通过身份验证，程序都将转向到 index.asp。

7.2.4　注册新用户

注册新用户的脚本是 UserAdd.asp，它的特点是：

（1）所有访问者，无论是 Admin 用户还是普通用户，都能使用 UserAdd.asp 注册新用户，不存在权限问题；

（2）UserAdd.asp 中增加了用户头像处理功能。

下面将重点介绍如何实现用户头像的处理。用户头像是一组图片文件，保存在 Discuss\images 目录下，文件名分别是 1.gif、2.gif、…、15.gif。在附赠程序代码中可以找到这些图片，读者也可以将自己喜爱的头像图片复制到此目录下。

在 UserAdd.asp 中设计添加头像的组件 Logo 下拉框，如图 7-21 所示。

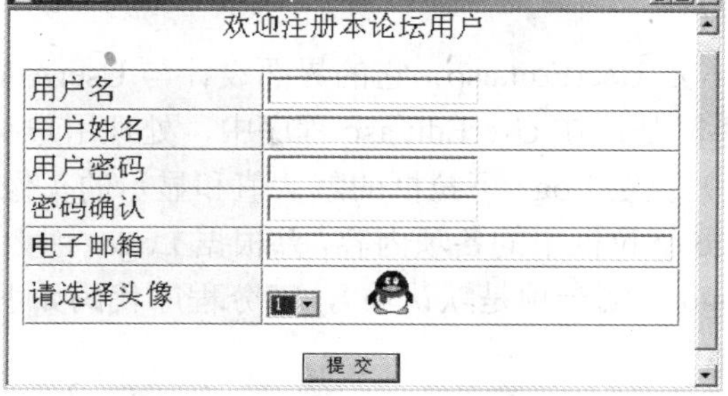

图 7-21　添加头像的组件 Logo 下拉框

在默认情况下，选项 1 是已选的，所以在下拉框 Logo 的右侧显示 1.gif 的图像，代码如下：

```
<img src="images/1.gif" name="img">
```

小技巧

在 UserAdd.asp 程序中，图片组件名为 img。通常用户定义图片组件时，不需要制定它的名称，这里是为了在后面改变图像的内容才指定名称的。

当用户选择头像编号时，右侧的图像应该相应地变化。可以在定义下拉框 Logo 时，使用 onChange 事件实现此功能，代码如下：

```
<select size="1" name="logo" onChange="showlogo()">
```

onChange 事件定义了下拉框发生变化时执行的操作，即调用 showlogo()方法。showlogo()方法是用 JavaScript 编写的，功能是根据下拉框 Logo 的值决定右侧显示的图像，代码如下：

```
<script>
  function showlogo(){
    document.images.img.src="images/"+
document.myform.logo.options[document.myform.logo.selectedIndex].value +
".gif";
  }
</script>
```

Document 是 JavaScript 对象，表示当前的页面。Document.images.img 表示当前页面中名为 img 的图片组件，src 表示图片的源地址。Document.myform.logo 表示当前页面中表单 myform 的 Logo 组件（下拉框），options 表示 Logo 的选项，selectedIndex 表示 Logo 的当前被选索引，value 表示下拉框的值。

小技巧

onChange 事件也可以应用于其他组件，例如文本框，当用户输入数据时，可以通过程序控制执行相应操作，例如执行某种运算并显示结果，这样可以使网页的功能更强大。

保存用户信息的脚本为 UserSave.asp，注意在 INSERT 语句中增加了插入 Logo 字段的代码。

7.2.5　修改用户信息

在简易网上论坛中，用户可以修改自己的用户信息。而 Admin 用户也只能修改自己的用户信息，没有任何特权。

编辑用户信息的脚本是 UserEdit.asp，它的界面设计与 UserAdd.asp 相似，如图 7-22 所示。它与 UserAdd.asp 不同是：在 UserEdit.asp 程序中，处理用户头像是根据用户保存的头像图片信息（Logo 字段）决定 Logo 下拉框的默认值和显示的头像图片。UserEdit.asp 程序中使用 for 语句添加 Logo 下拉框中的各项内容，并根据 Logo 字段的值决定 selected 关键字的位置（决定下拉框 Logo 中哪一项是默认项），部分程序代码如下：

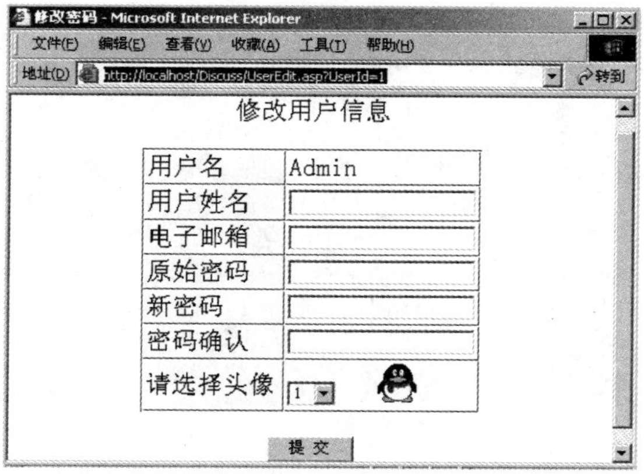

图 7-22 Useredit.asp 的设计界面

```
<select size="1" name="logo" onChange="showlogo()">
    <% for i=1 to 15
    Response.Write("<option ")
    If trim(rs("Logo")) = trim(i)&".gif" Then
    Response.Write("selected ")
    End If
    %>
    value = "<%=i%>"><%=i%></option>
    <% next %>
</select>   <img src="images/<%=rs("Logo")%>" name=
"img">
```

在此之前需要将当前用户的信息读取到记录集 rs 中。

保存用户信息的脚本是 UserSave.asp，每个用户只能修改自身的用户信息，所以要对用户录入的密码进行判断，只有通过身份验证才能保存用户数据，UserSave.asp 程序代码如下：

```
<html>
<head>
<title>保存用户信息</title>
</head>
<body>
<%
    '定义变量
    Dim sql, vUserId, vUserName, vUserPwd, vEname, vEmail
    '从表单中接收数据到变量中
    vUserName = Request("UserName")
    vUserPwd = Request("Pwd")
    vEname = Request("Ename")
    vEmail = Request("Email")
    vLogo = Request("Logo") & ".gif"

    'Server 对象的 CreateObject 方法建立 Connection 对象
    Set Conn=Server.CreateObject("ADODB.Connection")
    Conn.ConnectionString="driver={SQL Server};&_
server= Ntserver;UID=sa;PWD=sa;Database=Discuss"
    Conn.Open
```

```
    '如果 flag 域的值为 new，表示插入数据，否则表示修改数据
  If Request.Form("flag") = "new" Then
    '判断此用户是否存在
    Set rsUser = conn.Execute("Select * From Users Where &_
UserName='" & vUserName & "'")
    If Not rsUser.EOF Then
%>
    <script language="javascript">
      alert("已经存在此用户名！");
      history.go(-1);
    </script>
<%
    Else
      Set rsUser = Nothing
       '在数据库表 Users 中插入新商品信息
    sql="INSERT INTO Users (UserName, UserPwd, Ename, Email, &_
Logo) VALUES('" & vUserName _
      & "','" & vUserPwd & "','" & vEname & "','" & vEmail & "','" & vLogo &
"')"
        Conn.Execute(sql)
    End If
    Else   '修改用户信息
      OriPwd = Request.Form("OriPwd")
      Pwd = Request.Form("Pwd")
      '判断是否存在此用户
      '=============连接数据库==============
      '设置 SQL 语句，判断是否存在此用户
      sql = "SELECT * FROM Users WHERE UserId=" & Session("UserId") & "
And UserPwd='" & OriPwd & "'"
      Set rs = Conn.Execute(sql)
      If rs.Eof Then
      Response.Write "不存在此用户名或密码错误！"
%>
      <Script Language="JavaScript">
        setTimeout("history.go(-1)",1600);
      </Script>
<%
      Response.End
      Else
       '更新用户信息
       sql = "UPDATE Users SET Ename='" & vEname & "', Email=
'" & vEmail & "', UserPwd='" _
         & vUserPwd & "', Logo='" & vLogo & "' Where
UserId=" & Session("UserId")
        Conn.Execute(sql)
'     Response.Write sql
      End If
    End If
Response.Write "<h2>用户信息已成功保存！</h2>"
%>
</body>
<Script language="javascript">
  //打开此脚本的网页将被刷新
```

```
    opener.location.reload();
    //停留 800ms 后关闭窗口
    setTimeout("window.close()",800);
</Script>
</html>
```

7.2.6　删除用户

在论坛系统中，只有 Admin 用户才有权力删除用户。在 index.asp 中单击"用户管理"超级链接，打开 UserList.asp 页面，查看用户列表。在每条用户记录后面，都有一个删除链接操作，如图 7-23 所示。

图 7-23　用户列表

小技巧

Admin 用户后面没有"删除"链接，在设计用户管理模块时，应该注意不能删除默认的 Admin 用户，否则系统将没有管理员。

7.2.7　显示主题留言

论坛中的留言可以分为两种类型：一种是主题留言，另一种是回帖。在论坛首页只显示主题留言。下面将介绍显示主题留言的方法。

为了更方便地显示主题留言，在实例 Show.asp 中定义了两个过程，即 Showpage()和 ShowList()。

Showpage()的功能是显示页码的信息。因为论坛使用分页显示的方法显示主题留言，所以需要在留言列表上面显示页码即翻页链接，包括下面 3 个方面的功能：

● 通过下拉菜单使用户可以直接跳转到指定页码的页面。

● 通过第一页、上一页、下一页和最后一页等超级链接，使用户跳转到指定的页面。

● 显示论坛的当前页码和总页数。

ShowPage()的程序代码如下：

```
Sub ShowPage( rs, iPage )
  Response.Write("<table>  <tr>  <td  width=2300  class=main>  <form
method=""POST""
 action=""index.asp"" name=""myform"">   输入页码:
<select name=""Page"">")
  '将页数添加到下拉框中
  for i=1 to rs.PageCount
```

```
      Response.Write "<option"
      If iPage = i Then
        Response.Write " selected "
      End If
      Response.Write ">" & i & "</option>"
    next
    Response.Write("</select> <input type=""submit"" name=""Submit""
  value=""打开""></form></td>")
      '显示第一页，如果当前页就是第一页，则不生成链接
    if iPage>1 then
      Response.Write "<td width=250 class=main><A HREF=index.asp?
Page=1>
    第一页</A></td>"
    else
      Response.Write "<td width=250 class=main>第一页</td>"
    end if
     '显示上一页，如果不存在上一页，则不生成链接
    if iPage>1 then
      Response.Write "<td width=250 class=main><A HREF=index.asp?
Page=" & (iPage-1) & ">上一页</A></td>"
    else
      Response.Write "<td width=250 class=main>上一页</td>"
    end if
     '显示下一页，如果不存在下一页，则不生成链接
    if iPage<>rs.PageCount Then
      Response.Write "<td width=250 class=main><A HREF=index.asp?
Page=" & (iPage+1) & ">下一页</A></td>"
    else
      Response.Write "<td width =250 class=main>下一页</td>"
    end if
     '显示最后一页，如果当前页就是最后一页，则不生成链接
    if iPage <> rs.PageCount then
      Response.Write "<td width=250 class=main><A HREF=index.asp?
Page=" & rs.PageCount & ">最后一页</A></td>"
    else
      Response.Write "<td width=250 class=main>最后一页</td>"
    end if

  %>
  <td width=200 class=main height="13" align="center">
  <font color="#FF0000"><%=iPage%>/<%=rs.PageCount%></font></td>
</table>
    <% End Sub %>
```

ShowPage()有两个参数，rs 表示当前论坛所有主题留言的记录集，iPage 表示当前的页面。Rs. PageCount 是当前记录集的总页数，可以通过它来设置下拉菜单 Page 的内容。根据参数 iPage 的值可以将下拉菜单的当前值设置为当前页面，从而保持逻辑上的正确性。下拉菜单 iPage 定义在表单 myform 中，当单击"打开"按钮提交时，将执行 index.asp，并将指定的页码传送到首页中。

在显示"第一页"、"上一页"、"下一页"和"最后一页"等超级链接时，需要根据 iPage 的值决定是否显示超级链接。如果当前页是第一页，则"第一页"、"上一页"不显示超级

链接；如果当前页是最后一页，则"下一页"和"最后一页"不显示超级链接。这些超级链接都转向 index.asp，并将指定的页码作为参数传递给 Page。

ShowList()的功能是以表格的形式显示主题留言，包括下面 3 个方面的功能：

- 显示主题、作者、创建日期和时间、最后回复日期和时间、人气等信息。
- 优先显示"置顶"的帖子。
- 留言按最后回复日期和时间降序排列，这样最后回复的帖子将出现在最上面。

ShowList()的程序代码如下：

```
Sub ShowList( rs, iPage )
  On Error Resume Next
%>
<div align="center">
 <center>
 <table border="1" width="738" bordercolor="#E1F5FF" cellspacing=
"0"
  cellpadding="0" height="46">
   <tr>
    <td    width="272"    background="images/bkline.gif"    height="21"
align="center"
   class="main" valign="bottom">
        <p align="center"><b><font color="#FFFFFF">主 题</font>
</b></td>
      <td    width="99"    background="images/bkline.gif"    height="21"
align="center"
   class="main" valign="bottom">
        <p align="center"><b><font color="#FFFFFF">作 者</font>
</b></td>
      <td    width="137"    background="images/bkline.gif"    height="21"
align="center"
   class="main" valign="bottom">
        <p align="center"><b><font color="#FFFFFF">创建日期及时间
   </font></b></td>
      <td    width="153"    background="images/bkline.gif"    height="21"
align="center"
   class="main" valign="bottom"><b><font color="#FFFFFF">
最后回复日期及时间</font></b></td>
      <td    width="65"    background="images/bkline.gif"    height="21"
align="center"
   class="main" valign="bottom"><b><font color="#FFFFFF">人
       气</font></b></td>
   </tr>
    <% '如果当前论坛没有数据，则插入一个空行
   If rs.EOF Then
%>
   <tr>
   <td width="272" height="16"></td>
   <td width="99" height="16"></td>
   <td width="137" height="16"></td>
   <td width="153" height="16"></td>
   <td width="65" height="16"></td>
   </tr>
```

```
<% End If %>
<%
  rs.AbsolutePage = iPage
  For iPage = 1 to rs.PageSize
    if rs.EOF then Exit For
%>    <tr>
     <td width="272" height="16" class="main">  <a href=
"view.asp?ContId=<%=rs.Fields("ContId")%>">
     <% If rs.Fields("IsTop") Then
         Response.Write "[置顶]"
       End If
       Response.Write rs.Fields("Subject")
     %></a></td>
     <td width="99" height="16" class="main" align="center">
<%=rs.Fields("UserName")%></td>
     <td width="137" height="16" class="main" align="center">
<%=rs.Fields("CreateTime")%></td>
     <td width="153" height="16" class="main" align="center">
<%=rs.Fields("LastAnswerTime")%></td>
     <td width="65" height="16" class="main" align="center">
<%=rs.Fields("HitCount")%></td>
   </tr>
<%
    rs.MoveNext
  Next
  RESPONSE.Write "</table></center></div>"
End Sub
```

ShowList()也有两个参数，rs 表示当前论坛所有主题留言的记录集，iPage 表示当前的页码。将 rs.AbsolutePage 赋值为 iPage，可读取指定页的内容。使用 rs.Fields("字段名")与 rs.MoveNext，可以显示当前页的所有记录信息。

在 index.asp 中，需要连接数据库，并读取所有主题留言（UpperId=0）信息到记录集 rs 中，然后读取参数 Page，程序代码如下：

```
<%
  '============连接数据库===============
  Set Conn=Server.CreateObject("ADODB.Connection")
  Conn.ConnectionString="driver={SQL Server};server=Ntserver;
UID=sa;PWD=sa;&_
  Database=Discuss"
  Conn.Open
  '============从表 Content 中读取用户数据==============
  Set rs=Server.CreateObject("ADODB.Recordset")
  Set rs.ActiveConnection = Conn
  rs.CursorType = 3
  '打开记录集
  rs.Open "SELECT * FROM Content WHERE UpperId=0 ORDER BY IsTop&_
DESC, LastAnswerTime DESC"
  '设置每页记录数
  rs.PageSize = 20
  '读取参数 Page，表示当前的页码
  Page = CLng(Request("Page"))
```

```
'处理不合法的页码
If Page < 1 Then Page = 1
If Page > rs.PageCount Then Page = rs.PageCount
%>
```

为了防止参数.Page 出现无效数据，代码的最后还对 Page 进行规范处理。

在 index.asp 中需要在显示页码信息的位置添加如下代码：

```
Call ShowPage( rs, Page )
```

在 index.asp 中需要在显示留言信息的位置添加如下代码：

```
Call ShowList( rs, Page )
```

7.2.8   添加新帖子

在首页中单击"发新帖"，可以打开"添加新帖子"窗口，如图 7-24 所示。

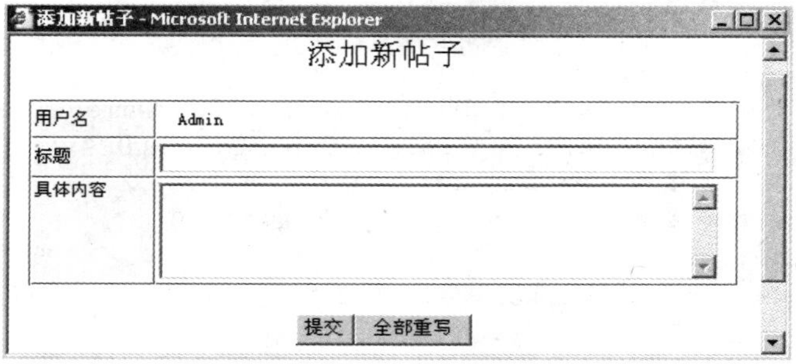

图 7-24   "添加新帖子"窗口

添加帖子的脚本是 newArt.asp。因为只有登录用户才能发新帖，所以在 newArt.asp 的开始部分添加下面的语句：

```
<!-- #include file="ChkPwd.asp" -->
```

在 newArt.asp 中，使用表单 formadd 接受用户留言，定义代码如下：

```
<form method="POST" action="artSave.asp?UpperId=0" name="formadd"
onsubmit = "return ChkFields()">
```

当用户单击"提交"按钮时，将首先调用 ChkFields()方法进行有效性检查，然后执行 artSave.asp?UpperId=0 存储信息。参数 UpperId=1 表示添加新帖，artSave.asp 也可以用来保存回帖信息。artSave.asp 的程序代码如下：

```
<!-- #include file="ChkPwd.asp" -->
<html>
<head>
<title>保存用户信息</title>
</head>
<body>
<%
 '定义变量
 Dim sql, vFlag, vUserName, vSubject, vWords, vUpperId
 '从参数或表单中接收数据到变量中
 vUserName = Session("UserName")
```

```
  Subject = Request("Subject")
  vUpperId = CLng(Request("UpperId"))
 If vUpperId = 0 Then
    vSubject = Subject
    else
    vSubject="回帖:" & Subject
  end if
  vWords = Request("Words")

  'Server 对象的 CreateObject 方法建立 Connection 对象
  Set Conn=Server.CreateObject("ADODB.Connection")
  Conn.ConnectionString="driver={SQL Server};server=Ntserver;
UID=sa;PWD=sa;Database=Discuss"
  Conn.Open

  '生成当前时间
  vCreateTime = Now

  '插入新数据
  sql="INSERT INTO Content (Subject, Words, UserName, CreateTime,
LastAnswerTime, HitCount," _& " IsTop, UpperId) VALUES('" & vSubject & "','"
 & vWords & "','" & vUserName & "','" _
    & vCreateTime & "','" & vCreateTime & "', 0, 0," & vUpperId & ")"
  Conn.Execute(sql)
Response.Write "<h2>信息已成功保存！</h2>"
%>
</body>
<% If vUpperId = 0 Then %>
<Script language="javascript">
 //打开此脚本的网页将被刷新
 opener.location.reload();
 //停留 800ms 后关闭窗口
 setTimeout("window.close()",800);
</Script>
<% Else
    Response.Redirect("view.asp?ContId=" & vUpperId)
End If %>
</html>
```

程序运行的步骤如下：

● 读取表单域到变量中；

● 连接数据库；

● 执行生成的 INSERT 语句，然后根据参数 UpperId 的值决定刷新页面的方式。因为发新帖使用新窗口，所以需要关闭窗口，并刷新打开它的窗口；而回帖不弹出新窗口，所以需要返回前页，并刷新页面。

7.2.9 查看留言内容

在论坛首页中单击主题链接，可以查看留言的内容。查看留言内容的脚本为 view.asp。为了更方便地显示留言内容，在案例 viewFunc.asp 程序中定义了过程 ShowArticle()。

它的功能是以表格的形式显示主题留言及其回帖。ShowArticle()的程序代码如下：

```
<%
Sub ShowArticle( rs )
    Words = Replace( "" & rs("Words"), Chr(13), "<BR>" )
    Set rsUser = conn.Execute("SELECT Email, Logo FROM Users WHERE UserName='"
& rs("UserName") & "'")
    Email = "<A HREF=mailto:" & rsUser("Email") & ">电子邮箱</A>"
%>
</head>
<div align="center">
  <center>
  <table border="1" cellpadding="0" cellspacing="0" width="100%"
bordercolor="#E1F5FF" height="35">
    <tr>
    <td width="24%" bordercolor="#E1F5FF" height="16" bgcolor=
"#E1F5FF"
  class="main">
        <p align="center"> <%=rs("UserName")%></p>
      </td>
      <td width="76%" height="16" bgcolor="#E1F5FF" class="main">
  <%=rs("Subject")%></td>
    </tr>
    <tr>
      <td width="24%" height="90" valign="top" class="main">
        <p align="center"><img border="0" src="images/<%=rsUser
("Logo")%>"
  width="32" height="32">
        <p align="center">  <%=Email%></td>
      <td width="76%" height="90" valign="top" class="main">
        <p style="margin-top: 0; margin-bottom: 0">
        <p style="margin-top: 0; margin-bottom: 0"><%=Words%></p>
<BR>
      </td>
    </tr>
    <tr>
      <td width="24%" height="15" valign="top" class="main">
        <p align="center"><%=rs("CreateTime")%></td>
  </center>
      <td width="76%" height="15" valign="top" class="main">
        <p align="right">
        <% '显示浏览次数
        If rs("UpperId") = 0 Then %>
        <font color="#800000">  您是此帖的第<%=rs("HitCount")
%>位浏览者
        </font>
        <% End If
        '显示删除和置顶的链接
        If Session("UserName") = rs("UserName") Or Session("UserName") =
"Admin"
    Then
          Response.Write "<a href=""artDelt.asp?ContId=" & rs("ContId")
& """>删除
```

```
      </a> "
              End If
              If Session("UserName") = "Admin" And rs("UpperId") = 0 Then
                If rs("IsTop") = False Then
                  Response.Write "<a href=""setTop.asp?ContId=" & rs
("ContId") &
        "&Flag=1"">置顶</a> "
                Else
                  Response.Write "<a href=""setTop.asp?ContId=" & rs("ContId") &
        "&Flag=0"">取消置顶</a> "
                End If
              End If
        %>
        </td> </tr>
      </table></div>
<% End Sub %>
```

在设计过程中，可以先插入表格，并调整表格的样式，然后在表格中的相应位置使用 ASP 程序填写数据。

显示内容使用 VBScript 语言输出，所以在页面上看不到内容，头像图片也不能正确显示。只有在运行时，根据当前留言的具体内容显示。

在 viewArticle()中，还根据具体情况显示"删除"、"置顶"和"取消置顶"等链接，规则如下：

● 如果当前帖子的作者是当前用户，或者当前用户是 Admin，则显示"删除"链接；
● 如果当前用户是 Admin，并且当前主题留言没有置顶，则显示"置顶"链接；
● 如果当前用户是 Admin，并且当前主题留言已经置顶，则显示"取消置顶"链接。

在 view.asp 中，只需要以主题留言及其所有回帖记录集为参数调用 viewArticle()过程，依次显示留言及回帖记录的内容，主要程序代码如下：

```
<%
  '接受留言编号
  ContId = CLng(Request("ContId"))
  '=============连接数据库==============
  Set Conn=Server.CreateObject("ADODB.Connection")
  Conn.ConnectionString="driver={SQL Server};
server=Ntserver;UID=sa;PWD=sa;Database=Discuss"
  Conn.Open
  '人气加 1
  Conn.Execute("UPDATE Content Set HitCount = HitCount + 1 WHERE
ContId=" & ContId)
  '============从表 Content 中读取数据========
  Set rs=Server.CreateObject("ADODB.Recordset")
  Set rs.ActiveConnection = Conn
  rs.CursorType = 3
  '打开记录集
  rs.Open "SELECT * FROM Content WHERE ContId=" & ContId
  '===========读取回帖数据==============
  Set rs1=Server.CreateObject("ADODB.Recordset")
  Set rs1.ActiveConnection = Conn
  rs1.CursorType = 3
```

```
   '打开记录集
   rs1.Open "SELECT * FROM Content WHERE UpperId=" & ContId & " ORDER BY
LastAnswerTime DESC"
   %>
<div align="center">
   <center>
<table width="714" border="0" height="218" cellspacing="0" cellpadding="0">
<tr> <td height="112"><img border="0" src="images/Titlebar.jpg">
</td> </tr>
   </center>
<tr> <td height="18" class="main">
<p align="right" class="main"><a href="index.asp">返回首页</a>
</td></tr>
<tr> <td height="18" class="main">
<% If rs.EOF Then
     Response.Write("此帖不存在，可能已经被删除")
   Else
     Call ShowArticle(rs)
     Do Until rs1.EOF
       Call ShowArticle(rs1)
       rs1.MoveNext
     Loop
   End If
%>
```

程序的执行过程如下：

● 从参数中读取 ContId，表示此留言的编号；

● 连接到数据库；

● 执行 UPDATE 语句，将此留言的人气数加 1；

● 将编号为 ContId 的留言内容读取到记录集 rs 中；

● 将上级编号为 ContId 的回帖内容读取到记录集 rs1 中；

● 如果不存在编号为 ContId 的留言，则显示"此贴不存在，可能已经被删除"；

● 依次调用 ShowArticle()过程，显示留言及回帖。

查看留言的页面如图 7-25 所示。

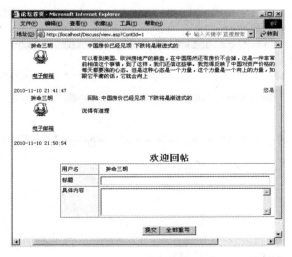

图 7-25　查看留言的页面

7.2.10　回复留言

如果当前用户已经登录，则 view.asp 页面的下部将显示"欢迎回帖"表单，程序代码如下：

```
<% If Session("UserName") <> "" Then %>
<tr> <td height="15">
   <p align="center" class="main"></p>
 </td></tr>
<tr> <td height="15">
   <p align="center"><b><font color="#0000FF">欢迎回帖</font>
</b> </td></tr>
<tr> <td height="15">
<form          method="POST"          action="artSave.asp?UpperId=<%=ContId%>"
name="formadd"
onsubmit = "return ChkFields()">
 <table align="center" border="1" cellpadding="1" cellspacing=
"1" width="473"
 bordercolor="#008000" bordercolordark="#FFFFFF" height=
"108">
     <tr>
       <td    align=left    bgcolor="#E1F5FF"    width="77"    height="24"
class="main">用户名
 </td>
        <td width="380" height="24" class="main">
  <%=Session("UserName")%></td>
      </tr>
      <tr>
      <td align=left bgcolor="#E1F5FF" width="77" height="23" class="main">
标题
 </td>
        <td width="380" height="23" class="main"><input name=
"Subject"
   size="51"></td>
      </tr>
      <tr>
       <td align=left bgcolor="#E1F5FF" width="77" height="43" class="main"
   valign="top">具体内容</td>
       <td width="380" height="43" class="main" valign="top">
<span class="main1">
        <textarea rows="4" name="Words" cols="50"></textarea>
      </span></td>
     </tr>
   </table>
   <p align="center"><input type="submit" value="提交" name="B1">
<input type="reset"
   value="全部重写" name="B2"></p>
   </form>
   </td></tr>
   <% End IF %>
```

当用户提交后，由 artSave.asp 存储数据。

7.2.11 删除留言

删除留言的脚本为 artDelt.asp，主要程序代码如下：

```
<%
  '定义变量
  Dim sql, vContId
  '从参数中接收数据到变量中
  vContId = CLng(Request("ContId"))
    'Server 对象的 CreateObject 方法建立 Connection 对象
  Set Conn=Server.CreateObject("ADODB.Connection")
  Conn.ConnectionString="driver={SQL Server};server=Ntserver;UID=sa;
PWD=sa;Database=Discuss"
  Conn.Open
  sql="SELECT UserName FROM Content WHERE ContId=" & vContId
  Set rs = Conn.Execute(sql)
  '判断是否有删除权限
  If  Session("UserName")  <>  "Admin"  And  Session("UserName")  <>
rs("UserName")
Then
%>
<Script Language="JavaScript">
  alert("没有删除的权限");
  history.go(-1);
</Script>
<%
  Else
    sql = "SELECT * FROM Content WHERE ContId=" & vContId
    Set rs = Conn.Execute(sql)
    If Not rs.EOF Then
     '如果为主题留言，则返回 index.asp，否则返回 view.asp，查看留言
     vUpperId = rs("UpperId")
     If vUpperId=0 Then
       vLink = "index.asp"
     Else
       vLink = "view.asp?ContId=" & vUpperId
     End If
     sql = "DELETE FROM Content WHERE ContId=" & vContId & " Or UpperId="
&
  vContId
     Conn.Execute(sql)
     Response.Redirect vLink
   Else
%>
<Script Language="JavaScript">
  alert("已经删除");
  history.go(-1);
</Script>
<%
  End If
  End If %>
```

因为只有 Admin 用户才能删除留言，所以在程序的开始部分首先对用户权限进行判断。通过权限验证后，将执行 DELETE 语句，删除留言。注意，删除留言时包括此留言的所有回帖，所以 DELETE 语句的条件包括了"Or UpperId ="& vContId。

任务 7.3　小结

项目 7 以 ADO 连接数据库为核心，介绍了如何创建数据库、设置与连接数据源。通过对 Connection 对象、RecordSet 对象、Command 对象及 ADO 集合的介绍，具体讲述了 ASP 对数据库的操作。在讲解同时给出了一个详细的案例，以加深读者对 ADO 对象、集合的理解与应用。最后介绍了一个完整"简易论坛开发系统"案例，让读者学习与使用。

任务 7.4　项目实训与习题

7.4.1　实训指导 7-1　使用 Connection 对象

本实训主要练习 ADO 对象模型中的 Connection 对象。应用程序在访问一个数据库之前，首先需要与数据库建立连接。通过 Connection 对象可以与 SQL Server 以及 Access 等数据库建立连接。

操作步骤：

（1）使用 Access 创建一个空白数据库，将新数据库保存为"学习.mdb"。

（2）在数据库窗口中选择"表"对象再单击"新建"按钮，依次在该数据库中创建"学生"、"课程"和"选课"3 个数据表。

（3）在 3 个数据表中分别添加多条数据并保存。

（4）将 Access 数据库移动到 IIS 虚拟目录中，并在同一个目录中创建一个 ASP 文件，命名为 dbConnection.asp。

（5）根据本章所学的知识，使用 Connection 对象建立数据库的连接。可使用以下代码建立数据库的连接。

```
</html><head></head><body>
<%
Set conn = Server.CreateObject("ADODB.Connection")
    conn.Open("driver={Microsoft Access Driver (*.mdb)};dbq=" &_
        Server.MapPath("学习.mdb "))
%>
```

（6）这里的数据库"学习.mdb"与程序 dbConnection.asp 在同一目录中。参考 7-03.asp 进行修改以表格的形式显示"学生"表的内容

7.4.2　实训指导 7-2　使用 Connection 对象

在本实训中，将继续学习 ADO 对象模型，使用 Command 对象访问数据库。使用 Command 对象的 Execute 方法可以执行指定的 SQL 命令和存储过程，可以返回结果集，也

可以不返回结果集。

操作步骤：

（1）使用前面创建的"学习.mdb"数据库，在同一目录中创建 dbCommand.asp 文件。在 ASP 文件中编写代码建立与数据库的连接。

（2）使用 Command 对象的 Execute 方法向"学生"表中插入如下记录：

```
('2006120',"袁兴刚",'男',22,'计算机系')
```

（3）要实现插入操作，首先要创建 Command 对象和设置 SQL 语句，如下所示：

```
<%
sqlStr="insert into 学生 values('2006',"袁兴刚",'男',22,'计算机系')"
Set cmd= Server.CreateObject("ADODB. Command")
%>
```

（4）设置 Command 对象 cmd 的其他属性，再调用 Execute 方法报告 sqlStr 的插入语句，完成插入操作，如下所示：

```
<%
cmd. ActiveConnection=conn
cmd.CommandText =sqlStr
cmd. CommandType=1,2,4
cmd. Execute , ,1
%>
```

（5）重复编写显示"学生"表内容的代码，最后保存并执行，最后显示为插入记录的执行结果。

7.4.3 实训指导 7-3 使用 RecordSet 对象

本实训中，首先练习使用 RecordSet 对象检索数据，例如检索"学生"表中的记录。在实现时，可将"学生表作为 RecordSet 对象实例的数据源，也可使用 SELECT 查询语句作为 RecordSet 对象实例的数据源。需要注意的是，首先要建立 RecordSet 对象实例和 Connection 对象实例的连接，可以将 Connection 对象实例名作为 Open 方法的参数，也可以通过设置 RecordSet 对象实例的 ActiveConnection 属性来实现。

操作步骤：

（1）为了演示方便，这里仍使用"学习.mdb"数据库。

（2）在数据库目录中创建文 dbRec-ordset.asp，并编写连接数据库的代码。

（3）创建 RecordSet 对象实例并设置查询语句后，再使用上一步中创建的数据库连接 conn，如下所示：

```
<%
Sqlstr="select * from 学生"
Set rs=Server.CreateObject ("ADODB.RecordSet")
 rs.Open sqlStr,conn,3,3
%>
```

（4）显示 rs 数据集中的内容后，使用 RecordSet 对象的 AddNew 方法添加新记录，新记录的内容如下：

('2006110','吴会强','男',21,'机电工程系')

根据新记录及本章学习的知识，下面列出了参考代码：

```
<%
   rs.AddNew()
   rs.("学号").value="2006110"
   rs("姓名").value="吴会强"
   rs("性别").value="男"
   rs("年龄").value="21"
   rs("所在系").value="机电工程系"
rs.UpdateBatch
%>
```

（5）执行完上述代码后，查看一下显示的结果。

（6）使用 RecordSet 对象的 Delete 方法删除姓名为"袁兴刚"的学生记录，通过编码可使用如下语句，首先定位到第一条再逐条比较，如果匹配则调用 Delete 方法删除并更新。

```
<% rs.MoveFirst
 while NOT rs.eof
    if rs("姓名").value="袁兴刚" then
     rs.delete
rs.UpdateBatch
end if
rs.MoveNext
  wend
%>
```

执行程序后显示学生表中的内容。

7.4.4 习题

一、选择题

1．可以使用 ADO 来访问的数据库是＿＿＿＿＿。

    A．Microsoft　Access   B．Microsoft　SQL Server

    C．Oracle   D．以上都可以

2．命令对象（Command）用来执行＿＿＿＿＿。

    A．SQL 语句   B．SQL Server 的存储过程

    C．连接数据库   D．返回记录集

3．语句 rs.Fields.Count 返回的值是＿＿＿＿＿。

    A．记录集的行数   B．记录集的列数

    C．记录集的行数+1   D．记录集的列数-1

4．使用 BeginTrans()＿＿＿＿＿，利用 CommitTrans()＿＿＿＿＿，如果有错误发生，利用 RollbackTrans()来＿＿＿＿＿。

    A．提交一个事务   B．总结事务

    C．开始一个事务   D．取消事务

5．可以利用 Errors 集合的＿＿＿＿＿来判断是否有错误发生。

    A．Number 属性   B．Description 属性

C. Count 属性   D. Source 属性

二、填空题

1．当执行事务时，如果没有错误发生，则 conn.Errors.Cout 将为＿＿＿＿＿＿＿＿。

2．创建记录集对象的一个实例，可以使用＿＿＿＿＿＿＿＿，这种方法创建的记录集只能向下，而不能向上移动，即不能执行 MoveFirst() 和 MovePreviors()指令。

3．判断记录集合是否到表的最后，得用语句＿＿＿＿＿＿＿＿。

三、简答题

1．简述 ADO 的功能及常用的三大对象的用途。

2．访问数据库格式一有什么特点？可以执行哪些 SQL 语句？

3．如何实现模糊查询？

4．如何永变量替换 SQL 语句的值？

5．格式二的数据打开方式和锁定方式有几种？各有什么含义？

6．比较访问数据库的三个基本格式的异同。

项目 8

ASP 动态网站维护

　　动态服务器页面（ASP）脚本采用明文方式编写，脚本用一系列按特定语法编写，是与标准 HTML 页面混合在一起的脚本所构成的文本格式的文件。当客户端的最终用户用 Web 浏览器通过 Internet 来访问基于 ASP 脚本的应用程序时，Web 浏览器将向 Web 服务器发出 HTTP 请求。Web 服务器分析、判断出该请求是 ASP 脚本的程序后，自动通过 ISAPI 接口调用 ASP 脚本的解释运行引擎（ ASP.DLL ）将从文件系统或内部缓冲区获取指定的 ASP 脚本文件，接着就进行语法分析并解释执行，最终的处理结果将形成 HTML 格式的内容，通过 Web 服务器"原路"返回给 Web 浏览器，由 Web 浏览器在客户端形成最终的结果呈现，这样就完成了一次完整的 ASP 脚本调用，若干个有机的 ASP 脚本调用组成了一个完整的 ASP 脚本应用。

　　虽然 ASP 技术有开发周期短、存取数据库方便、执行效率高等诸多优点，但是 ASP 也给 Web 站点带来了许多安全隐患。

项目要点◎

➢ 熟悉 ASP 常见的安全漏洞
➢ 理解权限管理内容
➢ 掌握安全隐患的处理办法

任务 8.1　常见的 ASP 安全漏洞

1. ASP 的安全策略

微软称 ASP 在网络安全方面的一大优点用户不能看到 ASP 的源程序，从 ASP 的工作原理上也可以看出，ASP 文件的解释执行在服务器端，这样就能够在一定程度上"屏蔽"源程序，维护 ASP 开发人员的版权，并且能够有效防止黑客攻击 ASP 程序。

IIS 支持虚拟目录，在服务器端建立虚拟目录便于隐藏有关站点目录结构的重要信息。在浏览器中，客户通过选择"查看源代码"很容易就能获取页面的文件路径信息，如果在 Web 页中使用物理路径，将暴露有关站点目录的信息，这容易导致系统受到攻击。其次，只要两台机器具有相同的虚拟目录，就可以在不对页面代码做任何改动的情况下，将 Web 页面从一台机器上移到另一台机器，将 Web 页面放置于虚拟目录下后，可以对目录设置不同的属性，如 Read、Execute、Script.Read 表示将目录内容从 IIS 传递到浏览器；而 Execute 则可以使在该目录内执行可执行的文件。当需要使用 ASP 时，就必须将存放 ASP 文件的目录设置为 Execute。在设置 Web 站点时，将 HTML 文件同 ASP 文件分开放置在不同的目录下，然后将 HTML 子目录设置为"读"，将 ASP 子目录设置为"执行"，这样的设置既方便对 Web 的管理，提高 ASP 程序的安全性，还能够防止程序内容被客户或黑客所访问。

2. 常见的 ASP 安全漏洞

ASP 具有的安全优点以及 ASP 技术的发展使 ASP 的安全性有了很大的提高，但是操作系统和程序员编写的 ASP 程序本身的漏洞依然存在，这也是 ASP 安全漏洞的主要来源。

常见的 ASP 安全漏洞为：

- 主页文件的泄漏。
- 脚本安全隐患。
- FileSystemObject 对象的危险性。
- 数据库可能被解密和下载。
- 基于 SQL 语句的客户资格认证漏洞等。

任务 8.2　网站攻击防范技巧

8.2.1　权限管理

权限管理是保证 Web 站点正常运行的最重要的方面，Web 站点权限管理分为操作系统的权限管理和 IIS 的权限管理等方面，且 IIS 的权限管理是与操作系统紧密相关的。

1. Windows 的权限管理

（1）NTFS 的权限管理。作为一个 Web 服务器，所有的磁盘分区都应该是 NTFS 格式的。使用 NTFS 文件系统,只将最有限、最合适的 NTFS 权限分配给用户。

（2）账号管理。对于 Windows 用户也要严格控制，应尽可能地停用 Guest 账号，尽量不使用管理员身份登录系统，必要时可以在组策略中对用户密码进行限制。

（3）共享权限的修改。在系统默认情况下，建立一个新的共享，Everyone 用户就享有"完全控制"的共享权限，因此，在建立新的共享后应该立即修改 Everyone 的默认权限，至少把"完全控制"去掉。

2．IIS 的权限管理

（1）设置文件夹和文件的访问权限。安放在 NTFS 文件系统上的文件夹和文件，一方面要对其权限加以控制，对不同的组和用户设置不同的权限；另外，还可以利用 NTFS 的审核功能对某些特定组的成员读、写文件等方面进行审核，通过监视"文件访问"、"用户对象的使用"等动作，来有效地防范非法用户。

（2）在设置 Web 服务器权限时，必须遵循下列原则：对包含 ASP 文件和其他需要"执行"权限才能运行的文件（如.exe 和.dll 文件等）的虚目录允许"读"和"执行"权限。其他情况都设置为"读"和"脚本"权限。

（3）Global.asa 文件的安全。运行 ASP 程序的 Windows 服务器在 ASP 程序根目录下一般存在一个叫 Global.asa 的文件，ASP 程序的各种初始化配置和数据库密码等关键信息一般都放在这个文件里面。一般来说，ASP 程序员的数据库密码不是放在 Global.asa 中就是在每个 ASP 文件中。这种密码以明文的方式储存在文件中的做法，是 IIS 最大的安全隐患之一。为了充分保护 ASP 应用程序，一定要在应用程序的 Global.asa 文件上为适当的用户或用户组设置 NTFS 文件权限。

8.2.2　脚本安全隐患及处理方法

一般而言，脚本文件都要结合数据库来使用，如 Access 等。在网站设计中，由于脚本文件与数据库有紧密的结合，所以对脚本安全的隐患从网页设计漏洞及数据库安全性两个方面来进行讨论。

1．源代码的安全隐患

由于 ASP 程序采用的是解释性的语言而非编译性语言，这大大降低了程序源代码的安全性。任何非法和受限制用户只要进入站点，就可以获得源代码，获取部分比较隐私和机密的有机价值信息，从而造成 ASP 应用程序源代码的泄露，降低整个系统的安全。同时，在有些编辑 ASP 程序的工具中，当创建或者修改一个.asp 文件时，编辑器自动创建一个备份文件，自动生成一个.bak 文件，如果你创建或者修改了.asp 文件，编辑器自动生成一个.asp.bak 文件，如果此备份文件被下载，同样会造成 ASP 源程序的泄露。

由于 ASP 语言属于非编译性语言，源代码的安全性明显低于编译语言，为有效地防止 ASP 源代码泄露，通常采用的方法是对 ASP 页面进行加密处理，一般常用两种方法对 ASP 页面进行加密：

- 使用组件技术将编程逻辑封装入 DLL 之中；
- 使用微软的 Script Encoder 对 ASP 页面进行加密。

通常来说，使用组件技术存在的主要问题是每段代码均需组件化，操作比较烦琐，工作量较大；而使用 Script Encoder 对 ASP 页面进行加密，操作简单，效果好。

2．程序设计中的安全隐患

ASP 代码利用表单实现与用户交互的功能，而相应的内容会反映在浏览器的地址栏中，如果不采用适当的安全措施，对地址栏中的内容稍加处理，就可以绕过验证直接进入某一页面。例如在浏览器中输入"../page.asp?con=1"，即可不经过表单页面直接进入满足"con=1"条件的页面。因此，在设计验证或注册页面时，必须采取特殊措施来避免此类问题的发生。

为防止未经注册的用户绕过注册界面直接进入系统，可以采用 ASP 提供的 Session 对象，使用该对象来存储特定用户的 Session 信息，即使该用户由一个 Web 页跳到另一个 Web 页，该 Session 信息依然存在。利用 Session 对象，可以开发应用程序，来记录用户的访问路径，进而实现页面访问控制，具体的程序代码示意如下：

```
< %
'读取用户输入的名称和密码
userName = request("UserName")
password = request("Password")
'检查 userName 及 password 是否正确
if userName < >"username" or password < >"password"
then
response.write "账号错误！"
response.end
end if
'将 Session 对象设置为通过验证状态
Session("passed")= true
% >
```

进入应用程序后，首先进行验证：

```
< %
if not Session("Passed") then
response.redirect "http: / /url/login.htm"
end if '如果未通过验证，返回登录状态
% >
```

3. Access 数据库的安全隐患

（1）Access 数据库的存储隐患。在 ASP+ Access 应用系统中，如果获得或者猜到 Access 数据库的存储路径和数据库名，则该数据库就可以被下载到本地。例如：人们在开发过程中，常把 BBS 的 Access 数据库直接命名为 bbs.mdb，一些新闻发布系统中的常命名为 news.mdb 等，而存储路径一般为 URL/Database 或 URL/data，有的甚至干脆放在根目录下。这样，只要在浏览器地址栏中输入地址：URL/database/news.mdb，就可以轻易地把 news.mdb 下载到本地的机器中，整个网站的数据将暴露，网站的安全也丧失殆尽。另一种同样的威胁是在 ASP 程序设计中，不要把数据库名直接写在程序中。否则，当 ASP 源代码失密时，数据库名与位置随之暴露。

（2）Access 数据库的加解密隐患。在设计一些有用户级别权限的程序时，为安全起见，应该把用户名和密码保存到经过加密的数据库中，并尽可能使用虚拟路径。但是，由于 Access 数据库的加密机制非常简单，该数据库系统通过将用户输入的密码与某一固定密钥进行异或来形成一个加密 String，并将其存储在*.mdb 文件中从地址&H42 开始的区域内。由于异或操作的特点是经过两次异或等于原值，所以即使数据库设置了密码，解密也很容易。用这一密钥与*.mdb 文件中的加密串进行第二次异或操作，就可以得到 Access 数据库的密码。基于这种原理，可以很容易地编制出解密程序。由此可见，无论是否设置了数据库密码，只要数据库被下载，其信息就没有安全性可言了。

为杜绝由于 Access 数据库所带来的安全隐患，可以采用以下的几种方法。

（1）非规则命名，非规则存储路径。为了防止该数据库名被用户猜到，避开了一般的

命名，如 chat.mdb，user.mdb 等，取名称为 dv01QzB。对存储路径的设置也避开一般的如 URL/Database、URL/data 等方法，而是将它放在一个不规则命名的深层目录下，如 /seu/dbu/.../2047。

（2）使用 ODBC 数据源指向数据库。在 ASP 程序设计中，应尽量使用 ODBC 数据源，不要把数据库名直接写在程序中，否则，数据库名将随 ASP 源代码的失密而一同失密，使用 ODBC 数据源的方法同时可以解决由 Access 加解密所带来的安全问题。例如：

```
DBPath =Server.MapPath("./alkdelkj1/acd/lkjeo983/ji3lkjasd32lkje3.mdb")
conn.Open "driver={MicrosoftAccess Driver(*.mdb)};dbq=" &DBPath
```

可见，即使数据库名字起得再怪异，隐藏的目录再深，ASP 源代码失密后，数据库也很容易被下载。如果使用 ODBC 数据源，就不会存在这样的问题了：

```
conn.open "ODBC DSN 名"，如可以修改为：conn.open "abcd"
```

8.2.3　ASP 木马漏洞及解决方法

ASP 木马技术目前主要有两种，一种是利用 FSO 技术，另外一种利用 Application. shell 脚本技术。FSO 是对 FileSystemObject 的简称，IIS4 以及后续版本中的 ASP 的文件操作都可以通过 FileSystemObject 实现，包括文本文件的读写目录操作、文件的复本改名删除等。FileSy, stemObject 带来方便的同时，也具有非常大的风险性，利用 FileSystemObject 可以篡改并下载 Fat，以及 FAT32 分区上的任何文件，即使是 NTFS，如果没有对权限进行很好的设置，同样也能遭到破坏。

利用 FSO 技术的 ASP 木马程序的算法：

（1）从 ASP 页面获取输入的 DOS 命令；

（2）创建 WSCPIPT.SHELL、WSCRIPT.NETWORK 和 Scripting.FileSystemObject 三个脚本对象；

（3）执行 DOS 命令解释器并执行所输入的 DOS 命令，并将 DOS 命令所执行结果输出到一个临时文件；

（4）打开临时文件并将其结果回显在网页上，最后删除临时文件。

不使用 FSO 技术的 ASP 木马是创建一个 Shell. Application 对象,然后通过 Shell. namespace 来对创建的对象进行操作。通过使用该种方法虽然不能执行 net、del，以及 netstat 等命令，但是它可以复制、浏览、移动文件夹，以及执行系统中存在的特定程序。不过在每执行一次应用程序时都会打开一个进程，而且可能会报错，通过任务控制器可以查看其打开的进程。

在攻克主机植入 ASP 木马后，攻击者为了保护好自己的战利品，防止系统管理员发现，一般情况下都会对 ASP 木马进行保护，往往通过加密、更改时间以及使用特殊字符等手段来逃过被杀毒软件的查出和避免系统管理员的发现。ASP 木马防毒保护技术主要有以下几种：

（1）利用软件对 ASP 源代码加密；

（2）修改 ASP 木马文件的时间；

（3）利用特殊字符"\"来保护 ASP 木马等。

根据 ASP 木马漏洞产生的原因及 ASP 木马的保护技术,通过在实践中的应用研究和分析，可以采用以下策略来防止和根除 ASP 木马：

（1）许多 ASP 木马程序都是通过发现论坛程序中的漏洞而将 ASP 木马程序植入的，因此要及时的关注所使用的论坛程序并更新论坛程序，打上论坛程序补丁；

（2）在网站设计时，如果没有特别的需要，尽量避免安装第三方插件。如果安装了一定要设置好权限并有相应的安全措施；

（3）网站或者系统管理员应定期全面检查网站文件，及时发现和排除可疑文件，保障系统的安全；

（4）IIS 映射中的大部分文件对于只运行 ASP 的站点来说是无用的，因此可以根据具体需要将.cer，*.dx，*.asa，*.htr，*.idc，*.shtm，*.shtml，*.stm，*.printer 等文件删除，防止入侵者利用 IIS 漏洞而植入 ASP 木马；

（5）删除"\"特殊字符所命名的文件夹；

（6）启用和审核 Web 站点日志记录；

（7）可以使用微软的 UPLScan 安全工具、IIS 锁定工具、HFNetChk 安全工具和基线安全分析器（MBSA）等来加强系统和 IIS 的安全。

任务 8.3　习题

一、选择题

1. 在设置 Web 站点时，将 HTML 文件同 ASP 文件分开放置在不同的目录下，然后将 HTML 子目录设置为"读"，将 ASP 子目录设置为"执行"，这样的设置的优点（　　　）。

    A．方便对 Web 的管理　　　　　　　　B．提高 ASP 程序的安全性

    C．防止程序内容被客户或黑客所访问　　D．以上都是

2. 虚拟目录属性设置正确的是（　　　）。

    A．HTML 子目录设置为"执行"，ASP 子目录设置为"读"

    B．HTML 子目录设置为"读"，ASP 子目录设置为"读"

    C．HTML 子目录设置为"读"，ASP 子目录设置为"执行"

    D．HTML 子目录设置为"执行"，ASP 子目录设置为"执行"

3. 为防止未经注册的用户绕过注册界面直接进入系统，可以采用 ASP 的（　　）对象。

    A．Session　　　　　　　　　　　　　B．Resquest

    C．FSO　　　　　　　　　　　　　　　D．Response

二、填空题

1. Web 站点权限管理分为_____的权限管理和_____的权限管理等方面。

2. Windows 的权限管理分为 NTFS 的权限管理、账号管理和_____等。

3. Asp 木马技术目前主要有两种，一种是利用_____，另一种是利用 Application.shell 脚本技术。

三、简答题

1. 常见的 ASP 安全漏洞有哪些？

2. 为有效地防止 ASP 源代码泄露，可以采用哪些方法对 ASP 页面进行加密处理？

3. 为杜绝由于 Access 数据库所带来的安全隐患，可以采用哪些方法？

4. 防止和根除 ASP 木马的策略有哪些？

项目 9

综合实训——博客系统

博客是现在网络上最为流行的一种交流平台之一，在各大网站中，博客已经成为一个重要的栏目，随着名人博客的推出，博客的点击率开始猛增。博客已经成为众多网络用户的首选。网络用户通过自己的博客可以发表自己的日志、图片、收藏等信息，让网络用户拥有一个展示自己的空间。项目 9 将介绍一个博客系统的开发过程，在此系统中将实现博客的主要应用模块。

任务 9.1　总体设计

一个博客应用系统通常分为两个部分：客户端界面和管理端界面。客户端界面的用户为所有网络用户，网络用户可在客户端实现浏览博客日志、填写和浏览留言信息、评论日志、浏览图片等操作。

管理端界面的用户为博客作者，可实现管理日志、留言、评论、图片、收藏、好友和作者个人信息等操作。按功能划分，本案例可分为以下几个模块：日志模块、留言模块、相册模块、收藏模块、好友模块、博客作者信息模块和登录模块，下面分别介绍各模块的功能设计。各模块均可以在客户端和管理端实现不同的应用。

9.1.1　系统模块功能设计

1. 留言模块

该模块在客户端实现留言信息的添加和浏览操作，在管理端可实现留言信息的浏览和删除操作。

2．日志模块

该模块在客户端可浏览日志分类和日志内容，以及浏览日志的评论信息，并可发布评论信息。在管理端实现日志分类和日志信息的添加、删除和修改操作，以及日志评论信息的删除。

3．相册模块

该模块在客户端可浏览相册信息和相片信息，在客户端可编辑相册和相片信息。

4．收藏模块

该模块在客户端可浏览音乐专辑、音乐、书架和图书信息，并可试听音乐，将界面跳转到收藏图书的网站，浏览书籍内容；在管理端可维护音乐专辑、音乐、书架和图书信息。

5．好友模块

该模块在客户端可浏览博客作者好友分组和好友信息，在管理端可维护好友分组和好友信息。

6．博客作者模块

该模块在客户端可浏览博客作者的信息，在管理端可修改博客作者信息，添加作者的头像。

本案例中各功能模块的关系如图 9-1 所示。

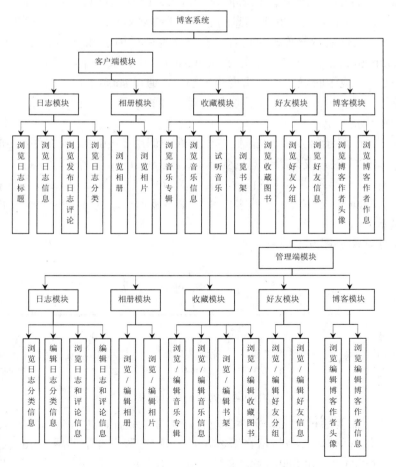

图 9-1　博客系统各功能模块的关系

9.1.2　文件架构

下面对本博客系统中的文件及其结构作简单介绍。

本案例中文件的组成可分为客户端界面和管理端界面两类。在这两类中使用了公共的 conn.asp 文件，该文件实现了数据源的连接，在其他文件中将会调用此文件实现数据连接，该文件较为简单，这里就不再介绍。

客户端主界面为 index.asp 文件，该文件显示日志标题、访问量、留言、博客作者信息和日志标题。在该界面中调用了 title.asp、left.asp、tj.asp、ly.asp、addly.asp、imglist.asp 和 melist.asp 文件。left.asp 文件实现了日志标题的显示。tj.asp 文件实现了访问量显示。ly.asp 实现了留言信息的显示。addly.asp 实现了留言信息的添加。imglist.asp 文件实现了博客作者头像的显示。melist.asp 文件实现了博客作者信息的显示。

通过 rzh.asp 文件实现日志信息的显示，在该文件中调用 rzhleft.asp 文件和 rzhlift.asp 文件。通过 rzhleft.asp 文件实现了日志分类信息的显示，该文件应用较简单，这里就不介绍了。通过 rzhleft.asp 文件实现了日志标题、添加时间、阅读次数的显示。单击日志标题超级链接，将打开日志详细信息界面 rzhxx.asp 文件，在该文件中调用了 rzhxq.asp 文件、rzhpl.asp 文件和 plfb.asp 文件，通过 rzhxq.asp 文件实现了日志详细内容的显示。通过 rzhpl.asp 文件实现了日志评论信息的显示。通过 plfb.asp 文件实现了日志评论的发布。

通过 xp.asp 文件实现相册模块内容的显示，在该文件中调用了 xcxx.asp 文件和 xpxx.asp 文件。通过 xcxx.asp 文件实现了相册信息的显示。通过 xpxx.asp 文件实现了相册内容的显示。

通过 shc.asp 文件显示收藏模块内容，在该文件中调用了 scyylist.asp 文件、scyyzj.asp 文件、sctslist.asp 和 sctssj.asp 文件。通过 scyylist.asp 文件实现了收藏音乐信息的显示。通过 scyyzj.asp 文件实现了收藏音乐专辑内容的显示。通过 sctslist.asp 文件实现了收藏图书信息的显示。通过 sctssj.asp 文件实现了收藏书架内容的显示，通过 play.asp 文件实现博客作者收藏音乐的在线播放。

通过 gf.asp 文件显示好友模块信息，在该文件中调用了 gfleft.asp 文件和 gflist.asp 文件。通过 gfleft.asp 文件实现好友分类信息的显示。通过 gflist.asp 文件实现了好友信息的显示。

通过 me.asp 文件显示博客作者信息，在该文件中调用了 Imglist.asp 文件和 userlist.asp 文件。通过 Imglist.asp 文件实现了博客作者头像的显示。通过 userlist.asp 文件实现了博客作者信息的显示。

客户端文件结构如图 9-2 所示。

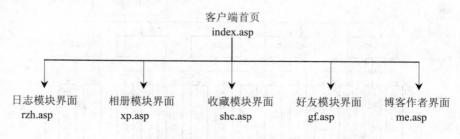

图 9-2　客户端文件结构

管理端的应用需要通过 dl.asp 文件实现管理员登录验证，进入管理端首页 index.asp 文件，该文件显示日志标题、访问量、留言博客作者信息，在该文件中调用了 adtitle.asp、left.asp、tj.asp、ly.asp、imglist.asp 和 melist.asp 文件。通过 left.asp 文件实现了日志标题的显示。通过 tj.asp 文件实现了访问量显示。通过 ly.asp 实现了留言信息显示。通过 delly.asp 文件，实现了留言信息的删除。通过 imglist.asp 文件实现了博客作者头像的显示。通过 melist.asp 文件实现了博客作者信息的显示。

通过 rzh.asp 文件显示日志编辑页面，在该文件中调用了 rzhleft.asp 文件和 rzhlist.asp 文件。通过 rzhleft.asp 文件实现了日志分类信息的显示。通过 rzhlist.asp 文件实现了日志标题、添加时间、阅读次数的显示。通过 addrzhi.asp 文件实现了日志的添加。通过 rzxx.asp 文件显示了日志详细信息，在该文件中调用了 rzhxq.asp 文件和 rzhpl.asp 文件。通过 rzhxq.asp 文件实现了日志详细内容编辑的表单控件，可实现日志信息的修改。通过 rzhpl.asp 文件实现了日志评论信息的显示。通过 delpl.asp 文件实现日志评论信息的删除。通过 addrzhfl.asp 文件实现日志分类信息的添加和修改。通过 delfl.asp 文件实现了日志分类信息的删除。

通过 xp.asp 文件显示相册编辑界面，在该界面中调用了 xcxx.asp 文件和 xpxx.asp 文件。通过 xcxx.asp 文件实现了相册信息的显示。又通过 xpxx.asp 文件实现了相片内容的显示。通过 addxc.asp 文件实现相册信息的添加和修改。通过 addxp.asp 文件实现相片信息的添加和修改。通过 delxp.asp 文件实现相片信息的删除。通过 addimg.asp 文件实现相片上传到数据表的操作。

通过 shc.asp 文件显示收藏编辑界面，在该界面中调用了 scyylist.asp 文件、scyyzj.asp 文件、sctslist.asp 和 sctssj.asp 文件。通过 scyylist.asp 文件实现了收藏音乐信息的显示。通过 scyyzj.asp 文件实现了收藏音乐专辑内容的显示。通过 sctslist.asp 文件实现了收藏图书信息的显示。通过 sctssj.asp 文件实现了收藏书架内容的显示。通过 addyy.asp 实现了收藏音乐的添加和修改。通过 addzj.asp 文件实现了收藏音乐专辑的添加和修改。通过 addbook.asp 文件实现了收藏图书的添加和修改。通过 addsj.asp 文件实现了收藏图书书架的添加和修改。通过 delyy.asp 文件实现了音乐信息的删除。通过 delzj.asp 文件实现了音乐专辑信息的删除。通过 delbook.asp 文件实现了图书信息的删除。通过 delsj.asp 文件实现了图书书架信息的删除。

通过 gf.asp 文件显示好友信息编辑页面，在该页面中调用了 gfleft.asp 文件和 gflist.asp 文件。通过 gfleft.asp 文件实现了好友分类信息的显示。通过 gflist.asp 文件实现了好友信息的显示。通过 addgf.asp 文件实现了好友信息的添加和修改。通过 addgffl.asp 文件实现了好友分组信息的添加和修改。通过 delgf.asp 文件实现了好友信息删除。通过 delgffl.asp 文件实现了好友分组信息删除。

通过 me.asp 文件显示博客作者编辑界面，在该界面中调用了 Imglist.asp 文件和 userlist.asp 文件。通过 Imglist.asp 文件实现了博客作者头像的显示，该文件的应用与相片内容显示的应用类似。通过 userlist.asp 文件实现了博客作者信息的表单显示。通过 adduserimg.asp 文件实现了头像的上传。通过 undl.asp 文件可退出管理端。

管理端文件结构如图 9-3 所示。

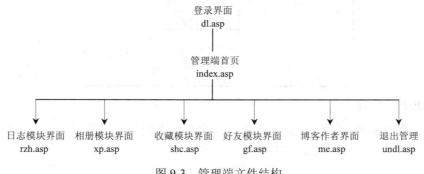

图 9-3　管理端文件结构

9.1.3 数据库设计

案例可采用 SQL Server 2000 及以上版本作为后台数据库，数据库名为 blog，创建日志数据表、图书信息表、相册表、好友表、留言表等 14 张表，下面给出数据表的概要说明和主要数据表的结构定义以及表之间的关系。

1．数据表的概要说明

系统的数据表分为以下类别。

（1）日志数据表。日志数据表包含日志分类信息表、日志信息表和日志评论表。日志分类信息表中包含日志类型的分类。日志信息表包含填写的日志信息。日志评论表中存储每条日志的评论信息。

（2）收藏信息表。收藏信息表包含图书信息表、图书书架信息表、音乐专辑信息表和音乐信息表。图书信息表包含链接图书的地址等信息。图书书架信息表包含图书分类。音乐专辑信息表包含音乐分类信息。音乐信息表包含音乐的名称、链接地址等信息。

（3）好友信息表。好友信息表包含好友分类信息表和好友信息表。好友分类信息表包含好友的分组分类信息。好友信息表包含博客好友的信息。

（4）留言表。留言表包含博客的留言标题、内容、时间等信息。

（5）统计表。统计表包含博客的访问量信息。

（6）博客作者表。博客作者表包含博客作者头像、个人简介等信息。

数据表名称及含义的对照表见表 9-1。

表 9-1　数据表名称及会议对照表

表　名	说　明
Users	博客作者信息表
Book	图书信息表
Bookj	图书书架表
Hy	博客好友表
Hyfz	博客好友分类表
Ly	博客留言信息表
music	博客收藏中的音乐信息表
yyzhj	博客收藏中的音乐专辑信息表
Rzh	博客日志表
Rzhfl	博客日志分类信息表
Rzhpl	博客日志评论表
Tj	博客访问量统计表
Xc	博客相册表
Xp	博客照片表

2．主要表结构说明

下面对数据表的结构作具体说明，内容包含数据表的列名、数据类型和说明。从而可让读者更清楚地了解该系统的数据库结构。

（1）博客作者信息表。博客作者信息表（users）包括登录账号、密码、昵称、性别、住址、邮编、生日、星座等信息，其属性见表 9-2。

表 9-2　博客作者信息表（users）

列　　名	数据类型	说　　明
userId	ID	自动编号（主键）
Username	文本	登录账号
password	文本	登录密码
Nch	文本	昵称
Sex	文本	性别
Address	文本	住址
Yb	文本	邮编
Age	文本	生日
Xz	文本	星座
Grjj	备注	个人简介
Xx	文本	血型
Zhy	文本	职业
Hy	文本	婚姻状况
Xg	文本	性格
Xq	文本	兴趣
Email	文本	E-mail 地址
Phone	文本	电话
tx	OLE 对象	头像图片

（2）图书书架信息表。图书书架信息表（bookj）中记录了图书书架的名称和描述信息，其属性见表 9-3。

表 9-3　图书书架信息表（bookj）

列　　名	数据类型	说　　明
Id	ID	自动编号（主键）
Bjname	文本	书架名称
Bjmsh	备注	书架描述

（3）图书信息表。图书信息表（book）中记录了图书的名称、作者等信息，其属性见表 9-4。

表 9-4　图书信息表（book）

列　　名	数据类型	说　　明
Id	ID	自动编号（主键）
Bjid	ID	书架 ID
Bookname	文本	图书名称
Author	文本	作者
Urladdress	文本	地址
Msh	备注	书架描述

（4）好友信息表。好友信息表（hy）中记录了好友的昵称、博客地址、性别等信息，其属性见表9-5。

表9-5 好友信息表（hy）

列 名	数据类型	说 明
id	自动编号	自动编号（主键）
Fz_id	数字	分组编号
Nch	文本	好友昵称
url	文本	好友博客地址
Sex	文本	性别
Address	文本	地址
Email	文本	E-mail

（5）好友分组信息表。好友分组信息表（hyfz）记录了好友分组名称信息，其属性见表9-6。

表9-6 好友分组信息表（hyfz）

列 名	数据类型	说 明
Fz_id	自动编号	自动编号（主键）
Fz_name	文本	好友分组名称

（6）留言信息表。留言信息表（ly）中记录了博客中的留言信息，其属性见表9-7。

表9-7 留言信息表（ly）

列 名	数据类型	说 明
Id	自动编号	自动编号（主键）
Nch	文本	昵称
Ly	备注	留言
Adddate	日期/时间	添加时间

（7）音乐信息表。音乐信息表（music）中记录了歌曲名称、歌手姓名等信息，其属性见表9-8。

表9-8 音乐信息表（music）

列 名	数据类型	说 明
id	自动编号	自动编号（主键）
M_name	文本	歌曲名称
Msh_name	文本	歌手名称
Zjid	数字	专辑编号
url	文本	歌曲地址
Adddate	日期/时间	歌曲添加时间

（8）音乐专辑信息表。音乐专辑信息表（yyzhj）中记录了音乐专辑信息，其属性见表9-9。

表 9-9　音乐专辑信息表（yyzhj）

列　名	数据类型	说　明
id	自动编号	自动编号（主键）
Zjmch	文本	专辑名称
Zjmsh	备注	专辑描述

（9）日志信息表。日志信息表（rzh）中记录了日志标题、信息、阅读次数等信息，其属性见表 9-9。

表 9-10　日志信息表（rzh）

列　名	数据类型	说　明
id	自动编号	自动编号（主键）
Flid	数字	日志分类 ID
Bt	文本	标题
Rzh	备注	日志信息
Qx	数字	权限
Ydcsh	数字	阅读次数
Adddate	日期/时间	添加时间

（10）日志分类信息表日。日志分类信息表（rzhfl）中记录了日志分类信息，其属性见表 9-11。

表 9-11　日志分类信息表（rzhfl）

列　名	数据类型	说　明
id	自动编号	自动编号（主键）
Rzhfl	文本	日志分类名称

（11）日志评论信息表。日志评论信息表（rzhpl）中记录了日志评论者昵称、评论信息等信息，其属性见表 9-12。

表 9-12　日志评论信息表（rzhpl）

列　名	数据类型	说　明
Id	自动编号	自动编号（主键）
Rzhid	数字	日志 ID
Nch	文本	昵称
Pl	备注	评论
Adddate	日期/时间	添加时间

（12）站点统计信息表。站点统计信息表（tj）中记录了网站浏览次数信息，其属性见表 9-13。

表 9-13　站点统计信息表（tj）

列　名	数据类型	说　明
id	自动编号	自动编号（主键）
Csh	数字	访问次数

（13）相册信息表。相册信息表（xc）中记录了相册名称、权限信息，其属性见表 9-14。

表 9-14　相册信息表（xc）

列　　名	数据类型	说　　明
Xc id	自动编号	自动编号（主键）
Xc name	文本	相册名称
Qx	数字	相册权限

（14）相片信息表。相片信息表（xp）中记录了相片名称、权限信息，其属性见表 9-15。

表 9-15　相片信息表（xp）

列　　名	数据类型	说　　明
id	自动编号	自动编号（主键）
Xc_id	数字	相册 ID
Xp_name	文本	相片名称
Xp_msh	备注	相片描述
Llcsh	数字	浏览次数
Adddate	日期/时间	添加相片时间
Tx	Ole 对象	相片
Zhd	是/否	是否置顶

3. 表之间的关系

在 Blog 数据库中，部分数据表之间相互联系，构成了数据表的关系图。博客的图书书架数据表（bookj）和图书数据表（book）相互关联，bookj 数据表的 id 字段为 book 数据表的外键，对应 bjid 字段。好友分组数据表（hyfz）和好友数据表（hy）相互关联，hyfz 数据表的 fz_id 字段为 hy 数据表的外键，对应 fz_id 字段。音乐专辑信息表（yyzhj）和音乐信息表（music）相互关联，yyzhj 数据表的 id 字段为 music 数据表的外键，对应 zjid 字段。日志分类数据表（rzhfl）和日志信息表（rzh）相互关联，rzhfl 数据表的 id 字段为 rzh 数据表的外键，对应 flid 字段。日志信息表（rzh）和日志评论表（rzhpl）相互关联，rzh 数据表的 id 为 rzhpl 数据表的外键，对应 rzhid 字段。相册信息表（xc）和相片信息表（xp）相互对应，xc 数据表的 xc_id 为 xp 数据表的外键，对应 xc_id 字段。该数据库的数据表关系如图 9-4 所示。

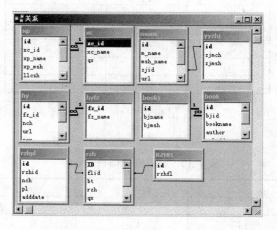

图 9-4　数据库的数据表关系

任务 9.2　客户端设计模块

客户端的用户为博客的浏览者，可浏览博客的首页、日志、相片、收藏等信息，下面分别介绍客户端各模块的应用程序。

9.2.1　客户端首页设计

1. 客户端首页界面设计

客户端首页文件为 index.asp，在该文件中调用了 conn.asp、title.asp、left.asp、imglist.asp、melist.asp、tj.asp、ly.asp 和 addly.asp 等文件，通过这些文件实现了客户端首页内容的显示，如图 9-5 所示。

图 9-5　客户端首页内容的显示

下面分别介绍首页文件中的程序代码。

2. 客户端首页文件（index.asp）代码实现

下面代码实现了 title.asp 文件的调用，该文件显示标题信息，即图 9-5 中的页面导航条。

```
<div id="masthead">
 <!--#include file="Inc/title.asp" -->
</div>
```

接下来的代码调用了 left.asp 和 melist.asp 文件，其中 left.asp 文件为日志标题列表文件，melist.asp 文件为博客作者信息文件。这两个文件显示的内容，将会在窗体的左侧显示。

```
<div id="navBar">
    <div id="sectionLinks">
    <h3><img src="Img/rizhi.gif" width="25" height="25" align=
"absmiddle"
    title="日志" border="0"/>日志列表</h3>
    <ul>
     <li></li>
     <!--#include file="Inc/left.asp" -->
    </ul> </div>
```

```
<div class="story">
  <h2>
    博客作者</h2> <!--#include file="melist.asp" -->
    <p><!--#include file="imglist.asp" --></p> </div>
```

下面的代码调用了 addly.asp 和 ly.asp 文件，addly.asp 文件实现留言信息的添加；ly.asp 文件实现留言信息的显示。在该段代码中添加了一个判断语句，如果单击"我要留言"超级链接，将会显示添加留言界面，否则将显示"我要留言"超级链接文字信息。该段代码的内容将会在界面中央显示。

```
<div id="content">
  <div class="story">
    <h2 class="STYLE1">
      博客留言</h2>
  </div><div class="story">
    <%if request.QueryString("ly")="1" then%>
      <h4><a href="index.asp">取消留言</a></h4>
      <!--#include file="addly.asp" -->
    <%else%>
      <h4><a href="index.asp?ly=1"><img src="Img/ly.gif" width=
"25"
  height="25" align="absmiddle" title="留言" border="0"/>我要留言</a></h4>
    <%end if%>
    <p><!--#include file="Inc/ly.asp" --></p>
  </div></div>
```

下面的代码调用了 tj.asp 文件，该文件实现了网站访问统计的显示。该文件内容在界面最下方显示。

```
<div id="siteInfo">&copy;2008 ***博客    访问量:
  <!--#include file="Inc/tj.asp" --> </div>
```

在首页中调用的各文件的应用程序较为简单，请读者参考源代码文件，这里就不多介绍了。

9.2.2 日志模块

在日志模块客户端中主要实现的功能为日志列表的显示，浏览详细日志信息，浏览和添加日志评论。日志列表的显示界面（rzh.asp），如图 9-6 所示。在该界面中显示了日志的标题信息、添加时间和阅读次数等信息。该文件的应用较为简单，这里就不介绍了。

图 9-6 日志列表的显示界面（rzh.asp）

打开日志的标题可实现打开浏览详细的日志信息，浏览和添加日志评论，该界面功能通过rzhxx.asp文件实现，该文件调用了3个文件实现，分别为rzhxp.asp、rzhpl.asp和plfb.asp。下面分别介绍这3个文件。

1. 日志的详细信息

在rzhxp.asp文件中实现了日志详细信息显示，如图9-7所示。显示的内容为日志标题、分类、内容、填写时间、阅读次数。在该文件中还实现了阅读数自动加1的操作，当每次打开该界面时，该日志的阅读次数就会加1。

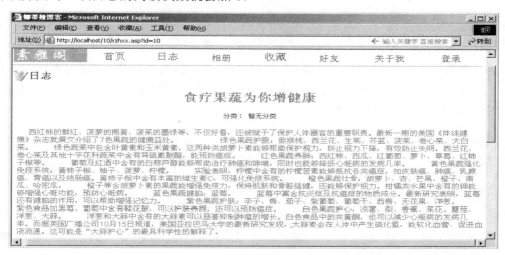

图9-7 日志详情信息显示

下面为该文件的具体代码实现。对其功能分别进行讲述。

程序（rzhxp.asp）实现了日志详细内容的查询。在该段代码中，应用Request.QueryString方法获取日志的ID值，应用条件查询语句，检索符合条件的日志，程序代码如下：

```
<%
Dim Recordset1
Dim Recordset1_numRows
id=Request.QueryString("id")
Set Recordset1 = Server.CreateObject("ADODB.Recordset")
Recordset1.ActiveConnection = MM_conn_STRING
Recordset1.Source = "SELECT * FROM rzh where id="&id
Recordset1.CursorType = 0
Recordset1.CursorLocation = 2
Recordset1.LockType = 1
Recordset1.Open()
Recordset1_numRows = 0
%>
```

该程序实现了日志的分类信息查询。在代码中将日志分类的ID值从日志表中提取，然后判断是否为0值，如果不是0值，则执行日志分类数据的查询操作，获取日志的分类信息，程序代码如下：

```
<%
Dim Recordset5
```

```
Dim Recordset5_numRows
id=Recordset1.Fields.Item("flid").Value
if id<>"0" then
Set Recordset5 = Server.CreateObject("ADODB.Recordset")
Recordset5.ActiveConnection = MM_conn_STRING
Recordset5.Source = "SELECT * FROM rzhfl  where id="&id
Recordset5.CursorType = 0
Recordset5.CursorLocation = 2
Recordset5.LockType = 1
Recordset5.Open()
Recordset5_numRows = 0
end if
%>
```

为了实现日志阅读次数加 1 的操作，在代码段中从日志数据表中获取原始的日志阅读次数，随后将该次数加 1，执行 Update 语句修改 rzh 数据表中的 ydcsh 字段，这样就完成了日志阅读次数的编辑，程序代码如下：

```
<%
'修改阅读次数
ydcsh=Recordset1.Fields.Item("ydcsh").Value
ydcsh=ydcsh+1
set Command2 = Server.CreateObject("ADODB.Command")
Command2.ActiveConnection = MM_conn_STRING
Command2.CommandText = "UPDATE rzh  SET ydcsh="&ydcsh&"  WHERE id="&id
Command2.CommandType = 1
Command2.CommandTimeout = 0
Command2.Prepared = true
Command2.Execute()
%>
```

为实现日志详细信息在界面中显示操作，分别从日志表和日志分类中获取所需要的信息，显示在界面中。在代码显示分类信息中会判断分类数据是否存在，如果存在则显示分类信息，否则显示暂无分类信息，程序代码如下：

```
<table width="800" border="0" align="center" cellpadding="0" cellspacing
="6">
  <tr >
    <tdalign="center"><span class="STYLE3"><%=
(Recordset1.Fields.Item("bt").Value)%></span><p>
        .<span class="STYLE2">
        分类:
        <% If id="0" Then %>
        暂无分类
        <% Else %>
        <%=(Recordset5.Fields.Item("rzhfl").Value)%>
        <% End If %>
        </span></td>
  </tr>
  <tr>
    <td>    <span class="STYLE4"><%=
(Recordset1.Fields.Item("rzh").Value)%></span></td>
  </tr>
```

```
    <tr>
     <td align="right"> <hr width="800"  size="1" noshade>
      <%=(Recordset1.Fields.Item("adddate").Value)%>|<%=ydcsh%>次阅读
     </td>
    </tr>
</table>
```

2. 评论信息

在 rzhpl.asp 文件中实现了日志评论信息显示，如图 9-8 所示。显示的内容为评论人昵称、内容、填写时间。

图 9-8　日志评论信息显示

下面为该文件的具体代码实现。对其功能分别进行讲述。

日志评论（rzhpl.asp）的代码实现了日志 ID 信息的获取。首先定义 Recordset2__MMCol Param 变量，将该变量赋值为 1，随后判断应用 Request.QueryString 方法是否可以获取值，如果可以则将 Request.QueryString 方法获取的值，赋值给 Recordset2_MMColparam 变量。程序代码如下：

```
<%
Dim Recordset2__MMColParam
Recordset2__MMColParam = "1"
If (Request.QueryString("id") <> "") Then
  Recordset2__MMColParam = Request.QueryString("id")
End If
%>
```

为了实现日志评论信息的获取，将获取的日志 ID 值作为检索条件，从 rzhpl 数据表中获取该日志的评论信息。程序代码如下：

```
<%
Dim Recordset2
Dim Recordset2_numRows1
Set Recordset2 = Server.CreateObject("ADODB.Recordset")
Recordset2.ActiveConnection = MM_conn_STRING
Recordset2.Source = "SELECT nch, pl, adddate FROM rzhpl WHERE rzhid = " +
Replace(Recordset2__MMColParam, "'", "''") + " ORDER BY adddate desc"
```

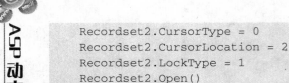

```
Recordset2.CursorType = 0
Recordset2.CursorLocation = 2
Recordset2.LockType = 1
Recordset2.Open()
Recordset2_numRows1 = 0
%>
```

为了实现日志评论信息内容的显示，在代码中使用了 While 循环语句，将所有的日志评论信息分页显示在界面中。程序代码如下：

```
<table width="700" height="63" border="0" align="center" cellpadding=
"0"
 cellspacing="0">
  <% While ((Repeat1__numRows <> 0) AND (NOT Recordset2.EOF)) %>
    <tr><td width="100" height="30"> </td>
      <td
bgcolor="#FFFFFF"><%=(Recordset2.Fields.Item("nch").Value)%>: </td>
      <td align="right" bgcolor="#FFFFFF">
<%=(Recordset2.Fields.Item("adddate").Value)%></td>
    </tr>
      <tr>
    <td width="100" height="33"> </td>
      <td
colspan="2"><%=(Recordset2.Fields.Item("pl").Value)%></td>
    </tr>
    <%
 Repeat1__index=Repeat1__index+1
 Repeat1__numRows=Repeat1__numRows-1
 Recordset2.MoveNext()
Wend
%>
</table>
```

3. 发布评论

在 plfb.asp 文件中实现了日志评论信息的添加。用户使用时可填写日志评论表单控件中的内容，实现日志评论信息的添加，如图 9-9 所示。

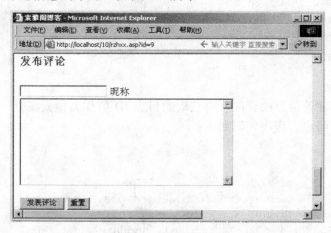

图 9-9　日志评论信息的添加

下面为该文件的具体代码实现。对其功能分别进行讲述。

评论发布信息（plfb.asp）的代码是用户单击了"发表评论"按钮后执行，将日志评论信息添加到数据表的操作，在 Insert 语句中，MM_editTable 变量为数据表，MM_tableValues 为数据表中的字段值，MM_dbValues 为添加到数据表中的数据，程序代码如下：

```asp
<%
' *** Insert Record: construct a sql insert statement and execute it
Dim MM_tableValues
Dim MM_dbValues
If (CStr(Request("MM_insert")) <> "") Then
  ' create the sql insert statement
  MM_tableValues = ""
  MM_dbValues = ""
  For MM_i = LBound(MM_fields) To UBound(MM_fields) Step 2
    MM_formVal = MM_fields(MM_i+1)
    MM_typeArray = Split(MM_columns(MM_i+1),",")
    MM_delim = MM_typeArray(0)
    If (MM_delim = "none") Then MM_delim = ""
    MM_altVal = MM_typeArray(1)
    If (MM_altVal = "none") Then MM_altVal = ""
    MM_emptyVal = MM_typeArray(2)
    If (MM_emptyVal = "none") Then MM_emptyVal = ""
    If (MM_formVal = "") Then
      MM_formVal = MM_emptyVal
    Else
      If (MM_altVal <> "") Then
        MM_formVal = MM_altVal
      ElseIf (MM_delim = "'") Then ' escape quotes
        MM_formVal = "'" & Replace(MM_formVal,"'","''") & "'"
      Else
        MM_formVal = MM_delim + MM_formVal + MM_delim
      End If
    End If
    If (MM_i <> LBound(MM_fields)) Then
      MM_tableValues = MM_tableValues & ","
      MM_dbValues = MM_dbValues & ","
    End If
    MM_tableValues = MM_tableValues & MM_columns(MM_i)
    MM_dbValues = MM_dbValues & MM_formVal
  Next
  MM_editQuery = "insert into " & MM_editTable & " (" & MM_tableValues & ")
values (" & MM_dbValues & ")"
  If (Not MM_abortEdit) Then
    ' execute the insert
    Set MM_editCmd = Server.CreateObject("ADODB.Command")
    MM_editCmd.ActiveConnection = MM_editConnection
    MM_editCmd.CommandText = MM_editQuery
    MM_editCmd.Execute
    MM_editCmd.ActiveConnection.Close
    If (MM_editRedirectUrl <> "") Then
      Response.Redirect(MM_editRedirectUrl)
```

```
      End If
    End If
  End If
%>
```

为了实现日志评论表单的定义，在图 9-9 中显示的表单控件的程序代码如下：

```
<form action="<%=MM_editAction%>" method="POST" name="form1">
     <input name="nch" type="text" />
   昵称<br>
              <textarea       name="pl"       cols="100"
rows="10"></textarea>
          <input type="submit" value="发表评论" />
      <label> <input type="reset" name="Submit" value="重置" /></label>
       <input name="rzhid" type="hidden" value="<%=request.QueryString
("id")%>">
      <input name="adddate" type="hidden" value="<%=now()%>">
      <input type="hidden" name="MM_insert" value="form1">
  </form>
```

9.2.3 相册模块

在相册模块中实现了相册和相片的显示。相册的列表显示（xp.asp），如图 9-10 所示。在该界面中实现了相册的列表显示。该程序的应用较为简单，这里就不介绍了，请读者参考源代码文件。

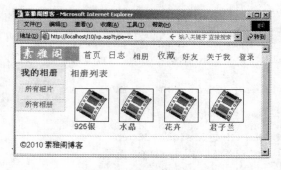

图 9-10 相册的列表显示

Xpxx.asp 文件实现了相片的显示，在该文件中调用 showimagel.asp 文件，showimagel.asp 文件实现了从数据表中获取相片信息，相片内容显示界面，如图 9-11 所示。

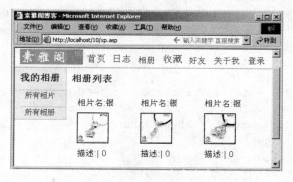

图 9-11 相片内容显示

下面介绍 xpxx.asp 和 showimagel.asp 文件应用。

1. 相片信息显示

相片信息显示的界面，显示的内容为相片名称、图片和描述。下面为该文件的具体代码实现。对其功能分别进行讲述。

相片信息显示（xpxx.asp）代码实现了相片信息的查询。从 xp 数据表中查询了 id、xp_name、xp_msh、llcsh、adddate、tx 字段值，程序代码如下：

```
<%
Dim Recordset1
Dim Recordset1_numRows
Set Recordset1 = Server.CreateObject("ADODB.Recordset")
Recordset1.ActiveConnection = MM_conn_STRING
Recordset1.Source = "SELECT id, xp_name, xp_msh, llcsh, adddate, tx FROM xp"
Recordset1.CursorType = 0
Recordset1.CursorLocation = 2
Recordset1.LockType = 1
Recordset1.Open()
Recordset1_numRows = 0
%>
```

为了实现相片内容在界面中的显示，在图片显示时，img 标签的 src 属性调用了 showimage1.asp 文件，而不是直接指向一个图片文件，程序代码如下：

```
<table  border="0" cellpadding="4" cellspacing="4">
<tr>
   <% While ((Repeat1__numRows1 <> 0) AND (NOT Recordset1.EOF)) %>
   <td>
      <table border="0" width="104" height="104">
    <tr>
       <td>相片名:<%=(Recordset1.Fields.Item("xp_name").Value)%>
</td>
      </tr >
      <tr>
      <td width="103" height="103"><%response.Write "<img border=1 width=103
   height=103  src=ShowImage1.asp?id="&(Recordset1.Fields.Item("id").
   Value)&">"
  %></td>
      </tr>
      <tr>
      <td>描述:<%=(Recordset1.Fields.Item("xp_msh").Value)%>| 
<%=
(Recordset1.Fields.Item("llcsh").Value)%></td>
     </tr>
     </table>
     </td>
   <%
    Repeat1__index1=Repeat1__index1+1
   Repeat1__numRows1=Repeat1__numRows1-1
    Recordset1.MoveNext()
Wend
%><tr>
```

```
</table>
```

2. 从数据库中读取相片

为了实现从数据库中读取相片，showimage1.asp 文件被 xcxx.asp 和 xpxx.asp 文件调用。在文件中必须定义 Response.ContentType 的属性为 image/*，才可实现相片信息的获取。showimage1.asp 文件的程序代码如下：

```
<% option explicit %>
<%
dim id
id = request.QueryString("id")
if id = "" then response.End
dim cnstr
dim cn, sql, rs,connstr
'直接 SQL Server 连接数据库
set cn=server.createobject("adodb.connection")
cn.Open"Driver={SQL Server};Server=(Local);UID=sa;PWD=dba;"&_
"database=blog;"
'Set cn = Server.CreateObject("ADODB.Connection")
'Cn.open "DSN=blog"
 sql = "SELECT tx FROM xp where id="&cint(id)
set rs = cn.Execute(sql)
Response.ContentType = "image/*"
Response.BinaryWrite rs("tx").getChunk(7500000)
set rs = nothing
cn.Close
set cn = nothing
%>
```

9.2.4 收藏模块

1. 收藏模块界面设计

在收藏模块中实现了音乐专辑、音乐收藏、书架和收藏图书信息的显示。这几个文件的列表显示都应用了 shc.asp 文件，其中音乐专辑列表显示，如图 9-12 所示。在该界面中显示了博客管理员添加的音乐专辑列表。

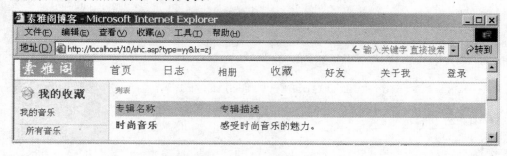

图 9-12　音乐专辑列表显示

单击"专辑名称"链接，可打开该专辑中的收藏音乐，界面如图 9-13 所示。

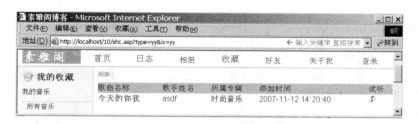

图 9-13　专辑中的收藏音乐

单击"所有书架"链接，打开书架列表界面，该界面中显示了书架名称、描述等信息，如图 9-14 所示。

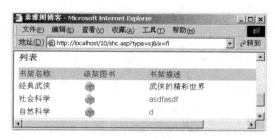

图 9-14　书架列表界面

单击"所有图书"链接，将会打开图书列表界面，在该界面中显示了图书名称、作者、所属书架等信息，如图 9-15 所示。单击"阅读"按钮，可打开该图书的链接页面，实现图书的阅读。

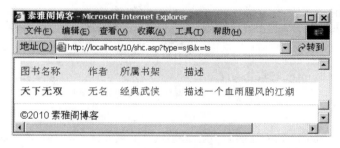

图 9-15　图书列表界面

收藏模块中最重要的功能是实现收藏音乐的播放，播放文件为 play.asp。利用该文件中的 embed 控件的 src 属性链接到音乐的播放地址，实现音乐的播放试听，如图 9-16 所示。

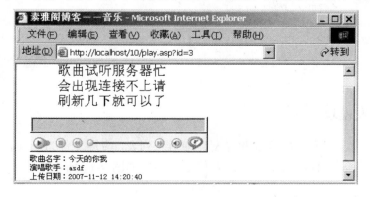

图 9-16　音乐的播放试听

2. 收藏模块代码实现

收藏音乐试听（play.asp）的代码实现了收藏音乐信息从数据表中的检索。在代码段中，应用 IF 条件语句判断是否获取了检索的条件，如果检索条件存在则实现音乐信息的检索操作。该文件的实现程序代码如下：

```
<%'Set connect = Server.CreateObject("ADODB.Connection")
'Connect.open "DSN=blog"
Set cmd = Server.CreateObject("ADODB.Command")
Set cmd.ActiveConnection = connect
if request.QueryString("id")<>"" then
    id=request.QueryString("id")
    sql = "SELECT * FROM music where id="&id
    cmd.CommandText = sql
    set rs = cmd.Execute
    url=rs("url")
    m_name=rs("m_name")
    msh_name=rs("msh_name")
    adddate=rs("adddate")
end if
%>
```

为了实现收藏音乐的播放以及该收藏音乐的相关信息在界面中的显示，在此使用了 embed 标签实现音乐的播放，程序代码如下：

```
<tr>
    <td height="52" width="12" valign="middle" align="left" > </td>
    <td height="52" width="275" valign="middle"><embed src="<%=url%>"
 type="audio/x-pn-realaudio-plugin"  controls="StatusBar,
ControlPanel" height=56
 width=275 autostart=true></td>
    <td height="52" width="19" valign="middle" align="left" >
 </td>
    </tr>
    <tr> <td style="font-size:9pt;color=#33FF00" height="2" > 
    </td>
    <td align="left" style="font-size:9pt; height="2"><font color="#0000">
歌曲名字:
    <%=m_name%><br>
    演唱歌手: <%=msh_name%><br>
    上传日期: <%=adddate%></font> </td>
    <td style="font-size:9pt;color=#33FF00" height="2"> 
</td>
    </tr>
```

9.2.5　好友模块

好友模块实现了好友分组列表和好友详细信息列表，应用文件为 gf.asp。在界面中显示了好友的昵称、性别、住址等信息。好友信息的界面如图 9-17 所示。

图 9-17　好友信息的界面

9.2.6　博客作者模块

博客作者模块实现了博客作者信息和头像信息的显示，应用文件为 me.asp。这部分程序较为简单，这里就不过多介绍了。博客作者信息界面如图 9-18 所示。

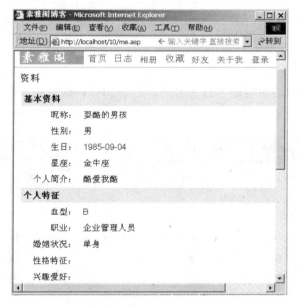

图 9-18　博客作者信息界面

任务 9.3　管理端设计模块

管理端设计模块由日志的拥有者即管理员进行维护，维护的内容包含日志、好友、相册、收藏和博客作者信息等几个部分，下面分别介绍各模块的应用。

9.3.1　管理端首页

管理端的首页文件为 index.asp，该界面与客户端界面类似，在管理端可实现留言信息的管理，可通过单击"删除图标"按钮，实现留言信息的删除，如图 9-19 所示。该文件的应用与客户端类似，这里就不介绍了，请读者参考源代码。

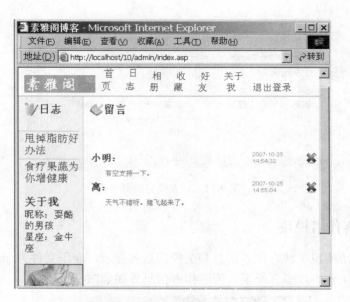

图 9-19 管理端首页

9.3.2 日志模块

在管理端的日志模块中实现了日志分类、日志和评论信息的编辑，下面先介绍日志模块的界面，如图 9-20 所示。

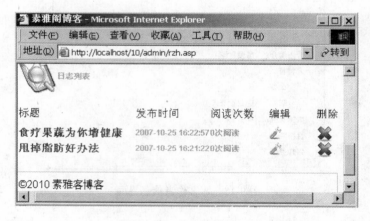

图 9-20 日志模块界面

单击"日志"导航链接，打开管理日志界面（rzh.asp）。该界面的左侧显示了日志分类信息，右侧显示了所有可编辑的日志信息。该应用程序较为简单，这里就不介绍了，请读者参考源代码。

单击"添加分类"按钮，可实现日志分类添加控件的显示，如图 9-21 所示。在控件中输入日志分类名称，单击"确定"按钮即可实现分类的添加，单击"取消分类"按钮可取消分类的添加。应用程序较为简单，这里就不介绍了，请读者参考源代码。

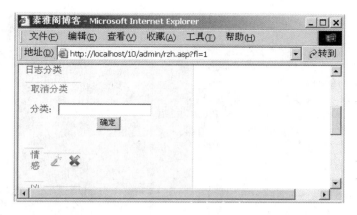

图 9-21　日志分类添加

日志的添加界面与修改界面相同。下面着重介绍日志信息修改、日志信息分类、日志信息删除。

1．日志信息修改

日志信息修改文件为 rzhxx.asp，在此文件中分为两个部分，第一部分为日志编辑的表单，第二部分为日志修改的应用程序。通过调用 rzhxp.asp 文件来实现了上述功能。日志信息修改界面如图 9-22 所示。

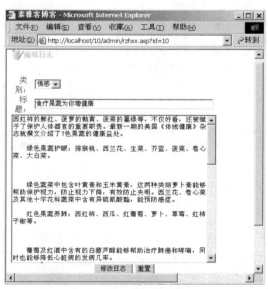

图 9-22　日志信息修改界面

2．日志信息修改（rzhxx.asp）代码实现

日志信息修改（rzhxx.asp）的代码实现了日志修改表单的显示，在该表单中将会显示要修改日志的原始信息，在日志分类信息列表框中应用了查询语句，将日志的分类信息动态地添加到下拉列表框中，检索日志数据表，将日志的原始信息存储到对应的表单控件中。这些功能主要通过调用 rzhxp.asp 文件来实现，程序代码如下：

```
<form action="rzhxq.asp" method="post" name="form1">
    <table    width="458"    height="408"    border="0"    cellpadding="0"
```

```
cellspacing="0">
        <tr>
          <td width="53" height="35" align="center">类别: </td>
          <td width="431"><label>
            <select name="rzhfl">
             <%'获取日志分类信息
              sql2 = "SELECT * FROM RZHFL"
              cmd.CommandText = sql2
              set rs = cmd.Execute
              do while not rs.eof
              %>
              <option value="<%=rs("id")%>"><%=rs("rzhfl")%></option>
              <%
              rs.movenext()
              loop
              rs.close()
              %>
            </select>
          </label></td>
        </tr>
        <% '获取要修改的日志信息
          id=request.QueryString("id")
          sql = "SELECT * FROM RZH where id="&id
          cmd.CommandText = sql
          set rs1 = cmd.Execute %>
        <tr>
          <td height="37" align="center">标题: </td>
          <td><input name="bt" type="text" size="50" value="<%= rs1("bt")
%>"/></td>
        </tr>
        <tr>
          <td height="305" colspan="2"><label>
            <textarea name="rzh" cols="56" rows="20"><%= rs1("rzh")
%></textarea>
          </label></td>
        </tr>
        <tr>
          <td colspan="2" align="center"><label>
          <input type="button" name="Submit" value="修改日志"
      onclick="javascript:check()"/>
          </label>
           <label>
           <input type="reset" name="Submit2" value="重置" />
          </label></td>
        </tr>
      </table>
      <input type="hidden" name="id" value="<%= id %>">
    </form>
```

　　下面的代码在单击"修改日志"按钮后执行，实现了日志信息的修改。在代码段中首先应用 Request.Form 方法获取日志表单中的信息，然后定义了 Update 语句，随后执行了修改语句，实现日志信息的修改操作，程序代码如下：

```
<%  '修改日志信息
    id=request.Form("id")
    rzhfl=request.Form("rzhfl")
    bt=request.Form("bt")
    rzh=request.Form("rzh")
    SQL="Update rzh set bt='"&bt&"',rzh='"&rzh&"' where id="&id

    cmd.CommandText = SQL
    cmd.execute (SQL)
    response.Redirect("rzhxx.asp?id="&id)
%>
```

3. 日志分类信息删除

单击图 9-20 中左侧分类列表中的 ✖ 图标，可实现日志分类信息删除。删除日志分类信息时不会删除该分类中所包含的日志信息。但是考虑到数据的完整性，需要从日志数据表中将该日志分类信息清除。文件（delfl.asp）的程序代码如下：

```
<%
'Set connect = Server.CreateObject("ADODB.Connection")
'Connect.open "DSN=blog"
id=request.QueryString("id")
'创建 Command 对象
Set cmd = Server.CreateObject("ADODB.Command")
Set cmd.ActiveConnection = Connect

SQL = "delete from hy where id="&id
cmd.CommandText = SQL
cmd.execute (SQL)
response.Redirect("gf.asp")
%>
```

4. 日志信息删除

单击图 9-20 中日志列表中的 ✖ 图标，可实现日志信息删除，由于日志信息表与日志评论信息表相互关联，因此为了保证数据的完整性，删除日志信息前首先要删除该日志对应的评论信息，然后再删除日志信息。文件（rzhdel.asp）的程序代码如下：

```
<!--#include file="conn1.asp" -->
<%
'Set connect = Server.CreateObject("ADODB.Connection")
'Connect.open "DSN=blog"
id=request.QueryString("id")
'创建 Command 对象
Set cmd = Server.CreateObject("ADODB.Command")
Set cmd.ActiveConnection = Connect
'实现日志评论的删除
SQL1 = "delete from rzhpl where rzhid="&id
cmd.CommandText = SQL1
cmd.execute (SQL1)
'实现日志的删除
SQL = "delete from rzh where id="&id
cmd.CommandText = SQL
cmd.execute (SQL)
```

```
response.Redirect("rzh.asp")
%>
```

9.3.3　相册模块

1．相册模块功能

相册模块实现相册编辑和相片编辑，单击导航条中的"相册"链接，可打开相册模块的首页（xp.asp）界面，如图 9-23 所示，在该界面中显示了可编辑的相片，该文件应用与客户端相片内容显示类似，这里就不过多介绍了。

图 9-23　相册模块的首页界面

单击"添加相片"链接，可打开相片添加控件的显示，在控件中填写要添加相片的信息，并可设置相片是否置顶。最后单击"确定"按钮，完成相片添加，如图 9-24 所示。

单击"所有相册"链接，打开相册列表，如图 9-25 所示。该界面应用较简单，这里就不过多介绍了。

单击"添加相册"链接，打开相册添加控件，在该控件中输入相册名称，单击"确定"按钮后，即可实现相册的添加，如图 9-26 所示。

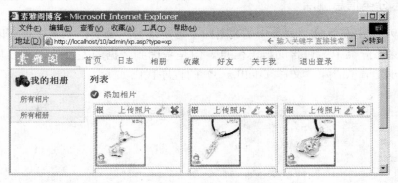

图 9-24　相片添加

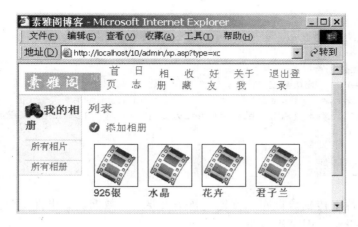

图 9-25　相册列表

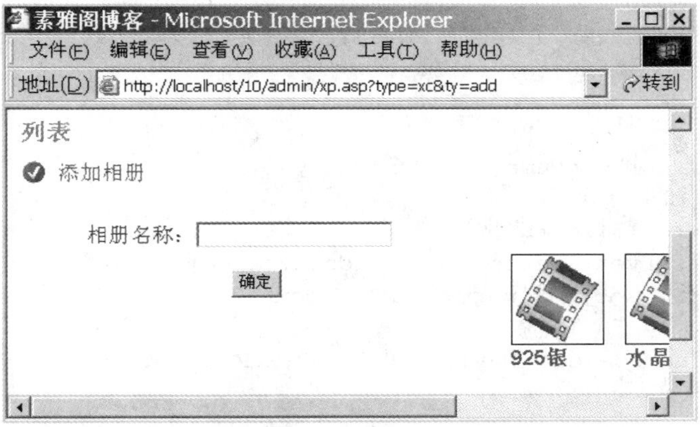

图 9-26　相册的添加

在相册模块中最重要的应用是相片上传操作,在上传相片的表单中需要定义 Form 表单的 enctype 的属性为 multipart/form-data,这样才可以实现文件上传操作,这里定义了一个 session 变量存储要修改上传相片的 ID 值,从而实现相片文件的上传操作,如图 9-27 所示。

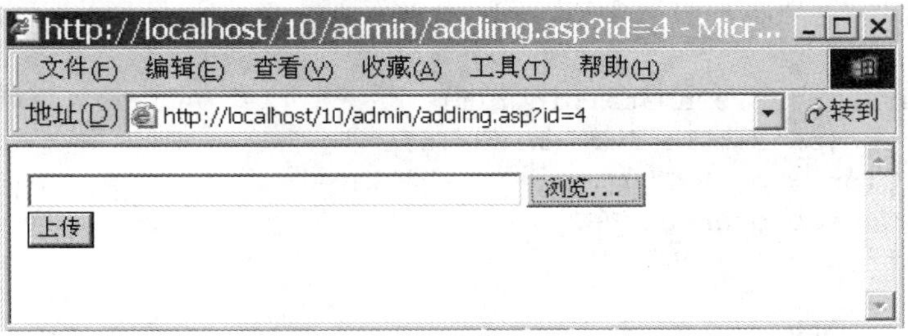

图 9-27　相片文件的上传

2. 相片上传文件(addimg.asp)的实现

为了解析图片文件上传的路径,定义了数据库的链接,程序代码如下:

```
<%@LANGUAGE="VBSCRIPT" CODEPAGE="936"%>
<% option explicit %>
<%
'从一个完整路径中析出文件名称
```

```asp
function getFileNamefromPath(strPath)
getFileNamefromPath = mid(strPath,instrrev(strPath,"\")+1)
end function
'定义数据库连接字符串
'直接 SQL Server 连接数据库
set cnstr=server.createobject("adodb.connection")
cnstr.Open"Driver={SQL Server};Server=(Local);UID=sa;PWD=dba;"&_
"database=blog;"
'dim cnstr
'cnstr = "DSN=blog"
%>
```

为了实现相片上传到数据库，首先判断是否要提交数据，如果提交数据，则打开数据库实现图片上传操作，程序代码如下：

```asp
<%
if request.ServerVariables("REQUEST_METHOD") = "POST" then
dim sCome, sGo, binData, strData
dim posB, posE, posSB, posSE
dim binCrlf
dim strPath, strFileName, strContentType
'定义一个单字节的回车换行符
binCrlf = chrb(13)&chrb(10)
set sCome = server.CreateObject("adodb.stream")
'指定返回数据类型 adTypeBinary=1,adTypeText=2
sCome.Type = 1
'指定打开模式 adModeRead=1,adModeWrite=2,adModeReadWrite=3
sCome.Mode = 3
sCome.Open
sCome.Write request.BinaryRead(request.TotalBytes)
sCome.Position = 0
binData = sCome.Read
set sGo = server.CreateObject("adodb.stream")
sGo.Type = 1
sGo.Mode = 3
sGo.Open
posB = 1
posB = instrb(posB,binData,binCrlf)
posE = instrb(posB+1,binData,binCrlf)
sCome.Position = posB+1
sCome.CopyTo sGo,posE-posB-2
sGo.Position = 0
sGo.Type = 2
sGo.Charset = "gb2312"
strData = sGo.ReadText
sGo.Close
posSB = 1
posSB = instr(posSB,strData,"filename=""") + len("filename=""")
posSE = instr(posSB,strData,"""")
if posSE > posSB then
strPath = mid(strData,posSB,posSE-posSB)
posB = posE
posE = instrb(posB+1,binData,binCrlf)
```

```
sGo.Type = 1
sGo.Mode = 3
sGo.Open
sCome.Position = posB
sCome.CopyTo sGo,posE-posB-1
sGo.Position = 0
sGo.Type = 2
sGo.Charset = "gb2312"
strData = sGo.ReadText
sGo.Close
posB = posE+2
posE = instrb(posB+1,binData,binCrlf)
sGo.Type = 1
sGo.Mode = 3
sGo.Open
sCome.Position = posB+1
sCome.CopyTo sGo,posE-posB-2
sGo.Position = 0
strData = sGo.Read
sGo.Close
dim cn, rs, sql

set cn = server.CreateObject("adodb.connection")
cn.Open cnstr
set rs = server.CreateObject("adodb.recordset")
sql = "select * from xp where id="&session("id")
rs.Open sql,cn,1,3
rs.Fields("tx").AppendChunk strData
rs.Update
rs.Close
set rs = nothing
cn.Close
set cn = nothing
response.Write "图片保存成功！" & "<br>"
else
response.Write "没有上传图片！" & "<br>"
end if
set sGo = nothing
sCome.Close
set sCome = nothing
%>
```

为实现相片上传表单的定义，即图 9-27 中的内容，程序代码如下：

```
<%
'上传文件的前台表单
session("id")=request.QueryString("id")
%>
<form id="frmUpload" name="frmUpload" action="addimg.asp"
method="post" target="_self"
enctype="multipart/form-data">
<INPUT id="filImage" type="file" name="filImage" size="40">
<BR>
```

```
<INPUT id="btnUpload" type="submit" value="上传" name="btnUpload">
</form>
```

9.3.4 收藏模块

在收藏模块中，首页应用程序比较复杂。在该文件中应用了多个 IF 条件语句用来判断要调用的文件。该模块中音乐专辑的删除和书架信息的删除应用比较特殊，下面进行具体介绍。

1. 收藏模块界面

（1）收藏模块功能。在收藏模块中定义了收藏模块的导航链接，文件为 shc.asp。在各链接中定义链接的参数值，从而确定所要执行的操作，其界面如图 9-28 所示。

图 9-28　收藏模块界面

（2）收藏模块文件（shc.asp）代码的实现。为了实现"我的收藏"界面中左则的导航链接，程序代码实现如下：

```
<div id="navBar">
<div id="sectionLinks">
    <h3>我的收藏</h3>
    <ul>
      <li class="story">音乐分组</li>
      <li class="story"><a href="shc.asp?type=yy&lx=yy">所有音乐</a></li>
      <li class="story"><a href="shc.asp?type=yy&lx=addyy">
      <img src="../Img/add.gif" width="20" height="20" align=
"absmiddle"
    title="添加" border="0"/>
      添加音乐</a></li>
     <li class="story"><a href="shc.asp?type=yy&lx=zj">所有专辑</a></li>
       <li class="story"><a href="shc.asp?type=yy&lx=add">
       <img src="../Img/add.gif" width="20" height="20" align=
"absmiddle"
    title="添加" border="0"/>
        添加专辑</a></li>
    </ul>
    <ul>
      <li class="story">在线书架</li>
      <li class="story"><a href="shc.asp?type=sj&lx=ts">所有图书</a></li>
      <li class="story"><a href="shc.asp?type=sj&lx=addb">
```

```
        <img src="../Img/add.gif" width="20" height="20" align="absmiddle"
            title="添加" border="0"/>
        添加图书</a></li>
        <li class="story"><a href="shc.asp?type=sj&lx=fl">所有书架</a></li>
        <li class="story"><a href="shc.asp?type=sj&lx=add">
        <img src="../Img/add.gif" width="20" height="20" align=
"absmiddle"
            title="添加" border="0"/>
        添加分类</a></li>
    </ul>
  </div>
</div>
```

为了实现收藏音乐内容的显示，在此调用 scyylist.asp 文件，如果单击"音乐修改"按钮，则调用 addyy.asp 文件，实现收藏音乐编辑界面显示，程序代码如下：

```
<% If request.QueryString("type")="yy" and request.QueryString
|("lx")="yy"  Then %>
    <!--#include file="scyyzj.asp" -->
    <%if request.QueryString("musicid")<>"" then%>
    <!--#include file="addzj.asp" -->
    <%end if
  End If %>
```

为了实现音乐收藏专辑的显示，在此调用 scyyzj.asp 文件，如果单击"专辑修改"按钮，则调用 addzj.asp 文件，实现专辑编辑界面显示，程序代码如下：

```
<% If request.QueryString("type")="yy" and request.QueryString
("lx")="zj"  Then %>
    <!--#include file="scyyzj.asp" -->
    <%if request.QueryString("id")<>"" then%>
    <!--#include file="addzj.asp" -->
    <%end if
  End If %>
```

调用 addzj.asp 文件，实现音乐专辑信息添加界面的显示，程序代码如下：

```
<%if request.QueryString("type")="yy" and request.QueryString
("lx")="add" then%>
    <!--#include file="addzj.asp" -->
    <%end if %>
```

调用 addyy.asp 文件，实现音乐添加界面的显示，程序代码如下：

```
<%if request.QueryString("type")="yy" and request.QueryString
("lx")="addyy" then%>
    <!--#include file="addyy.asp" -->
    <%end if %>
```

为了实现收藏图书信息的显示，调用了 sctslist.asp 文件，则单击图书的修改图标调用 addbook.asp 文件，实现图书添加界面显示，程序代码如下：

```
<% If request.QueryString("type")="sj" and request.QueryString
("lx")="ts" Then %>
```

```
<!--#include file="sctslist.asp" -->
<%if request.QueryString("bookid")<>"" then%>
<!--#include file="addbook.asp" -->
<%end if %>
<% End If %>
```

调用 addbook.asp 文件，实现图书信息添加界面的显示，程序代码如下：

```
<% If request.QueryString("type")="sj" and request.QueryString
("lx")="addb" Then %>
   <!--#include file="addbook.asp" -->
   <% End If %>
```

为了实现图书书架信息的显示，调用 sctssj.asp 文件。当单击"书架修改"按钮时，调用了 addshj.asp. 文件，实现书架编辑界面的显示，程序代码如下：

```
<% If request.QueryString("type")="sj" and request.QueryString
("lx")="fl" Then %>
   <!--#include file="sctssj.asp" -->
   <%if request.QueryString("id")<>"" then%>
   <!--#include file="addsj.asp" -->
   <%end if %>
   <%End If %>
```

调用 addsj.asp 文件，实现了书架添加界面的显示，程序代码如下：

```
<% If request.QueryString("type")="sj" and request.QueryString
("lx")="add" Then %>
   <!--#include file="addsj.asp" -->
<% End If %>
```

2. 编辑歌曲

单击收藏音乐后面的"编辑"按钮或"添加音乐"链接，打开歌曲编辑界面 addyy.asp，在该界面中编辑歌曲信息，如图 9-29 所示。

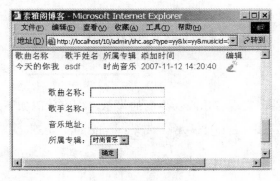

图 9-29　编辑歌曲

3. 编辑专辑

单击"添加专辑"链接，打开专辑信息添加界面，如图 9-30 所示。该文件为 addzj.asp，可实现专辑信息的添加。

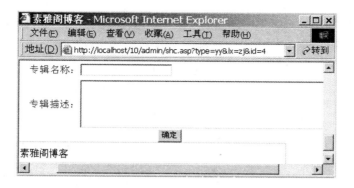

图 9-30 专辑信息添加界面

4. 编辑图书

单击"添加图书"链接，打开图书信息添加界面，该文件为 addbook.asp，可实现图书信息的添加，如图 9-31 所示。

图 9-31 图书信息的添加

5. 编辑书架

单击"添加分类"链接，打开图书书架信息添加界面，该文件为 addjs.asp，可实现图书书架信息的添加，如图 9-32 所示。

图 9-32 图书书架信息的添加

6. 删除音乐编辑

该文件实现了删除音乐专辑的应用。由于音乐专辑和音乐数据表相互关联，因此为了保证数据的完整性，在删除音乐专辑前首先将音乐数据表中的音乐专辑字段值清空，再删除音乐专辑信息。删除音乐专辑（delzj.asp）程序代码如下：

```
<!--#include file="conn1.asp" -->
<%
'Set connect = Server.CreateObject("ADODB.Connection")
'Connect.open "DSN=blog"
id=request.QueryString("id")
'创建 Command 对象
Set cmd = Server.CreateObject("ADODB.Command")
Set cmd.ActiveConnection = Connect
'实现音乐专辑信息的删除
sql1="update music set zjid=0 where zjid="&id
cmd.CommandText = SQL1
cmd.execute (SQL1)
SQL = "delete from yyzhj where id="&id
cmd.CommandText = SQL
cmd.execute (SQL)
response.Redirect("shc.asp")
%>
```

7. 删除书架

该文件实现了删除书架信息的应用。由于书架和图书数据表相互关联，因此为了保证数据的完整性，在删除书架时首先将图书数据表中的书架字段值清空，再删除书架信息。删除书架（delsj.asp）程序代码如下：

```
<!--#include file="conn1.asp" -->
<%
'Set connect = Server.CreateObject("ADODB.Connection")
'Connect.open "DSN=blog"
id=request.QueryString("id")
'创建 Command 对象
Set cmd = Server.CreateObject("ADODB.Command")
Set cmd.ActiveConnection = Connect
'实现图书书架的删除
sql1="update book set bjid=0 where bjid="&id
cmd.CommandText = SQL1
cmd.execute (SQL1)
SQL = "delete from bookj where id="&id
cmd.CommandText = SQL
cmd.execute (SQL)
response.Redirect("shc.asp?type=sj&lx=fl")
%>
```

9.3.5 好友模块

1. 好友模块功能

好友模块实现了好友分组信息以及好友信息的添加、修改和删除操作。单击"添加分组"链接，可打开分组控件，该控件使用了 addgffl.asp。在该控件中输入分类信息，单击"确定"按钮，即可实现分组添加，如图 9-33 所示。

图 9-33 分组添加

模块中好友信息的添加和修改为同一文件，好友信息的删除应用较简单，这里就不介绍了，编辑好友的界面，如图 9-34 所示。

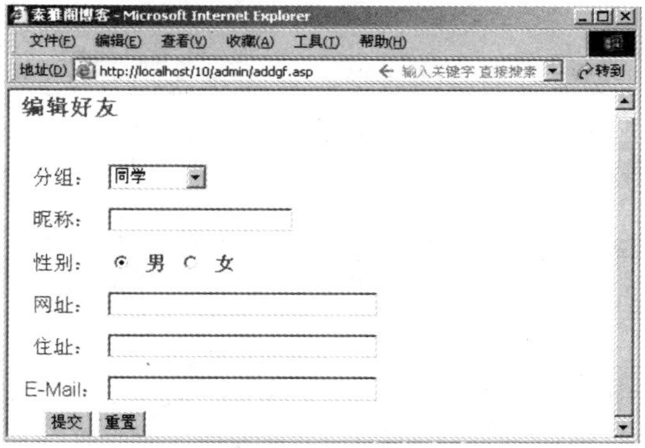

图 9-34 编辑好友的界面

2. 编辑好友信息（addjf.asp）代码实现

为了实现好友信息的查询操作，在代码中判断是否获取了传递的好友 ID 值。如果该值存在，说明要修改好友的信息，因此会从数据表中查询好友信息，并将好友信息存储在变量中。

```
<%@LANGUAGE="VBSCRIPT"%>
<%
Set cmd = Server.CreateObject("ADODB.Command")
Set cmd.ActiveConnection = connect
if request.QueryString("id")<>"" then
    id=request.QueryString("id")
    sql = "SELECT * FROM hy where id="&id
    cmd.CommandText = sql
    set rs = cmd.Execute
    nch=rs("nch")
    url=rs("url")
    sex=rs("sex")
    address=rs("address")
    email=rs("email")
```

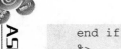
```
    end if
    %>
```

为了实现了好友表单内容的客户端验证，当单击"提交"按钮时，调用该脚本程序，当好友的昵称没有填写时，会给出提示框，让博客管理员重新添加信息。

```
<script language="javascript">
<!--
    function check()
    {
        if(document.form1.nch.value=="")
        {
            alert("请填写昵称信息！");
            return false;
        }
        document.form1.submit();
        return true;
    }
-->
</script>
```

下面的代码定义了好友信息编辑的表单，在表单各控件中会判断从数据表中获取数据的各变量是否为空，如果为空，则说明此时添加好友信息，否则为修改好友信息，将好友信息添加到表单对应的控件中。

```
<form action="addgf.asp" method="post" name="form1">
    <table    width="458"    height="139"    border="0"    cellpadding="0"
cellspacing="0">
      <tr>
        <td width="72" height="35" align="center">分组: </td>
        <td width="386"><label>
          <select name="fz_id">
           <%
            sql2 = "SELECT * FROM hyfz"
            cmd.CommandText = sql2
            set rs = cmd.Execute
            do while not rs.eof
            %>
            <option value="<%=rs("fz_id")%>"><%=rs("fz_name")%></option>
            <%
            rs.movenext()
            loop
            rs.close()
            %>
          </select>
        </label></td>
      </tr>
      <tr>
        <td height="37" align="center">昵称: </td>
        <td><input name="nch" type="text" size="20" <% If id<>"" Then %>
value="<%= nch %>" <% End If %> /></td>
      </tr>
      <tr>
```

288

```
          <td height="36" align="center" >性别: </td>
          <td><label>
            <input name="sex" type="radio" value="男" checked=
"checked" />
            男</label>
            <label>
            <input type="radio" name="sex" value="女" />
            女</label></td>
        </tr>
        <tr>
          <td height="36" align="center" >网址: </td>
          <td><input name="url" type="text" size="30"<% If id<>"" Then %>
            value="<%= url %>" <% End If %> /></td>
          </tr>
          <tr><td height="36" align="center" >住址: </td>
            <td><input name="address" type="text" size="30" <% If id<>"" Then
%>
            value="<%= address %>" <% End If %>/></td>
        </tr>
          <tr>
          <td height="36" align="center" >E-Mail: </td>
            <td><input name="email" type="text" size="30" <% If id<>"" Then %>
    value="<%= email %>" <% End If %>/></td>
          </tr>
          <tr>
          <td colspan="2" align="left"><label>
               
            <input type="button" name="Submit" value="提交"
            onclick="javascript:check()"/></label>
            <label><input type="reset" name="Submit2" value="重置" />
            </label></td>
          </tr>
        </table>
        <input type="hidden" name="id" value="<%=request.QueryString
("id")%>" />
      </form>
```

为了实现好友信息的编辑，在程序段开始处获取表单控件中的数据，然后判断 ID 值，如果 ID 值为空则执行插入好友信息操作，否则将执行修改好友信息操作。

```
    <%
    nch=request.Form("nch")
    fz_id=request.Form("fz_id")
    sex=request.Form("sex")
    url=request.Form("url")
    address=request.Form("address")
    email=request.Form("email")
    if request.Form("id")="" then
    SQL = "insert into hy(fz_id,nch,url,sex,address,email)
values("&fz_id&",'"&nch&"','"&url&"','"&sex&"','"&address&"','"&email&"')"
    else
```

```
    id=request.Form("id")
    SQL="update hy set fz_id="&fz_id&",nch='"&nch&"',sex='"&sex&"',
url='"&url&" '
        ,address='"&address&"',email='"&email&"' where id="&id
    end if
    cmd.CommandText = SQL
    cmd.execute (SQL)
    response.Redirect("gf.asp")
%>
```

9.3.6 博客作者模块

博客作者编辑界面中，主要的功能是实现作者照片的上传和博客作者信息的编辑。作者照片上传应用与相册模块中的上传相片的应用类似，这里就不介绍了。博客作者信息编辑界面，如图 9-35 所示。

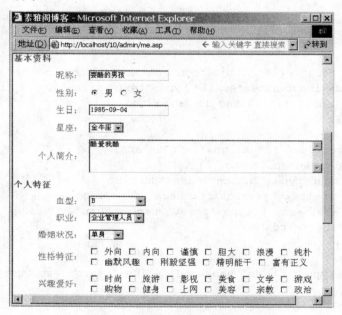

图 9-35 博客作者信息编辑界面

下面分别介绍博客作者信息的编辑代码的实现。

1. 博客作者修改前台界面（userlist.asp）

在该文件中从数据表中获取博客作者信息，将信息显示在前台表单控件中。下面对文件各部分代码功能逐一讲解。

为实现从数据表中获取博客作者信息，程序代码如下：

```
<!--#include file="conn.asp" -->
<%
Dim Recordset1
Dim Recordset1_numRows

Set Recordset1 = Server.CreateObject("ADODB.Recordset")
Recordset1.ActiveConnection = MM_conn_STRING
```

```
Recordset1.Source = "SELECT userid,nch, sex, address, yb, age, xz, grjj, xx,
zhy, hy,
   xg, xq, email,phone FROM users"
Recordset1.CursorType = 0
Recordset1.CursorLocation = 2
Recordset1.LockType = 1
Recordset1.Open()

Recordset1_numRows = 0
%>
```

为实现将昵称信息添加到表单控件中的应用，程序代码如下：

```
<td width="131" align="right"><span class="STYLE2">昵称：</span>
</td>
     <td width="437" align="left">
<input name="nch" value=<%=(Recordset1.Fields.Item("nch").Value)%> /></td>
```

为实现用户性别的判断，根据用户的性别，将表单控件设置为 checked，即选中单选控件的状态，程序代码如下：

```
<td align="right"><span class="STYLE2">性别：</span></td>
     <td align="left">
        <input name="sex" type="radio" value="男"
        <%if Recordset1.Fields.Item("sex").Value="男" then%> checked <%end
if%>>
        男
        <input type="radio" name="sex" value="女"
        <%if Recordset1.Fields.Item("sex").Value="女" then%> checked <%end
if%>>
     女</td>
```

下面的代码实现了将生日信息添加到表单控件中的应用。

```
<td align="right"><span class="STYLE2">生日：</span></td>
     <td align="left">
<input  name="age"  value=<%=(Recordset1.Fields.Item("age").Value)%>  />
</td>
```

下面的代码实现了星座的判断，根据用户的星座，将表单控件设置为 selected，即将该选项设置为选中状态。

```
<tr>
     <td align="right"><span class="STYLE2">星座：</span></td>
     <td align="left">
      <select name="xz">
      <option value="水瓶座"
      <% IF Recordset1.Fields.Item("xz").Value="水瓶座" then%> selected
<% End If %>>水瓶座</option>
      <option value="双鱼座"
      <% IF Recordset1.Fields.Item("xz").Value="双鱼座" then%> selected
<% End If %>>双鱼座</option>
      <option value="白羊座"
      <% IF Recordset1.Fields.Item("xz").Value="白羊座" then%> selected
<% End If %>>白羊座</option>
```

```
    <option value="金牛座"
    <% IF Recordset1.Fields.Item("xz").Value="金牛座" then%> selected
<% End If %>>金牛座</option>
    <option value="双子座"
    <% IF Recordset1.Fields.Item("xz").Value="双子座" then%> selected
<% End If %>>双子座</option>
    <option value="巨蟹座"
    <% IF Recordset1.Fields.Item("xz").Value="巨蟹座" then%> selected
<% End If %>>巨蟹座</option>
    <option value="狮子座"
    <% IF Recordset1.Fields.Item("xz").Value="狮子座" then%> selected
 <% End If %>>狮子座</option>
    <option value="处女座"
 <% IF Recordset1.Fields.Item("xz").Value="处女座" then%> selected
<% End If %>>处女座</option>
    <option value="天秤座"
    <% IF Recordset1.Fields.Item("xz").Value="天秤座" then%> selected
<% End If %>>天秤座</option>
    <option value="天蝎座"
    <% IF Recordset1.Fields.Item("xz").Value="天蝎座" then%> selected
 <% End If %>>天蝎座</option>
    <option value="射手座"
    <% IF Recordset1.Fields.Item("xz").Value="射手座" then%> selected
 <% End If %>>射手座</option>
    <option value="摩羯座"
    <% IF Recordset1.Fields.Item("xz").Value="摩羯座" then%> selected
<% End If %>>摩羯座</option>
    </select></td>
 </tr>
```

下面的代码实现了将个人简介信息添加到表单控件中的应用。

```
<tr>
   <td align="right"><span class="STYLE2">个人简介：</span></td>
   <td align="left">

   <textarea name="grjj" cols="60" rows="4"><%=
(Recordset1.Fields.Item("grjj").Value)%></textarea></td>
 </tr>
```

下面的代码实现了血型的判断，根据用户的血型，将表单控件设置为 selected，即将该选项设置为选中状态。

```
<tr>
   <td align="right"><span class="STYLE2">血型：</span></td>
   <td align="left"> <select name="xx">
      <option value="A"
    <%if Recordset1.Fields.Item("xx").Value="A" then%> selected <%end
if%>>
       A</option>
      <option value="B"
    <%if Recordset1.Fields.Item("xx").Value="B" then%> selec
ted <%end if%>>
       B</option>
```

```
                <option value="AB"
          <%if Recordset1.Fields.Item("xx").Value="AB" then%> selec
ted <%end if%>>
              AB</option>
          <option value="O"
       <%if Recordset1.Fields.Item("xx").Value="O" then%> selected <%end
if%>>
             O</option>
          <option
       <%if Recordset1.Fields.Item("xx").Value="" then%> selected <%end
if%>>
             ---请选择---</option>
          </select></td>
      </tr>
```

下面的代码实现了职业的判断，根据用户的职业，将表单控件设置为 selected，即将该选项设置为选中状态。

```
      <tr>
          <td align="right"><span class="STYLE2">职业：</span></td>
          <td align="left"> <select name="zhy1">
              <option value="服务业人员"
          <%if Recordset1.Fields.Item("zhy").Value="服务业人员" then%>
 selected
              <%end if%>>服务业人员</option>
              <option value="专业技术人员"
          <%if Recordset1.Fields.Item("zhy").Value="专业技术人员" then
%> selected
                 <%end if%>>专业技术人员</option>
              <option value="学生"
          <%if Recordset1.Fields.Item("zhy").Value="学生" then%> selected
             <%end if%>>学生</option>
              <option value="企业管理人员"
          <%if Recordset1.Fields.Item("zhy").Value="企业管理人员" then%>
             selected <%end if%>>企业管理人员</option>
              <option value="教职员工"
          <%if Recordset1.Fields.Item("zhy").Value="教职员工" then%> selected
             <%end if%>>教职员工</option>
              <option value="医务人员"
          <%if Recordset1.Fields.Item("zhy").Value="医务人员" then%> selected
             <%end if%>>医务人员</option>
              <option value="自由职业者"
          <%if Recordset1.Fields.Item("zhy").Value="自由职业者" then%>
|selected
             <%end if%>>自由职业者</option>
          </select></td>
      </tr>
```

下面的代码实现了婚姻状况的判断，根据用户的原始婚姻状况，将表单控件设置为 selected，即将该选项设置为选中状态。

```
      <tr>
          <td align="right"><span class="STYLE2">婚姻状况：</span></td>
```

```
        <td align="left">
         <select name="hy">
          <option value="已婚"
          <%IF Recordset1.Fields.Item("hy").Value="已婚" then%> selected
<%end if%>>
               已婚</option>
          <option value="单身"
          <%IF Recordset1.Fields.Item("hy").Value="单身" then%> selected
<%end if%>>
               单身</option>
          <option value="离异"
          <%IF Recordset1.Fields.Item("hy").Value="离异" then%> selected
<%end if%>>
               离异</option>
          <option value="保密"
          <%IF Recordset1.Fields.Item("hy").Value="保密" then%> selected
<%end if%>>
               保密</option>
          <option value="分居"
          <%IF Recordset1.Fields.Item("hy").Value="分居" then%> selected
 <%end if%>>
               分居</option>
          <option value="恋爱中"
          <%IF Recordset1.Fields.Item("hy").Value="恋爱中" then%> selected
<%end if%>>
               恋爱中</option>
          </select></td>
      </tr>
```

下面的代码定义了博客作者的性格特征。

```
<tr>
  <td align="right"><span class="STYLE2">性格特征：</span></td>
  <td align="left">
    <input type="checkbox" name="xg1" value="外向">外向
    <input type="checkbox" name="xg2" value="内向">内向
    <input type="checkbox" name="xg3" value="谨慎">谨慎
    <input type="checkbox" name="xg4" value="胆大">胆大
    <input type="checkbox" name="xg5" value="浪漫">浪漫
    <input type="checkbox" name="xg6" value="纯朴">纯朴
    <br>
    <input type="checkbox" name="xg7" value="幽默风趣"> 幽默风趣
    <input type="checkbox" name="xg8" value="刚毅坚强"> 刚毅坚强
    <input type="checkbox" name="xg9" value="精明能干"> 精明能干
    <input type="checkbox" name="xg10" value="富有正义">富有正义</td>
  </tr>
```

下面的代码定义了博客作者的兴趣爱好。

```
<tr>
  <td align="right"><span class="STYLE2">兴趣爱好：</span></td>
  <td align="left">
    <input type="checkbox" name="xq1" value="时尚">时尚
    <input type="checkbox" name="xq2" value="旅游">旅游
```

```
                <input type="checkbox" name="xq3" value="影视">影视
                <input type="checkbox" name="xq4" value="美食">美食
                <input type="checkbox" name="xq5" value="文学">文学
                <input type="checkbox" name="xq6" value="游戏">游戏<br>
                <input type="checkbox" name="xq7" value="购物">购物
                <input type="checkbox" name="xq8" value="健身">健身
                <input type="checkbox" name="xq9" value="上网">上网
                <input type="checkbox" name="xq10" value="美容">美容
                <input type="checkbox" name="xq11" value="宗教">宗教
                <input type="checkbox" name="xq12" value="政治">政治</td>
    </tr>
```

下面的代码实现了将住址信息添加到表单控件中的应用。

```
    <tr>
        <td height="26" align="right"><span class="STYLE2">住址: </span></td>
        <td align="left">
         <input type="text" name="address" value=
    "<%=(Recordset1.Fields.Item("address").Value)%>"></td>
    </tr>
```

下面的代码实现了将邮编信息添加到表单控件中的应用。

```
    <tr>
      <td height="23" align="right"><span class="STYLE2">邮编: </span></td>
      <td align="left">
    <inputtype="text"name="yb"value="<%=(Recordset1.Fields.Item("yb").Value)%>"
    >   </td>
    </tr>
```

下面的代码实现了将电话信息添加到表单控件中的应用。

```
    <tr>
      <td height="21" align="right"><span class="STYLE2">电话: </span></td>
       <td align="left">
         <input type="text" name="phone"
    value="<%=(Recordset1.Fields.Item("phone").Value)%>"></td>
    </tr>
```

下面的代码实现了将电子邮件信息添加到表单控件中的应用。

```
    <tr>
        <td height="21" align="right"><span class="STYLE2">E-mail: </span></td>
        <td align="left">
         <input type="text" name="email"
    value="<%=(Recordset1.Fields.Item("email").Value)%>"> </td>
    </tr>
```

下面的代码实现了提交、重置控件的定义。

```
    <tr>
        <td height="21" colspan="2" align="center"><label>
         <input type="button" name="Submit" value="提交" onclick=
    "javascript:check()">
        </label>
```

```
            <label>
             <input type="reset" name="Submit2" value="重置">
            </label></td>
        </tr>
```

2. 博客作者修改后台操作（edituser.asp）

该文件实现了博客作者修改的应用，在文件中首先获取作者表单信息，在获取博客作者兴趣和爱好信息时，应用循环语句将值存储在一个变量中，兴趣和爱好值用逗号分隔，然后将博客作者信息进行修改，程序代码如下：

```
<!--#include file="conn1.asp" -->
<% 'Set connect = Server.CreateObject("ADODB.Connection")
    'Connect.open "DSN=blog"
    '获取用户信息
    id=request.Form("id")
    nch=request.Form("nch")
    sex=request.Form("sex")
    age=request.Form("age")
    xz=request.Form("xz")
    grjj=request.Form("grjj")
    xx=request.Form("xx")
    zhy=request.Form("zhy1")
    hy=request.Form("hy")
    '获取用户性格特征信息
    xg=""
    for i=1 to 10
        if request.Form("xg"&i)<>"" then
            if xg<>"" then
                '已经获取了数值
                xg=xg&","&request.Form("xg"&i)
            else
                '初次获取数值
                xg=request.Form("xg"&i)
            end if
        end if
    next
    '获取兴趣爱好信息
    xq=""
    for i=1 to 12
        if request.Form("xq"&i)<>"" then
            if xq<>"" then
                '已经获取了数值
                xq=xq&","&request.Form("xq"&i)
            else
                '初次获取值
                xq=request.Form("xq"&i)
            end if
        end if
    next
    address=request.Form("address")
    yb=request.Form("yb")
    phone=request.Form("phone")
    email=request.Form("email")
```

296

```
'创建 Command 对象
Set cmd = Server.CreateObject("ADODB.Command")
Set cmd.ActiveConnection = Connect
'实现用户信息的修改

SQL = "update users set nch=
'"&nch&"',sex='"&sex&"',age='"&age&"',xz='"&xz&"',grjj='"&grjj&"','
xx='"&xx&"',zhy='"&zhy&"',hy='"&hy&"',xg='"&xg&"',xq='"&xq&"',
address='"&address&"',yb='"&yb&"',phone='"&phone&"',email='"&email&"'
where userid="&id

cmd.CommandText = SQL
cmd.execute (SQL)
response.Redirect("me.asp")
%>
```

任务 9.4　小结

项目 9 介绍了一个博客系统的数据库开发，在该系统中实现了博客系统的客户端和管理端的应用。在客户端实现了浏览博客文章、发布评论、浏览发布留言、浏览相片和试听音乐等应用。在管理端实现了前端应用的管理。该系统基本上实现了博客的主要应用，读者可在此系统中的基础上继续完善各部分功能并进行应用。

参 考 文 献

[1] 张洪明. ASP 动态网站开发案例教程. 北京：中国电力出版社，2008.

[2] 周兴华. ASP+SQL Server 数据库开发与实例. 北京：清华大学出版社，2008.

[3] 石志国，李颖，薛为民等. ASP 程序设计. 北京：清华大学出版社，2005.

[4] 李晓黎，张巍. ASP+SQL Server 网络应用系统开发与实例. 北京：人民邮电出版社，2004.

[5] 唐红亮，王改性，秦戈亮等. ASP 动态网页设计应用教程. 北京：电子工业出版社，2006.

[6] 刘好增等. ASP 动态网站开发实践教程. 北京：清华大学出版社，2007.

[7] 高怡新. ASP 网络应用程序设计教程. 北京：人民邮电出版社，2005.

[8] 求实科技. ASP 信息管理系统开发实例导航. 北京：人民邮电出版社，2005.

[9] 郭常圳. ASP 网络应用开发例学与实践. 北京：清华大学出版社，2006.

[10] 邹天思等. ASP 开发技术大全. 北京：人民邮电出版社，2007.

[11] 项宇峰. ASP + SQL Server 典型网站建设案例. 北京：清华大学出版社，2006.

[12] 吴素芹，赵征鹏，李林. ASP 动态网页制作教程. 北京：人民邮电出版社，2008.

[13] 张旭东，汪杰. ASP 网络开发实用工程案例. 北京：人民邮电出版社，2008.

[14] 神龙工作室. ASP 网络编程从入门到精通. 北京：人民邮电出版社，2006.

[15] 张喜平. ASP 动态网站开发案例指导. 北京：电子工业出版社，2009.